KB263539

국내외 스마트팩토리
산업분석보고서 2023개정판

저자 비피기술거래 비피제이기술거래

㈜ 비티타임즈

<제목 차례>

1. 서론 ··· 1

2. 스마트팩토리 개요 ·· 3
　가. 스마트팩토리란? ·· 3

　나. 스마트 팩토리 특징 ··· 5

　다. 스마트팩토리의 범위 및 분류 ··························· 7
　　1) 스마트팩토리의 범위 ····································· 7
　　2) 스마트팩토리의 분류 ····································· 10

3. 스마트팩토리 효과 ·· 11
　가. 고용 ··· 11

　나. 생산성 ·· 19
　　1) 현대로보틱스 ··· 20
　　2) LS산전 ·· 21
　　3) 삼성 SDS ··· 22
　　4) 포스코 ··· 24
　　5) 새한텅스텐 ··· 25
　　6) 동양 피스톤 ··· 25

4. 스마트팩토리 기술동향 ·· 26
　가. 산업용 로봇 ·· 26
　　1) 산업 동향 ··· 26
　　2) 기술 동향 ··· 39

　나. 인공지능 ··· 55
　　1) 기술 개요 ··· 56
　　2) 산업 동향 ··· 60
　　3) 기술 동향 ··· 63

다. IoT ··· 67

  1) 기술 개요 ··· 67

  2) 산업 동향 ··· 72

  3) 기술 동향 ··· 74

라. 센서 ·· 76

  1) 기술 개요 ··· 76

  2) 산업 동향 ··· 79

  3) 기술 동향 ··· 82

마. 3D 프린팅 ·· 86

  1) 기술 개요 ··· 86

  2) 산업 동향 ··· 92

  3) 기술 동향 ··· 94

바. 5G ··· 97

  1) 기술 개요 ··· 97

  2) 산업 동향 ··· 99

  3) 기술 동향 ··· 105

5. 스마트팩토리 시장동향 ································ 112

가. 해외시장 ·· 112

나. 국내시장 ·· 114

다. 분야별 시장 ·· 116

  1) 스마트 센서 ····································· 116

  2) 산업용 IoT ······································· 118

  3) 인공지능 ··· 123

  4) 머신 비전 시장 ································· 127

  5) 산업용 로봇 시장 ····························· 133

6. 스마트팩토리 정책동향 ································ 140

가. 해외동향 ·· 140

  1) 독일 ·· 140

　　　2) 미국 ·· 148
　　　3) 일본 ·· 155
　　　4) 중국 ·· 163
　　나. 국내동향 ·· 172

7. 스마트팩토리 기업 ·· 175
　　가. 해외기업 ·· 175
　　　1) Siemens ·· 175
　　　2) Rockwell Automation ··· 177
　　　3) Mitsubishi Electric ··· 179
　　　4) GE ··· 180

　　나. 국내기업 ·· 182
　　　1) 스마트공장구축 ··· 182
　　　2) 생산자동화 관련 기업 ·· 195

8. 스마트 팩토리 최근이슈 ·· 201
　　가. 미라콤아이앤씨, 삼양식품 밀양공장에 스마트팩토리 시스템 구축 ····· 201
　　나. 스마트공장 예산 대폭 삭감 위기 ··· 202
　　다. 아이티공간, 사람 목소리 이용 스마트팩토리 추진 ···························· 203
　　라. 이안, 디지털 트윈 기반 사업형 메타버스 구현 ································· 204

9. 결론 ··· 205

10. 참고사이트 ·· 207

01

서론

1. 서론

세계 각국은 제 4차 산업혁명의 일환으로 ICT를 활용하여 제조업을 강화하기 위한 국가적 전략을 추진하고 있다. 독일과 미국, 일본 등 제조강국을 중심으로 새로운 패러다임을 통한 생산 효율 증대와 친환경 고객맞춤형 생산을 위한 제조업 경쟁력 강화 정책이 추진되고 있고, 공장의 다양한 기기 및 사물들의 연결성을 높이기 위한 기술 개발이 한창이다.

스마트 팩토리는 기존의 제조업 경쟁력을 향상시키고 변화하는 시장 환경에 적극적으로 대응하기 위해 기존 제조산업에 ICT를 결합한 제조방식으로, 이를 통해 제품의 기획, 설계, 생산, 유통, 판매 등 전 과정을 ICT 기술로 통합함으로써 최소의 비용과 시간으로 고객 수요 맞춤형 제조 등 새로운 환경에 능동적으로 대응하는 차세대 공장 구축이 가능할 것으로 전망된다.

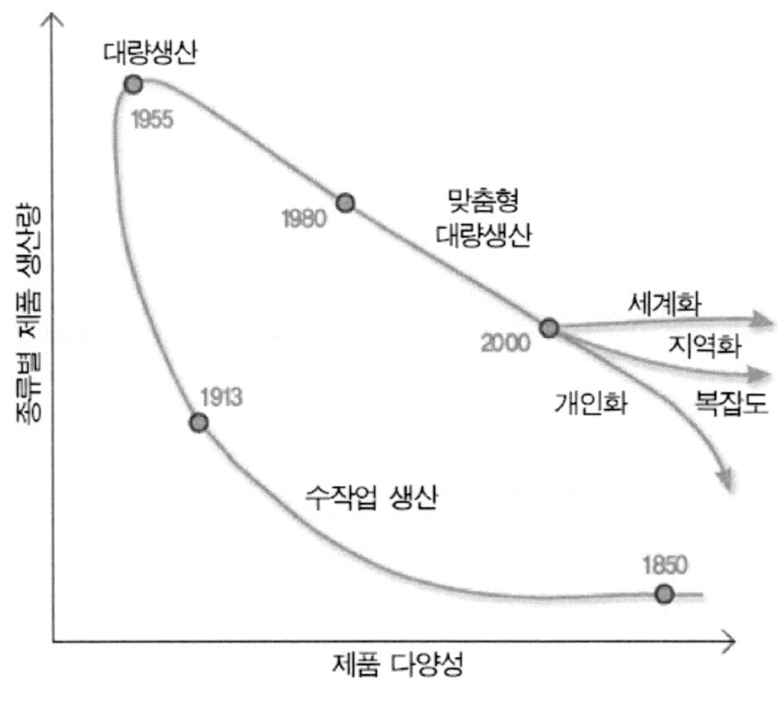

[그림 2] 생산방식의 발전

과거 제품의 다양성이 적어 대량생산이 가능했던것과 달리 최근 제품의 다양성이 높아지고, 맞춤형 대량생산이 요구되면서 글로벌 제조기업은 이미 사물인터넷과 빅데이터 기반의 ICT와 제조 융합을 통해 수요자 중심의 생산방식으로 변모해 가고 있으며 효율적 시장 대응을 통해 시장 경쟁력을 지속적으로 높여나가고 있다.

또한, 최근 최저임금의 증가, 노동력의 감소 등으로 인해 많은 제조업체들이 겪고 있는 문제를 해결할 수 있는 방안으로 협업로봇, 센서 등을 활용한 스마트팩토리가 주목을 받기 시작하고 있다.

일각에서는 스마트팩토리의 구현으로 인해 많은 인력들이 일자리를 잃을 수도 있다는 우려를 내놓고 있기도 하지만, 한편으로는 현재 단순 노동에 투입되었던 인력들을 스마트팩토리 운영에 필요한 고급 인력으로 전환한다면, 더욱 더 많은 일자리가 창출 될 것이라고 바라보는 시각도 있다.

그 단편적인 예로, 국내 철강기업인 포스코는 스마트 제철소를 통해 매년 더욱 많은 수의 인력을 채용하고 있으며, 앞으로도 지속적인 채용증가를 예상하기도 했다.

본 보고서에서는 이처럼 현재 많은 관심을 받고 있는 스마트팩토리에 대해 개념, 기술동향, 시장동향, 대표기업들의 사례를 통해 살펴보도록 하겠다.

이번에 새로 업데이트된 개정판에서는 스마트팩토리의 각 분야별 기술동향에 관한 최근이슈, 해외시장의 정책동향, 국내시장의 정책동향과 지원사업, 스마트팩토리 국내기업 부분, 주요한 최근이슈 부분이 새롭게 추가되었으니 독자분들은 참고하시길 바란다.

02

2. 스마트팩토리 개요
가. 스마트팩토리란?[1]

스마트팩토리(Smart Factory)란, 제품의 기획, 설계, 생산, 유통, 판매 등 전 과정을 IT 기술로 통합하여 최소 비용 및 시간으로 고객 맞춤형 제품을 생산하는 공장을 의미한다.

과거에는 하나의 공장에서 대량생산을 위해 공장자동화(Factory Automation)를 구축하였지만, 스마트팩토리는 모든 공장을 하나의 공장이 움직이는 것과 같이 상호 연동되어 움직이며, 4차 산업혁명[2]이라고 불리고 있다.

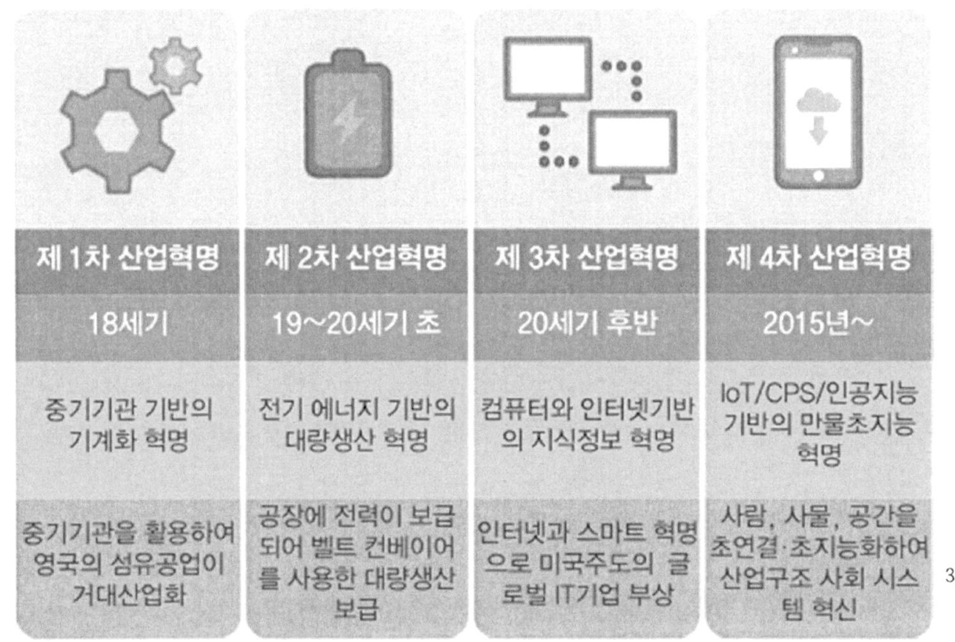

[그림 4] 기술변화에 따른 산업혁명의 단계 [3]

스마트팩토리가 구현되면 각 공장에서 수집된 수많은 데이터를 기반으로 분석과 의사결정을 수행하는 '데이터 기반의 공장 운영(Data Driven Operation)체계'를 갖춤으로써 생산현장에서 발생하는 현상, 문제들의 상관관계를 얻어낼 수 있으며 원인을 알 수 없었던 돌발장애·품질 불량 등 의 원인을 알아내고 해결할 수 있게 될 것으로 전망된다.

뿐만 아니라 숙련공들의 경험 즉, 노하우를 활용하여 누구나 쉽게 활용할 수도 있고, 현장에서 발생하는 돌발 상황들이 모니터링 되어 비숙련자도 대응할 수 있도록 가이드를 해줄 수 있게 될 것으로 예상된다.

---

1) 스마트팩토리 중소·중견기업 기술로드맵 2017-2019, 중소기업청
2) 4차 산업혁명은 독일 제조업이 직면한 사회, 기술, 경제, 생태, 정치 부문의 변화에 ICT를 접목해 대응하겠다는 전략으로, 사물인터넷과 기업용 소프트웨어, 보안, 클라우드, 빅데이터, 가상현실 등 ICT 관련 기술들을 적극 활용하는 스마트팩토리를 목표로 하고 있다.
3) 출처: 정보통신기술진흥센터

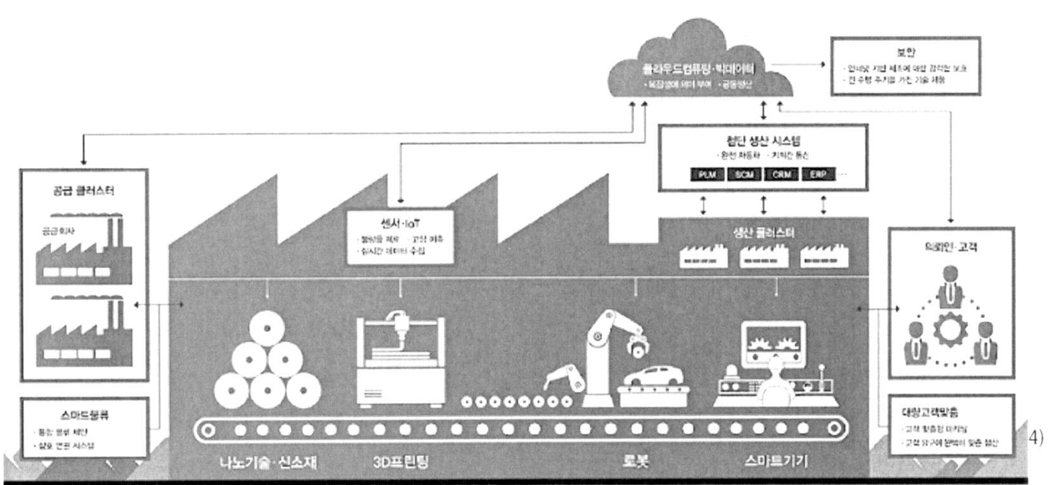

[그림 5] 스마트팩토리 구성

　스마트팩토리는 전통 제조 산업에 ICT를 결합하여 개별공장의 설비와 공정이 지능화되어 서로 연결되고, 모든 생산정보의 지식이 실시간으로 공유, 활용되어 최적화된 생산운영이 가능한 공장인 동시에 이러한 개념의 확장을 통해 상·하위 공장들과 연결되어 협업적 운영이 지속될 수 있는 생산체계를 갖춘 공장이다.

　스마트 팩토리에서는 사이버 물리 제조시스템들을 통해 지능화된 스마트 요소들이 자율적으로 최적화된 생산에 필요한 활동들을 수행해 나아갈 것으로 전망된다. 특히, 지능형 기계, 시설, 창고, 물류 시스템들이 독자적으로 정보들을 보유하고 교환할 수 있기 때문에 이를 통해 상호 교류하며 스스로 주변 환경에 적응시켜 자율적으로 제어한다. 공장을 이루는 모든 장치, 운송수단, 운송도로, 생산설비, 물류 및 관리 프로세스 등의 모든 요소는 사이버물리제조시스템이 될 수 있다. 즉, 필요하다면 전세계적으로 가용한 데이터와 서비스들을 글로벌 네트워크를 통해 사용할 수 있다는 것이다.

　또한, 스마트 팩토리에서는 주문이 고객으로부터 직접적으로 기계로 전달되고 이어서 부품 공급자까지 실시간으로 전달될 수 있어 신속하게 고객의 특별한 요구에 빠르게 반응할 수 있다.

---

4) 출처: 생산성 높이고 불량 잡는 스마트팩토리, 테크M, 2016.05.28

나. 스마트 팩토리 특징5)

 스마트 팩토리는 기존의 공장에 대비해볼때 다음과 같은 특징들을 가지고 있다. 이러한 특징들은 스마트 팩토리로의 전환 혹은 신규 도입을 고려할 때 현재 수준에 대한 점검과 구현 목표 설정을 휘해 참고해야 할 방향성을 제시한다.

① 자율화

 스마트 팩토리를 통해 제조기업의 공장은 극도의 자율 조직화와 자율 최적화 특성을 갖게 된다. 자율성은 생산현장의 변화나 고객의 요구가 변동하더라도 생산 시스템이 스스로 적응하기 때문에 재조정 혹은 구조 변경에 소요되는 시간과 비용을 최소화하게 된다.

 자율화를 수행할 수 있으려면 스마트 팩토리를 이루는 개발 사이버물리시스템들에 포함된 의사결정 시스템이 각각의 역할에 필요한 만큼의 최소한의 지능을 갖추어야 할 것이다.

② 분권화

 자율화는 필연적으로 분권화를 동반한다. 스마트 팩토리의 자율적인 구성요소들은 중앙집중 서버로부터의 정해진 실행 명령을 절대적으로 수행하는 것을 거부한다. 따라서, 제조 현장의 부분 시스템에서 발생하는 이벤트들에 대한 최적의 대응 방안은 해당 부분을 담당하는 자율적인 사이버물리시스템이 결정한다.

③ 디지털화

 스마트 팩토리를 구성하는 가장 중요한 요소인 사이버물리시스템은 가상의 시스템이 물리적 시스템을 완전하게 표현할 수 있는 수준에 근접한 모델과 데이터를 가질 때 성립된다. 가상의 시스템은 오늘날 디지털화된 정보만을 처리할 수 있는 컴퓨터에 의해 구성되고 있으므로 사이버물리시스템의 확대는 필연적으로 광범위한 디지털화를 통해서만 가능하다.

④ 네트워크화

 사물인터넷의 구현을 통해 사람과 기계와 자재와 제품은 모두 네트워크로 연결된다. 관리자 혹은 관련자는 필요할 때는 언제든지 특정한 제공품이 어떤 장비에 머물고 있는지 알수 있다. 이러한 정보는 심지어 고객에게도 제공될 수 있다.

 이와 반대로 기계나 자재가 스스로의 상태에 이상이 발생했을 때 관리자에게 알림을 알릴 수 있다. 공장 내 연결된 통신 포인트의 숫자는 한 공장의 스마트화 수준을 가늠할 수 있는 중요한 지표가 될 것이다.

---

5) 스마트 팩토리란 무엇인가, https://steemkr.com/steempress/@k933167h/-s3cu1ci5pv

⑤ 모듈화와 표준화
 지능형 기계, 제품, 주변장치들은 모두 모듈화돼 환경 변화에 맞춰 유연한 조합이 가능하도록 변화될 것이다. 오늘날 고객의 기호와 같은 시장 환경과 협력사의 공급망과 같은 비즈니스 환경이 동적으로 변화하고 있다. 이러한 가운데 제조의 경쟁력을 유지하기 위해서는 시스템 내부의 모든 요소가 적은 비용으로 신속하게 변경될 수 있어야 한다.

 모듈화는 필연적으로 표준화를 수반한다. 하나의 모듈을 다른 제품의 제조에도 사용할 수 있도록 하기 위해서 모듈 간의 연결 혹은 인터페이스가 표준화돼야 한다.

⑥ 수평 수직 협업
 사이버물리제조시스템들은 공장 및 기업내의 여러가지 비즈니스 프로세스들과 수직적으로 연결되고 분산된 다른 사이버물리제조시스템들과 수평적으로 연결된다. 이것은 수직적인 커뮤니케이션이 더욱 강조되는 기존의 운용 방식과는 매우 다르다. 이벤트가 발생하면 상위 서버에 알리고 조치를 기다리기보다는 주변의 기계와 장치에 자신의 상태를 알리고 필요한 도움을 스스로 받도록 하는 것이 우선시될 것이다

⑦ 전사적으로 일관된 엔지니어링
 주문에서 납품까지 그리고 그 이후 고객의 사용 정보까지 통합돼 디지털 데이터로 관리됨으로써 전체 가치창출 사슬을 관통해 일관되게 적용되는 엔지니어링을 가능하게 한다. 설계에 의해 생성된 3D 형상 데이터에 컴퓨터 이용 공학 CAE 구조해석의 결과가 더해지고 다시 제조를 위한 데이터가 추가된다.

 공정 단위의 가공과 조립 데이터, 중간 조립품의 시험 데이터, 사용자의 서비스 데이터까지 모두 한꺼번에 통합 관리 될 수 있다. 극단적으로 발전되면 고객의 서비스 데이터에 대한 분석으로부터 자동적으로 설계 대안들이 검토될 수도 있다. 이러한 디지털 데이터 기반의 일관된 엔지니어링은 전사적인 데이터 기반 의사결정을 가속한다.

⑧ 고객중심 제조
 기존의 제조 시스템에서는 품질, 원가, 납기 등에 주요 초점이 맞춰져 있었다. 따라서 고객에게 추가적인 만족을 줄 수 있는 성능이나 기능 등이 도입되는 데 장애물이 됐다. 개인 맞춤형 제품을 대량 생산 수준의 비용으로 생산 가능한 스마트 팩토리에서는 개별 고객의 만족을 극대화시킬 수 있게 된다. 이것은 종래의 제품 중심에 일종의 서비스 개념이 더해지는 양상으로 전개된다. 스마트폰에 다양한 앱을 거래할 수 있는 앱 마켓도 함께 제공하므로써 핸드폰을 개인화된 서비스가 더해진 제품으로 만들어준다.

다. 스마트팩토리의 범위 및 분류
1) 스마트팩토리의 범위

스마트팩토리 분야는 크게 애플리케이션, 플랫폼, 디바이스로 구분할 수 있다.

① 애플리케이션

애플리케이션은 스마트팩토리 IT 솔루션의 최상의 소프트웨어 시스템으로 MES, ERP, PLM, SCM 등의 플랫폼 상에서 각종 제조 실행을 수행하며, 디바이스에 의해 수집된 데이터를 가시화하고 분석할 수 있는 시스템을 말한다.

애플리케이션 구성은 공정설계, 제조실행분석, 품질분석, 설비보전, 안전/증감작업, 유통/조달/ 고객대응 등이 있다.

② 플랫폼

플랫폼은 스마트팩토리 IT 솔루션의 하위 디바이스에서 입수한 정보를 최상위 애플리케이션에 전달 역할을 하는 중간 소프트웨어 시스템이다.

플랫폼은 디바이스에 의해 수집된 데이터를 분석하고 모델링 및 가상 물리 시뮬레이션을 통해 최적화 정보를 제공하며 각종 생산 프로세스를 제어/관리하여 상위 애플리케이션과 연계할 수 있는 시스템으로 구성되어있다. 플랫폼에는 생산 빅데이터 애널리틱스, 사이버 물리 기술, 클라우드 기술, Factory-Thing 자원관리 등이 있다.

③ 디바이스

디바이스는 스마트팩토리 IT 솔루션의 최하위 하드웨어 시스템으로, 공장의 모든 기초 정보를 감지 및 제어하는 컨트롤 기술, 네트워크 기술, 센싱 기술 등이 있다.

스마트 센서를 통해 위치, 환경 및 에너지 감지하고 로봇을 통해 작업자 및 공작물의 위치를 인식 하여 데이터를 플랫폼으로 전송할 수 있는 시스템으로 구성되어 있다.

스마트팩토리는 생산과 관련된 환경정보를 감지하고, 감지된 정보를 분석하고 판단, 그리고 판단된 결과를 생산현장에 반영/실행하는 3단계로 구성되어있다.

① 감지

감지는 고객요구사항, 제품수명 등 시장 환경과 생산조건, 실적정보, 재고현황 등의 제품환경, 그 리고 생산 장비, 인력운용 등의 생산 환경까지 관련된 모든 다양한 정보들을 수집하는 기능이다.

② 판단

판단은 생산 환경 정보와 생산 전략의 변화를 바탕으로 사전에 분석하고 정의된 기준에 따라 생산 환경 및 전략을 수정하는 것을 결정하는 기능이다.

③ 실행

 실행은 판단결과가 실시간으로 생산환경에 적용되기 위하여 네트워크를 통한 제어 및 생산 전략 변경을 수행하는 기능이다.

대분류	중분류	세부제품
스마트 제조 시스템	애플리케이션	MES(Manufacturing Execution System)
		ERP(Enterprise Resource Planning)
		PLM(Product Lifecycle Management)
		SCM(Supply Chain Management)
	플랫폼	생산 빅데이터 애널리틱스
		사이버물리 기술
		클라우드
		Factory-Thing 자원관리
	디바이스	컴포넌트 컨트롤러
		로봇
		센서

[표 1] 스마트팩토리 주요제품 분류

 제조업 주기에 맞춘 스마트 제조기술별 구성요소로는 서비스·제품, 생산공정, 네트워크 연결 디바이스로 구분할 수 있다.

	서비스, 제품	생산공정	네트워크 연결 디바이스
기술 개발	빅데이터, 클라우드, 홀로그램 등 소비자 맞춤형 가상 제조, 소비자 요구 및 트랜드 분석 등	홀로그램, 에너지절감, 3D프린팅 등 실감형 제품 가시화, 마이크로 팩토리 공정 기술 등	스마트센서, IoT, 3D프린팅 등 스마트 복합센서, IoT플랫폼, 3D프린터 등
공정 적용	소비자 수요분석 및 제품 디자인단계에서 빅데이터 분석을 활용하고 제품의 서비스화 구현에 적용	스마트 공장 제품 설계 및 공장설비 단계에서, 가상 시제품 제작, 설비 공정 및 제조 등에 활용	스마트 공장 자동화 설비, 지능형 로봇, 등에 복합센서 연결 및 데이터 수집 및 제어 등에 활용
적용 제품	스마트 자동차, 착용형 스마트 기기 등	스마트 에너지 소비 네트워크, FEMS 등	스마트 컨트롤러 등

[표 2] 스마트팩토리 제조기술별 구성요소

2) 스마트팩토리의 분류

스마트팩토리의 분류는 산업 기술 분류표상에서 지식서비스, 기계·소재, 전기·전자 산업기술에 포함되며, 생산 공정 모델링/시뮬레이션, 자동화 관련 계측/센서 기술, 디스플레이 제조장비가 포함된다.

또한 산업기술 중분류를 기준으로 생산공정모델링/시뮬레이션은 연구개발/엔지니어링 서비스로 분류할 수 있으며, 자동화 관련 계측/센서 기술은 로봇/자동화 기계로, 디스플레이 제조장비는 디스플레이로 분류된다.

구분	산업기술_대분류	산업기술_중분류	산업기술_소분류
스마트팩토리	지식서비스	연구개발/엔지니어링 서비스	생산공정모델링/시뮬레이션
	기계, 소재	로봇/자동화 기계	자동화 관련 계측/센서 기술
	전기, 전자	디스플레이	디스플레이 제조장비

[표 3] 스마트팩토리 분야 산업기술분류

03

스마트팩토리 효과

3. 스마트팩토리 효과
가. 고용

 4차 산업혁명은 일자리 창출의 기회가 될 수도 있지만, 오히려 일자리가 줄어들고 일자리의 질이 양극화 될 수 있다는 문제점이 있다. 옥스퍼드대학의 Frey와 Osborne은 2013년 미국 일자리의 47%, 독일 일자리의 42%가 자동화로 인해 20년 이내에 사라지고, 특히 고숙련과 저숙련 근로자들의 고용률에는 큰 변과가 없지만 단순 반복적이고 자동화되기 쉬운 중숙련 직업이 감소할 것으로 전망했다.

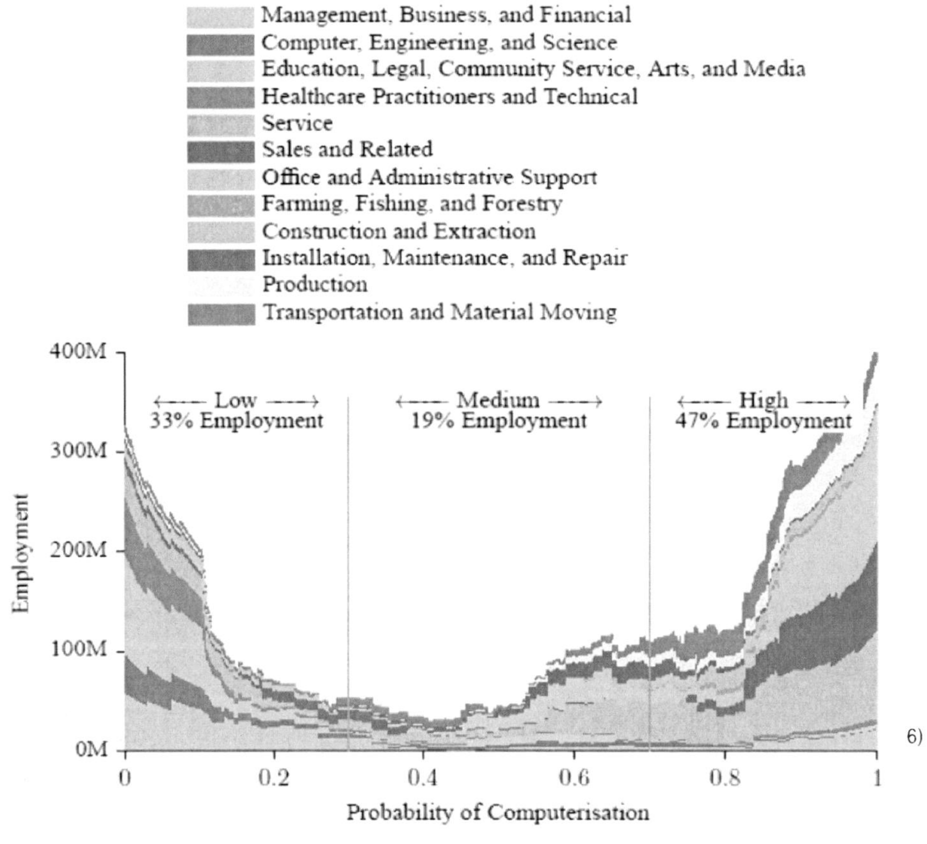

[그림 7] 미국 내 직종의 대체확률별 고용인원

 그렇다면 스마트팩토리가 적용됨으로 인해 고용이 나빠지는 것일까? 많은 나라들의 대답은 '아니다'이다. 스마트팩토리를 포함한 4차 산업혁명을 통해 많은 나라들은 '좋은 일자리'를 증가시켜 가계소득을 늘리고 내수를 활성화하는 경제 선순환 구조를 구축하려는 목표를 가지고 있다. 여기에서 말하는 '좋은 일자리'란, 임금(저임금, 임금격차), 근로조건(장시간 노동, 스트레스), 고용형태(시간제 노동 및 임시노동), 고용안정성 등의 기준을 통해 일자리 질을 평가하여 선정된다.

---

6) 자료 : Frey & Osborne (2013)

그렇다면 4차 산업혁명과 좋은 일자리를 연결하기 위해서는 어떤 것이 필요할까? 바로, 신규 노동수요 확대를 위한 국가차원의 혁신과 일자리 보호를 위한 법적/제도적 장치라고 할 수 있다. 이를 위해 독일은 독일연방노동사회부를 중심으로 Industry 4.0하에서의 좋은 노동 유지방안에 대한 화두를 던지고(Green Paper) 사회 각계각층의 토론을 통해 해답을 도출, 'White Paper'라는 이름으로 백서를 2017년 1월 발간했다. 이웃나라인 일본도 경제산업성을 중심으로 새로운 산업구조에 따른 고용정착 변화방안에 대한 논의를 2017년 2월 진행했다.

또한 일자리의 양적 확대 여부는 기존 일자리가 사라지는 속도와 새로운 일자리가 늘어나는 속도 간 경쟁의 결과로 결정되는데, 2016년 다보스포럼에서 발표한 '직업의 미래' 보고서에서는 700만 개의 일자리가 사라지고 200만 개가 새려 싱기며 결과적으로는 500만개의 일자리가 줄어들 것으로 전망했다. 다보스포럼에서 발표한 보고서에 따르면 일자리가 가장 크게 줄어드는 직종은 단순 사무직, 생산직이며 고용이 늘어나는 분야는 비즈니스와 금융, 매니지먼트, 컴퓨터로 예측했다.

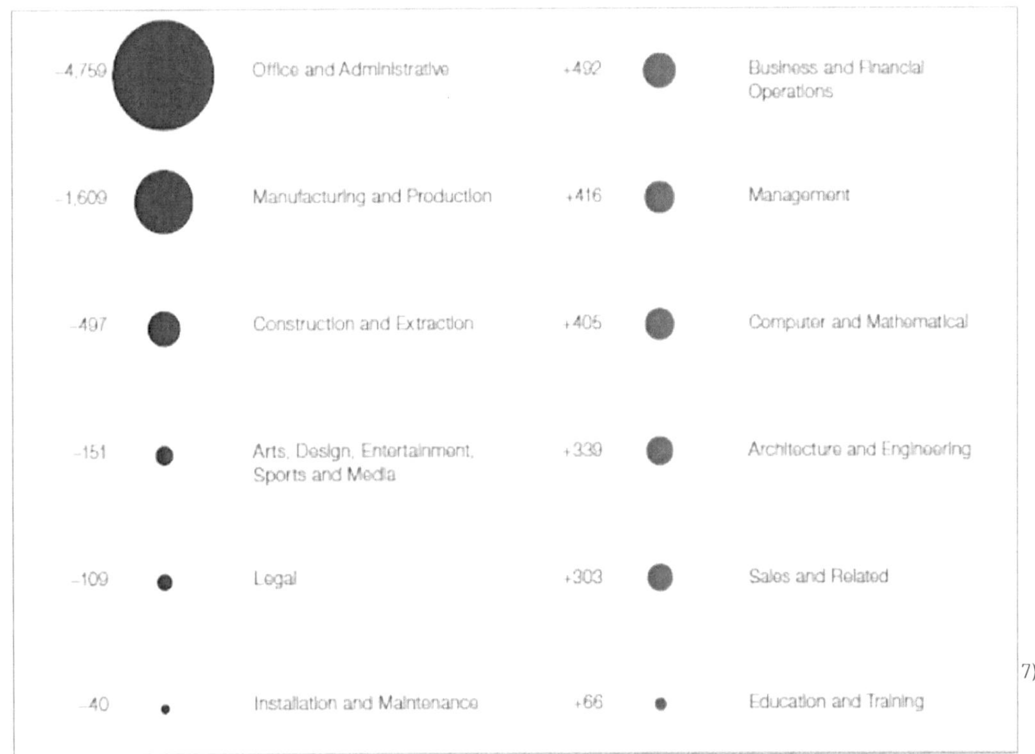

[그림 8] 직종별 순고용 전망(2015~2020) (단위: 천 명)

하지만, 다보스포럼의 보고서와는 반대로 독일의 경우, 정치, 경제, 교육정책 등을 통해 산압혁명을 준비하고 디지털화를 가속하는 경우 생산력이 급속도로 상승하게 되어 실업률이 오히려 대폭 감소할 것으로 전망하고 있다.

---

7) 출처: World Economic Forum(2016)

독일은 소매업, 공공행정 등 27개의 분야에서 75만개의 일자리가 사라지는 대신, IT서비스, R&D 등 13개 분야에서 100만 개 정도의 일자리가 증가하면서 결론적으로 24만개의 일자리가 순증가 할 것으로 전망했다. 따라서 2030년 이후에도 2014년과 비슷한 수준의 일자리 수를 유지할 수 있다고 예측했다.

이처럼 스마트팩토리와 같은 4차 혁명으로 인한 일자리의 변화는 다양한 시각으로 바라볼 수 있으며, '제 4차 산업혁명'의 저자인 클라우스 슈밥 또한 과학기술이 고용에 미치는 효과 중 고용을 증가시키는 신산업 창출 효과의 속도와 타이밍을 제대로 이끌어 내는 것이 중요하다고 말하기도 했다.

그렇다면 제조업에서 스마트 팩토리를 적용하며 일자리는 어떻게 변화될까? 우선, 아디다스를 통해 이를 살펴보도록 하자. 아디다스는 독일 안스바흐에 '스피드 팩토리'를 건설했고, 인건비 절약을 위해 동남아시아와 중국으로 이전했던 공장을 본국으로 되돌려 자국 근로자의 고용을 증대시켰다. 이처럼 제조업에서 스마트팩토리를 적용하면, 리쇼어링[8]으로 인해 새로운 일자리 창출이 가속화될 것으로 전망된다.

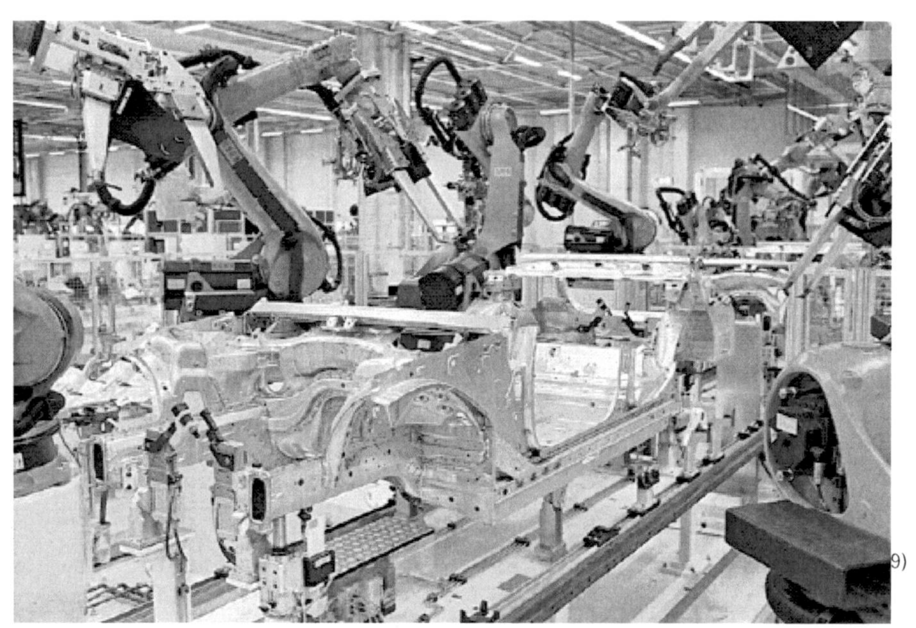

[그림 9] 아디다스 스피드팩토리

국내에서도 넥센타이어, 티센크루프엘리베이터 코리아 등 스마트 팩토리를 통해 생산성과 고용을 동시에 증가시키는 사례가 점점 늘어나고 있다. 넥센타이어는 2012년 경남 창녕군에 무인 반송차, 전자태그, 자동화 로봇 등을 활용한 스마트 팩토리를 준공하고 이를 통해 총 1100개의 고급 일자리를 창출했다.

---

8) 리쇼어링(Reshoring): 인건비 등 각종 비용 절감을 이유로 해외로 나간 자국 기업이 다시 국내로 돌아오는 현상으로, 인건비나 판매시장을 찾아 해외로 생산기지를 옮기는 '오프쇼어링(offshoring)의 반대개념이다.
9) 출처: 사이다경제

  넥센타이어는 기존 중국에서 친환경 고급타이어 생산에 어려움을 겪었지만, 스마트 팩토리를 통해 첨단 설비와 우수한 직원이 어우러져 기대한 만큼의 성과를 내고있다고 발표했다.

[그림 10] 넥센 스마트팩토리

  티센크루프엘리베이터 코리아는 2015년 스마트공장 시스템을 도입했고, 이를 통해 시간당 생산량을 100% 이상 증가시킬수 있었다. 또한, 일자리의 경우 직원수는 그대로 유지하되 단순노동이 줄어들고 품질관리와 구매쪽 일자리를 증가시켰다. 또한 티센크루프의 생산기획 실장은 생산성과 매출이 계속 늘어난다면, 고용을 더 늘려나갈 것이라 발표했다.

  이처럼 스마트팩토리가 적용됨에 따라 단순 생산직은 일자리가 줄어들지만, IT, R&D의 일자리가 늘어나고 있다. IBM은 학력과 상관없이 디지털 혁명 시대에 적응해가는 인재를 '뉴칼라'로 명명했고, 미국 IBM 본사에서 근무하는 임직원의 33%가량을 이들로 채워 4차 산업혁명을 이끌 동력을 마련하고 있다.

  IBM이 뉴칼라로 명명하고 있는 인재는 대부분 전 산업군에서 필요로 하는 인공지능, 클라우드 컴퓨팅의 전문가들로, 블루칼라와 화이트칼라가 아닌 새로운 계층으로 자리매김하고 있다. 이처럼 스마트팩토리를 포함한 4차 산업혁명을 통해 인공지능과 빅데이터가 모든 것을 지배할 것으로 전망되기 때문에, 생산직과 사무직의 역할을 갈수록 미미해지고 학력과 학위의 중요성도 줄어들었다고 볼 수 있다. 그 예로 IBM의 직원중 33%가량은 2년데 대학의 학위를 소유하고 있다.

---

10) 출처: 비즈니스워치

[그림 11] 티센크루프엘리베이터 스마트공장

 또한, IBM은 뉴욕시 교육청과 뉴욕시립대와 손잡고 2011년 9월 뉴욕 브루클린에 'P테크 학교'를 설립했다. 여기에서 P는 Pathway, 즉, 진로를 뜻하는 것으로 중학교 3학년 나이에 입학하여 6년 과정을 통해 2년제 대학 학위를 취득할 수 있으며, IT 분야에서 꼭 필요로 하는 기술을 새로운 교육방식으로 익히는 커리큘럼으로 구성되어있다. 이러한 이유로 현재 P테크 학교는 뉴욕, 일리노이, 코네티컷 등 미국 전역에 총 55개 가량이 설립되었다.

 이러한 세계동향과 발맞춰 한국IBM도 교육부와 뉴칼라 인재양성을 위한 P테크 학교를 국 내에 처음으로 도입하기위한 수순을 밟고 있다. 이에따라 한국은 미국, 모로코, 호주, 대만, 싱가포르에 이어 6번째로 P테크를 도입한 국가가 되었다.

 한국IBM은 서울 여의도 IFC 더 포럼에서 교육부와 P 테크 설립을 위한 업무협약식을 갖 고, 2019년 3월 국내 첫 P-테크 기관인 '서울 뉴칼라 스쿨'을 개교한다고 밝혔다. 서울 뉴 칼라 스쿨은 세명컴퓨터고등학교와 경기과학기술대학교에 만들어진다. 2개반 52명 정원의 '인공지능소프트웨어' 학과가 개설되며 현 중학교 3학년 학생을 대상으로 11월부터 면접을 통해 선발한다. 선발된 학생은 3년 고등학교, 2년 전문대 과정을 합친 총 5년 과정의 교육 을 받게 된다.[12]

---

11) 출처: 한국경제
12) IBM표 5년제 IT학교 'P-테크' 내년 국내 설립…무엇이 다를까, 백지영, 디지털데일리, 2018.09.17

[그림 12] P 테크 학교

스마트팩토리, 4차 산업혁명과 같은 새로운 산업이 떠오르며 개인정보보호 영역 등 디지털화 촉진을 위한 기반 일자리의 증가가 필요하다. 이는 빅데이터, 데이터 마이닝 등이 업무 곳곳에서 활용되면서 기업 내의 인적 데이터에 대한 수집 범위, 분석방법 등에 대한 이슈가 발생 가능하고 디지털화의 부작용을 최소화하면서 혁신을 이끌어내기 위해서는 기업내에서 개인 정보에 대한 기준을 수립하고 관리하는 역할을 수행할 일자리가 활대될 필요가 있기 때문이다.

다양한 분야에서 이루어지는 자동화에 따른 고위험 직업군과 저위험 직업군을 나누어보면 다음과 같이 요약할 수 있다.

---

13) 출처: 중앙일보

자동화 가능성	직업
99%	텔레마케터
99%	세무대리인
98%	보험조정인
98%	스포츠 심판
98%	법률비서
97%	레스토랑, 커피숍 종업원
97%	부동산업자
97%	외국인 노동자 농장계약자
96%	비서직(법률/의학/경영임원 비서직 제외)
94%	배달직

[표 4] 고위험 직업군

자동화 가능성	직업
0.31%	정신건강 및 약물남용 치료 사회복지사
0.4%	안무가
0.42%	내과/외과의사
0.43%	심리학자
0.55%	HR매니저
0.65%	컴퓨터 시스템 분석가
0.77%	인류학자, 고고학자
1%	선박기관사, 조선기사
1.3%	세일즈매니저
1.5%	전문 경영인

[14)

[표 5] 저위험 직업군

 이처럼 자동화가 산업 전반에 뿌리내리게 될 미래에는 직업이 세분화되고 전문화되며, 서로다른 지식과 직무간 융합으로 인한 융합형 직업이 증가하며, 과학기술에 기반한 새로운 수요들이 창출되며 이로인한 직업이 새롭게 탄생할 것으로 전망된다.

 미래창조과학부는 이러한 혁신에 발맞추기 위해서는 '인간 고유의 문제 인식 역량', '인간 고유의 대안 도출 역량', '기계와의 협력적 소통 역량'이 필요하다고 예측했으며, 세계경제포럼에서도 '복잡한 문제 해결능력', '사회적 기술'과 '시스템 기술'이 육체적 능력이나 콘텐츠 기술보다 더욱 필요할 것으로 전망했다. 따라서 많은 기업들도 일자리의 질을 높이기 위해 위와같이 각 구성원 개인의 역량 개발을 적극적으로 추진해야 할 것이다.

---

14) 4차 산업혁명 시대, 좋은 일자리 만들기, 포스코, 2017.08.31

 또한, IT기술이 점점 중요해 지고 있는 세태를 반영하여 세대 간 인적 역량이 많은 차이를 보이고 있다. OECD 자료에 따르면 한국은 10대 후반에서 20대 초반이 세계 최고 수준의 언어 능력, 수리력, 컴퓨터 기반 문제 해결력을 보유하고 있으나, 50대 이후에는 OECD 최하위 수준으로 떨어졌으며 특히 컴퓨터를 이용한 문제 해결력은 연령에 비례하여 급격히 저하되는 양상을 보였다.

 이를 해결하기 위해서는 고연령층의 컴퓨터를 이용한 문제 해결력 등에 대한 역량 향상을 위한 조직적인 지원이 필요할 것으로 보인다. 또한 저연령층의 경우 경험의 부족으로 인해 오류가 발생하는 경우 대처가 힘들고 이러한 일이 반복됨에 따라 해당업무에 대한 숙련도가 낮아질 수 있기 때문에, 예기치 못한 상황에 대처할 수 있도록 경험지식 교육을 실시하여 문제해결력을 키울 수 있도록 지원해야 한다.

나. 생산성

 스마트팩토리가 적용됨에 따라 미래 사회에서는 전통적인 생산방식에서 벗어나 단순작업 근로자의 역할은 자동화된 기계가 대신하고, 기존의 생산 시설은 첨단 기술이 도입된 효율 높은 설비로 대체되며, 적은 인원으로도 공정 과정과 물류의 흐름을 보다 잘 관리할 수 있게 되면서 경제적 비용 또한 절감하게 된다.

 스마트 팩토리는 스마트한 사람, 스마트한 설비, 프로세스가 결합되어 하나의 네크워크로 연결된 현장이다. 기획·설계부터 생산, 유통·판매에 이르기까지 등 전 과정이 사물인터넷, 인공지능, 빅테이터 등으로 통합하여 자동화·디지털화된 공장에서는 최소의 비용과 최소의 시간으로 고객맞춤형 제품을 생산할 수 있다.

 우리나라 정부는 2014년 스마트공장추진단을 출범하여 민관 합동으로 국내 현실에 맞는 고도화된 스마트공장 보급 사업을 진행하고 있다. 스마트공장추진단이 2016년 12월 말까지 완료된 스마트공장 구축 기업의 전 후 성과를 비교한 결과, 생산성 개선(23%), 불량률 감소(46%), 원가 절감 (16%), 납기 단축(34.6%)으로 경쟁력이 향상되었다.[15]

 이처럼 스마트팩토리를 구현하는 궁극적인 이유는 생산성 향상과 효율성 제고를 가장 큰 이유로 꼽을 수 있다. 몇몇 기업을 예로 스마트팩토리와 생선성과의 상관관계를 살펴보도록 하자.

---

15) 안전보건, 안전보건공단, 2017.04

1) 현대로보틱스

현대로보틱스는 1984년 현대중공업 로봇사업팀으로 사업을 시작해 1995년 6축 다관절 로봇, 2007년 LCD용 로봇을 독자 개발하는 등 국내 1위 산업용 로봇기업으로 성장했으며 국내 자동차 산업과 LCD 산업이 세계적인 경쟁력을 확보하는데도 핵심적인 역할을 수행해왔다.

특히 대구에 신공장을 준공하고 정보통신기술(ICT)과 생산기술의 융합을 바탕으로 공장 내 각종 생산 관련 데이터를 실시간으로 수집할 수 있는 스마트 팩토리를 구축했다. 이를 통해 '생산성', '품질', '안전' 등 전반적인 경쟁력을 한 단계 끌어 올렸으며 연간 생산량도 기존 4,800여대에서 8,000여대로 2배 가까이 늘려 안정적인 사업성장의 기반을 마련했다.

실제 사업분할 이후 첫 분기인 2분기에 전년 동기 대비 매출이 10% 늘고, 영업이익률이 10%대로 증가하는 등 독립법인 출범과 신공장 가동에 따른 가시적인 성과를 보이고 있다. 현대로보틱스는 또한 4차 산업혁명 시대와 함께 성장세가 예상되는 스마트 팩토리 시장에서 산업용 로봇 및 자동화시스템에 대한 지속적인 기술개발을 통해 적극 대응해 나간다는 계획을 밝혔다.[16)

[그림 13] 자동차 제조 공정에 투입되는 로봇 시스템

16) 스마트 팩토리 구축으로 생산성·품질 강화, FA저널, 2017.08.31
17) 산업용로봇 국내 1위 현대로보틱스, 대구로 본사 이전, 매일경제, 2016.11.17

2) LS산전

　LS산전은 지난 2011년부터 약 4년간 200억원 이상을 투자해 단계적으로 스마트 공장을 구축했다. LS산전은 스마트팩토리 구축으로 설비 대기 시간을 절반으로 줄이고 생산성은 평균 60% 이상 향상했다.

　산업통상자원부 산하 스마트팩토리 추진단은 스마트팩토리 수준을 모두 4단계(기초수준, 중간 수준1, 중간 수준2, 고도화)로 구분한다. LS산전의 청주1공장은 라인별로 중간 수준1과 중간 수준2에 해당한다. 관계자는 MS생산라인의 경우 고도화 수준 턱밑까지 와있다며 2020년 상반기까지 1공장 전체가 '고도화' 수준의 스마트팩토리가 될 것이라고 예측했다.

　또한, LS산전은 스마트팩토리가 주 52시간 근로제의 우려 요소인 '생산성 저하'의 해답이 될 수 있다고 보고 있다. 한국경제연구원이 112개 업체를 대상으로 시행한 설문조사에서 '생산성 향상 대책 추진'이 주 52시간 근로제 대응 계획 1순위(74.1%)로 꼽혔는데, LS산전 관계자는 근로시간 단축과 같은 노동환경 변화로 인력 확보에 어려움을 겪는 중소·중견기업의 경우 스마트공장이 해결책이 될 수 있다며 자동화, 스마트팩토리 보급률이 낮은 우리 중소·중견기업들이 스마트화를 통해 획기적으로 생산성 향상을 이룰 수 있을 것으로 기대된다고 말했다.

[그림 14] LS산전 자동화 시스템 기반 스마트 팩토리

---

18) LS산전의 자동화 시스템 기반 스마트팩토리 성공사례, FA저널, 2015.12.14

3) 삼성 SDS

 삼성전자를 비롯한 계열사의 스마트팩토리 구축·운영을 책임지는 삼성SDS가 '인텔리전트 팩토리'를 키워드로 하는 사업전략을 발표했다. 삼성SDS는 인공지능 기반 스마트팩토리 플랫폼인 '넥스플랜트'(Nexplant)를 통해 관계사 외에 국내외 기업시장을 본격적으로 공략한다고 발표했다. 아울러 제조공장 안에 집중됐던 스마트팩토리 영역을 넓혀 주변 시설, 제조건물 등 플랜트 설계, 건설, 운영 전반으로 확장한다고 밝혔다.

 삼성SDS는 넥스플랜트를 통해 설비·공정·검사·자재물류 등 제조 4대 영역을 지능화했다. 설비에 장착된 IoT(사물인터넷)센서로 수집된 빅데이터를 AI 솔루션(Brightics AI)으로 분석해 실시간 이상감지를 하는 것은 물론 장애 시점을 예측하고 생산공정을 최적화 하는 게 핵심이다.

 넥스플랜트는 22종의 솔루션과 플랫폼으로 구성되어 있는데, 인공지능과, 사물인터넷, 블록체인을 핵심으로 하고, 클라우드 플랫폼을 통해 서비스를 제공한다. 이를 통해, 삼성SDS는 지금까지 국내외에서 300여 개의 고객사를 확보했다. 대표적인 고객사인 삼성전자의 경우 31개 글로벌 생산법인을 수원 센터에서 통합 관리하는 '글로벌 원팩토리' 체계를 완성했다. 이를 통해 연 2000억원의 원가를 절감하고 신제품 교체기간을 절반으로 줄였다.

제조기업들이 스마트팩토리 경쟁을 벌이는 이유는 생산성 향상을 위해서다. 도승용 삼성 SDS 스마트팩토리 전자제조사업팀장은 연간 설비투자 규모가 15조원에 달하는 반도체 분야에서 생산성을 1%만 높여도 1500억원의 효과를 얻을 수 있다면서 삼성전자는 설비 지능화를 통해 고장원인 분석시간을 90% 줄이고 공정 지능화를 통해 공정품질을 30% 향상시키는 한편 인공지능을 이용한 가상 품질검사를 통해 수백대 검사장비를 투입해 생산품을 100% 검사하는 효과를 거뒀다고 설명했다.

 특히 인공지능기반 검사 예측모델을 적용해 불량 검출률을 극대화했는데, 기존에 사람의 눈에 의존해 불량을 가려내던 것에서 딥러닝 기술로 학습한 IT솔루션으로 불량유형을 판별, 불량 분류정확도를 32% 높였으며 불량조치시간은 절반으로 줄이고 검출효율은 2배로 높였다. [19]

---

19) 생산성 1% 높이면 1500억 절감, AI 기반 스마트팩토리 확산 박차, 디지털타임스, 2018.08.28

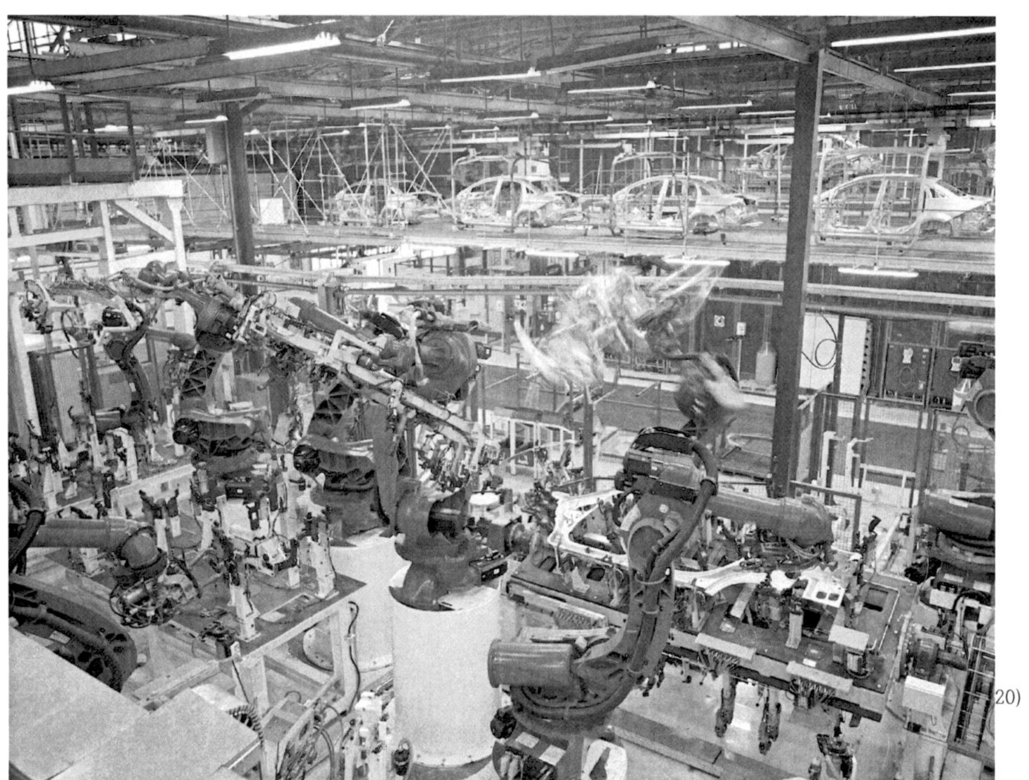

[그림 15] 삼성SDS, 인공지능기반 스마트팩토리 솔루션 넥스플랜트

---

20) 출처: 삼성SDS

4) 포스코

 포스코는 지난 2015년 5월 광양제철소 후판(선박 등을 만드는 데 주로 쓰는 두께 6㎜ 이
상 철판) 공장을 스마트팩토리 시범공장으로 선정하고 이를 추진하기 위한 태스크포스를 구
성했다. 이후 약 3개월간의 준비 기간을 거친 뒤 그해 7월부터 스마트화에 본격 돌입했다.

 스마트화 선언 직후 포스코는 광양제철소 후판 공장 곳곳에 사물인터넷(IoT) 센서와 카메
라부터 설치했다. 스마트팩토리 근간이 되는 데이터를 모으기 위해서다. 이를 통해 매일
1TB(테라바이트)가 넘는 데이터가 쌓인다. 고로에서 만든 쇳물 불순물을 없애는 제강 공정
과정에선 하루에 데이터 500만개가 생성된다. 액체 상태인 용강을 고체로 만드는 연주 공
정 과정에선 7000만개, 고체 상태인 반제품을 강판으로 만드는 압연 공정에선 무려 300억
개가 모인다. 포스코는 이렇게 축적한 데이터를 자체 개발 플랫폼 '포스프레임(PosFrame)'
을 이용해 저장하고 분석한다.

 빅데이터와 IoT 활용 효과는 실제 숫자로 나타나고 있다. 우선 스마트팩토리를 도입하기
전인 2015년 상반기에 비해 품질 부적합률이 20% 줄었다. 비용도 눈에 띄게 감소했다. 스
마트센서를 활용해 설비 상태를 실시간 모니터링하는 등 운영 효율성을 높인 결과 2016년
비용을 51억6000만원가량 절약했다. 예상치 못한 일로 설비를 중단하는 사례도 줄어 설비
가동률도 높아졌다. 21)

[그림 16] 포스코의 포스프레임

21) 한국 스마트팩토리 어디까지 왔나 | 포스코·LS산전, 생산성 '쑥쑥' 고도화 中小 격차축소 안간힘…기
    술·인력 발목, MK증권, 2017.07.07
22) 포스코, 세계 첫 IoT·AI 제철소 '스마트 포스코', 서울신문, 2018.07.17

5) 새한텅스텐

자동차 전구용 필라멘트 생산업체인 새한텅스텐은 스마트팩토리 도입을 통해 글로벌 조명 '빅3' 업체인 필립스, 오스람, GE에 모두 부품을 공급하는 알짜기업으로 거듭났다. 필라멘트는 제조 과정 중 한 시간 간격으로 공정검사를 해서 원하는 형상인지 확인해야 하는데, 크기가 워낙 작아 사람이 이를 디지털 투영기에 올려놓고 확대해서 봐야 하는 번거로움이 있었다.

게다가 필라멘트 길이와 코일 턴수, 간격 등 15가지 검사 항목 측정값이 나오면 작업자가 기록지에 일일이 적어야 했다. 항목별 숫자들을 수기로 입력하다 보니 시간이 오래 걸리고 오류도 잦았다.

하지만 정밀 비전 시스템을 도입한 후 이런 불편함이 사라졌다. 카메라 장치에 필라멘트를 올려놓으면 카메라가 찰칵하는 순간 항목별 측정값이 MES에 자동 연동돼 정확성을 높인다. 각종 검사를 사람이 아닌 카메라가 대신하는 '공정검사 입력 자동화'로 기존에 5분 걸렸던 검사시간이 30초로 대폭 단축됐다. 새한텅스텐 관계자는 작업자들이 일일이 수기로 했던 기록을 스마트폰 앱을 활용한 경영 정보 시스템으로 대신하면서 작업 환경이 좋아졌다고 강조했다.[23]

6) 동양 피스톤

자동차 엔진용 피스톤을 생산하는 동양피스톤은 업종 특성상 수작업이 많아 한국인 근로자들이 업무를 꺼려해 어쩔 수 없이 외국인 근로자들이 수작업을 도맡아 했다. 하지만 2015년부터 스마트팩토리 시스템을 도입하면서 분위기가 달라졌다.

사물인터넷을 활용하기 위해 공정라인마다 센서를 설치해 온도, 공정률 등 모든 공정을 통제할 수 있게 됐다. 이를통해 불량품이 나오면 데이터 분석을 통해 어떤 공정에서 문제가 발생했는지 파악하고 문제점을 수정할 수 있다.

얼마 전까지만 해도 생산시설 전체 가동을 멈추고 문제점을 하나하나 점검해야 했던 것과 달라진 풍경이다. 덕분에 생산성이 늘었고 불량률도 대폭 줄었고, BMW, GM, 포드 등 글로벌 자동차 업체에 피스톤을 납품하면서 수출 비중이 80%에 달한다. 머지않아 해외 공장 설비도 사물인터넷으로 통합, 관리할 계획이다. [24]

---

23) 한국 스마트팩토리 어디까지 왔나 | 포스코·LS산전, 생산성 '쑥쑥' 고도화 中小 격차축소 안간힘…기술·인력 발목, MK증권, 2017.07.07
24) 한국 스마트팩토리 어디까지 왔나 | 포스코·LS산전, 생산성 '쑥쑥' 고도화 中小 격차축소 안간힘…기술·인력 발목, MK증권, 2017.07.07

04

스마트팩토리 기술동향

4. 스마트팩토리 기술동향

가. 산업용 로봇[25][26]

1) 산업 동향

로봇은 IT, BT, NT 등과 융합되어 미래생활을 획기적으로 변화시킬 파급효과가 높은 산업으로, 기계, 금속, 반도체, 전기·전자, 컴퓨팅 SW, 센서, 통신·네트워크 등 다양한 기술을 포함하고 있다. 제조용 로봇 분야의 전방산업은 자동차, 조선 등 대형제조업, 컴퓨터, 스마트폰 소형 제조업, 반도체 등 정밀제조업, 제약·바이오산업 등 제조업이 대부분이고 제조용 후방 산업은 전자부품업, 기계부품업, 금형사출업, 물류, 유통, 항만산업, 금속, 로봇 부품, 반도체, 센서 산업 등이 있다.

후방산업	제조용 로봇 분야	전방산업
로봇부품 및 부분 산업, 금속·기계 산업, 전기·전자 제어장치 산업, 반도체·센서 산업, 컴퓨팅SW 산업, 재료·소재 가공산업	협동 로봇, 이적재용 로봇, 가공용 로봇, 조립용 로봇	용접응용 산업, 디스플레이 산업, 식품·의료 산업, 자동차, 조선 등 대형제조 산업, 컴퓨터, 스마트 폰 소형제조 산업, 정밀제조 산업, 의약, 바이오 산업

[표 6] 제조용 로봇 산업구조

이처럼 제조용 로봇은 자동차, 조선 등 대량생산 산업에서 대부분 반복 작업 등에 적용되고 있으며, 현재 중소기업의 다품종 소량 생산 방식에 적합한 로봇수요를 반영한 연구개발이 진행 중이다. 최근 산업형태가 대량생산 시스템에서 다품종 소량생산으로 변화하면서 작업환경이 셀-생산 방식[27]으로 전환되고 있으나, 현재의 제조용 로봇은 구조적인 문제로 정교한 작업에 한계를 가지고 있고, 단순 반복 작업을 위해 개발되었기 때문에 복잡하고 환경변화가 발생하는 작업현장에 적용하기 어려운 상황이다.

로봇시장은 향후 견고한 성장을 보일 것으로 판단되고 있는데 그 근거로는 전방산업의 구매력, 선진국의 리쇼어링, 제조업에서의 경쟁력 심화를 들 수 있다.

① 전방산업의 구매력

산업용 로봇은 전체 로봇 시장의 절반을 차지하고, 다시 산업용 로봇 수요처의 절반은 전기전자 산업과 자동차 산업이 점유하고 있다. 해당 산업은 최근 코로나19의 영향에도 불구하고, 긍정적인 실적을 기록한 분야이다. 이는 해당 산업군들이 현재 기존 설비를 고도화하고, 신규로 생산능력을 확장할 능력을 보유하고 있음을 의미한다.

---

25) 제조용 로봇 기술 및 시장동향, 연구성과실용화진흥원, 2017.03
26) 로보틱스-산업용 로봇, Korea Start Scale Up day, 삼성증권, 2022
27) 소수의 직원이 처음부터 끝까지 여러 가지의 공정을 담당해 완제품을 생산하는 방식

② 선진국의 리쇼어링

 과거 저렴한 인건비 효과를 통해 생산설비를 신흥국으로 이전했던 기업들이 본국으로 돌아올 가능성이 커지고 있다. 이는 물류비용이 상승하고, 부품과 제품의 운송 기간이 길어지면서 신흥국에서의 인건비 절감 효력이 반감하고 있기 때문이다. 또한 코로나19와 각종 지정학적인 이슈들이 야기한 공급 차질로 인해 비용만큼 안정적인 공급에 대한 가치가 중요해진 점이 존재한다.

 문제는 선진국의 인력 상황이다. 선진국의 인건비 수준이 신흥국보다 높다는 점은 별도의 설명이 필요 없는 부분이다. 여기에 선진국의 현재 고용상황이 나쁘지 않다는 점도 고민이다. 미국의 경우는 현재 실업률이 완전 고용 수준이다. 여러 가지 이유로 생산시설을 선진국으로 이전하더라도, 기업 입장에서는 여전히 비용의 문제와 고용의 문제를 고민하지 않을 수 없다. 결론적으로 로봇과 자동화가 필요하다.

③ 제조업에서의 경쟁력 심화

 세계은행에서 실시한 '자동화가 신흥국 제조업에 미치는 영향'에 대한 조사의 결론은 로봇과 자동화를 통한 생산성 제고효과가 노동대체효과보다 컸다. 즉, 인건비가 저렴한 신흥국에서조차 로봇을 도입하는 것이 효과적이라는 것이다. 결국 로봇과 자동화는 선진국뿐만 아니라 신흥국에서도 적용될 수밖에 없는 개념이라고 할 수 있다.

	고정로봇	협동로봇
비용	크고 고가. 실내의 정적인 위치에서 작동	고정 로봇보다 더 작고 저렴. (짧은 회수 기간)
안전펜스	필요	불필요(센서로 대체)
조작 및 운용	전통적인 프로그래밍 필요	비전문가도 프로그래밍 가능. 직관적 조작
특징	반복적인 작업을 하나 혹은 소수 수행	자율적이고 유연한 작업 수행
	높은 탑재량과 긴 도달 거리	낮은 적재하중과 짧은 도달 거리

[표 7] 고정식 로봇 vs 협동로봇

 최근 로봇시장에서는 협동로봇이 급격하게 성장하고 있다. 협동로봇은 말그대로 인간과 로봇이 같은 공간에서 함께 작업 가능한 로봇을 의미한다. 기존의 고정 로봇과 비교하면 그 크기가 작고 가격도 저렴하다. 또한 근로자를 위한 안전펜스가 불필요하여 점유하는 공간이 적고, 보다 자율적이고 다양한 작업을 수행할 수 있다. 조작과 운용 역시 손쉬운 편이다.

 협동로봇의 등장은 로봇의 수요 측면에서는 보다 다양한 로봇 구매자가 나타날 수 있음을 의미한다. 로봇의 가격과 공간을 감안하면 중소기업들도 제조현장에서 로봇을 도입할 수 있다.

이러한 변화는 로봇 공급자들에게도 긍정적이다. 이전에는 고가의 대형 로봇을 공급할 수 있는 소수의 업체만이 시장에 진입할 수 있었다. 로봇을 소비하는 업체와 산업이 한정적인 만큼 이들과 밀접한 관계를 유지하는 로봇업체들이 유리할 수밖에 없었다. 국내 로봇 업체들이 대부분 제조업을 기반으로 한 대규모 기업집단의 관계사라는 점은 우연이 아니다.

하지만 협동로봇의 등장은 중소 제조업체들에게도 사업참여 기회가 제공되었음을 의미한다. 대형 제조업체를 고객으로 확보하지 못했더라도, 그리고 대규모 자금여력이 없더라도 로봇을 제조하고 공급할 수 있게 된 것이다. 더욱 긍정적인 부분은 협동로봇 시장은 아직 성숙한 시장이 아니라는 점이다. 협동로봇이 전체 산업로봇 시장에서 차지하는 비중은 6%(2020년 기준)에 불과하다.

가) 미국

2020년 기준 미국은 세계 산업용로봇의 연간 설치대수 국가별 순위에서 중국, 일본에 이어 3.1만대로 3위를 기록했다. 미국에서 산업용로봇은 주로 자동차, 전기전자, 음식료 순으로 활용된다.

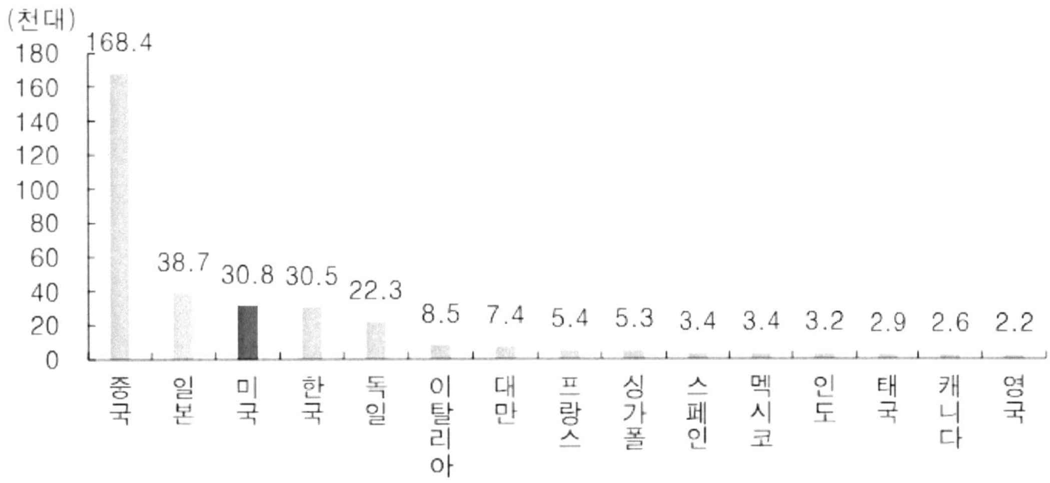

[그림 18] 세계 산업용로봇 연간 설치대수 상위 15개국 (2020년)

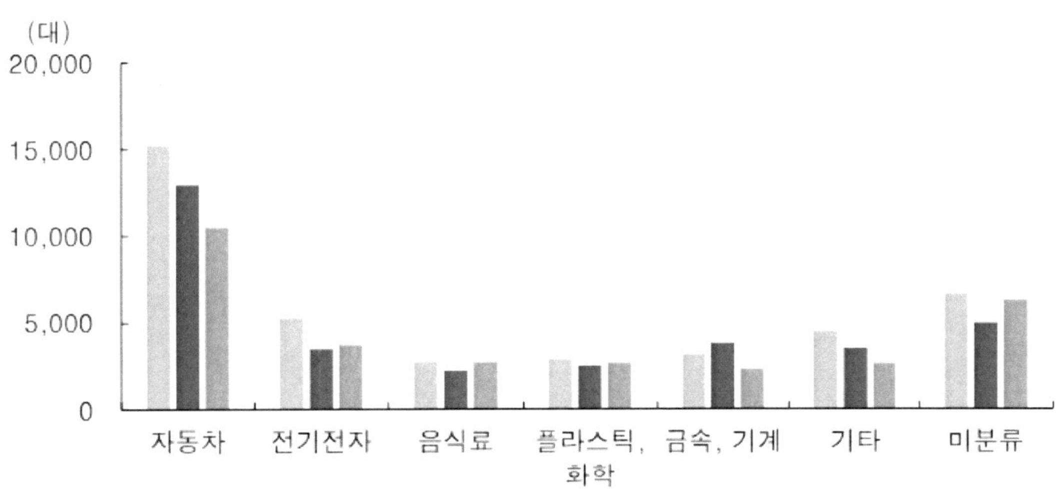

[그림 19] 2018~2020년 미국 산업용로봇 고객군별 설치대수

1980년대 들어서기까지 미국은 로봇을 포함한 최대 공작기계 생산국이었고 산업의 혁명을 일으킬 새로운 기술인 CNC(컴퓨터 수치제어)를 개발했지만, 1980년대 후반으로 가면서 일본과 독일에 추월당하게 되었다. 1980년대 초 미국의 기계산업 쇠퇴 원인은 생산의 자국 소비 의존도가 높았는데 수요가 급감했고, 변동성 높은 수주산업 특성상 미국은 납기가 지연되는데 반해 일본은 더 빠르게 주문을 충족시켜 나갔으며, 일본업체들은 제품기술과 공정기술 모두 우위를 점하면서 CNC 시장에서 실질적인 생산성 우위를 확립했기 때문이다.

미국은 연구개발 투자를 통해 제조업에 활기를 불어 넣기 위해 "Made in USA" 정책을 강화하면 향후 반세기 미국 제조업 부흥을 이끌어 갈 수 있다고 보았다. 이러한 제조업 혁신전략은 이미 "첨단 제조업 파트너쉽(AMP)"으로 구체화되었고, "제조업혁신 국가네트워트(NNMI)" 사업도 추진 중에 있다.

특히 미국은 로보틱스를 제조업에 혁명적 변화를 가져올 기술로 인식했다. 미국 노동자는 더 이상 저임금 생산직에 종사하고 싶어하지 않으며, 기업은 건강보험료와 의료비 상승으로 인건비 부담이 늘어났다. 제품 소형화 및 제품 수명주기 단축으로 기술집약도가 높아지고 있기 때문에, 인간의 노동력만으로는 변화하는 시장상황에 능동적으로 대처하고 정밀하고 신뢰도 높은 제품을 생산하면서 지속적으로 생산라인을 변경하는데 한계가 있을 수 밖에 없다.

첨단 로봇공학 기술은 더 많은 일자리를 창출하고, 근로환경을 개선할 수 있으며, 글로벌 국가경쟁력을 제고할 수 있다는 측면에서 로봇 로드맵의 필요성이 제기되었고, 미국의 로봇 정책으로 수립되었다.

미국 로봇 정책은 NRI 1.0과 NRI 2.0으로 추진되어왔다. 2006년 NSF(국립과학재단), NASA(항공우주국), NIH(국립보건원)의 공동 지원 아래, WTEC(세계기술평가센터)에 의해 국제 로봇공학 연구개발 평가 보고서가 발간되었는데, 이후 2009년 NSF의 지원을 받아 로보틱스 자문위원회가 미국 로보틱스 로드맵을 발표했고, 이를 근간으로 오바마 대통령이 2011년 NRI 1.0을 발표했다. 이후 국가 로봇 이니셔티브 2.0은 2009년 작성된 로드맵을 바탕으로 2013년과 2016년에 2차례 개정이 이루어졌고, 2016년 개정된 내용을 근간으로 NRI 2.0이 발표되었다.

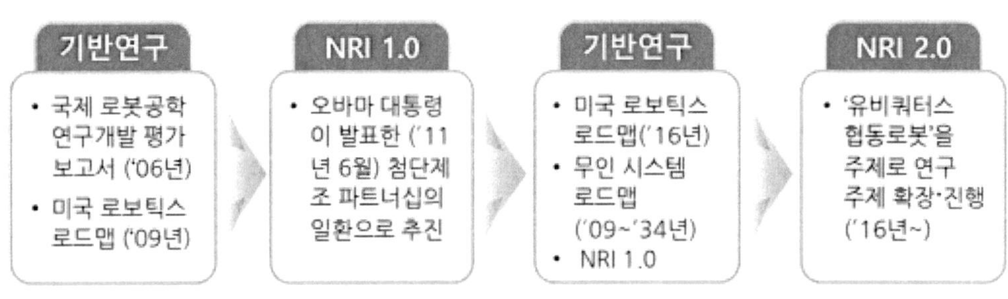

[그림 20] 미국 로보틱스 로드맵 추진 경과

미국은 국가 로봇 이니셔티브(NRI 2.0) 추진을 통해 학계, 산업계, 비영리조직 등 기관 및 기업간에 협력을 이끌어냄으로써 기초과학, 엔지니어링, 기술 개발 및 전개 등의 발전을 꾀하고 있다. 특히 NRI 2.0 핵심 중 주목할 만한 부분은 우주 로보틱스와 군사용 자율주행차량 및 시스템 분야다.

나) 일본

일본은 2020년 기준 세계 산업용로봇의 연간 설치대수 국가별 순위에서 중국 16.8만 대에 이어 3.9만대로 2위를 기록했다. 일본에서 산업용로봇은 주로 전기전자, 자동차부품, 금속기계 순으로 활용되고 있다.

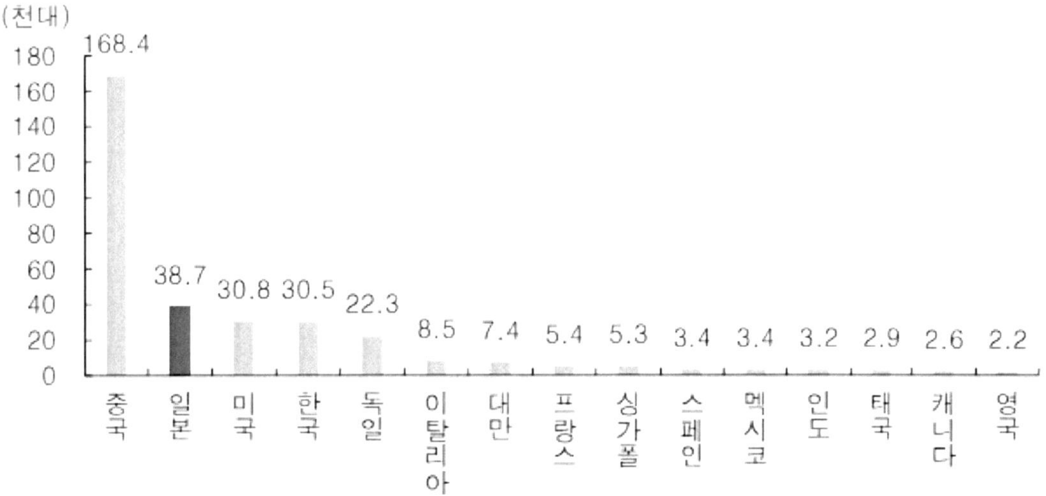

[그림 21] 세계 산업용로봇 연간 설치대수 상위 15개국 (2020년)

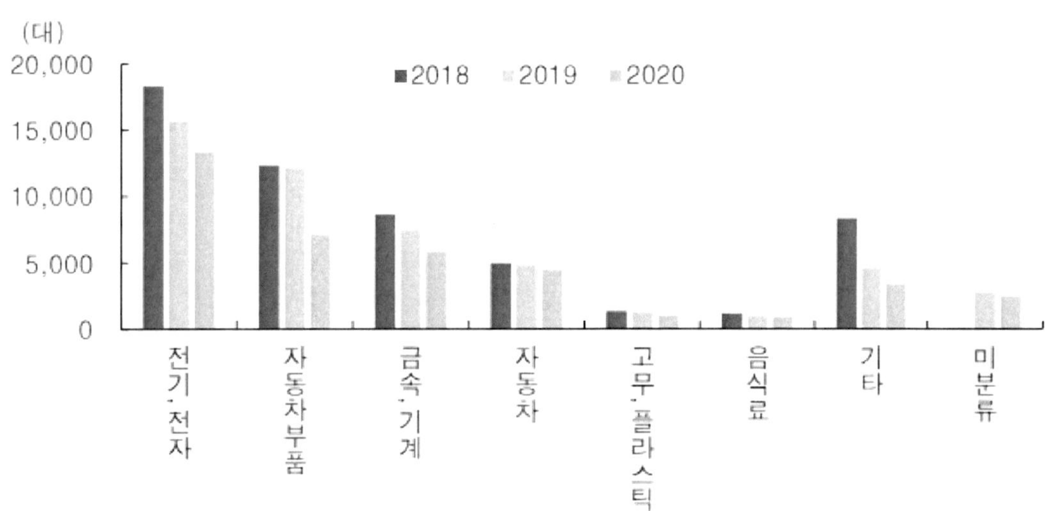

[그림 22] 일본 산업용로봇 연간 설치대수-고객군별

일본은 최근 10년간 급격한 고령화 사회를 경험하고 있으며, 2065년까지 일본 총인력이 40% 감소할 것으로 전망된다. 이에 자동화된 시스템과 첨단 산업 기계 및 장비에 대한 로봇 수요 증가할 전망이다.

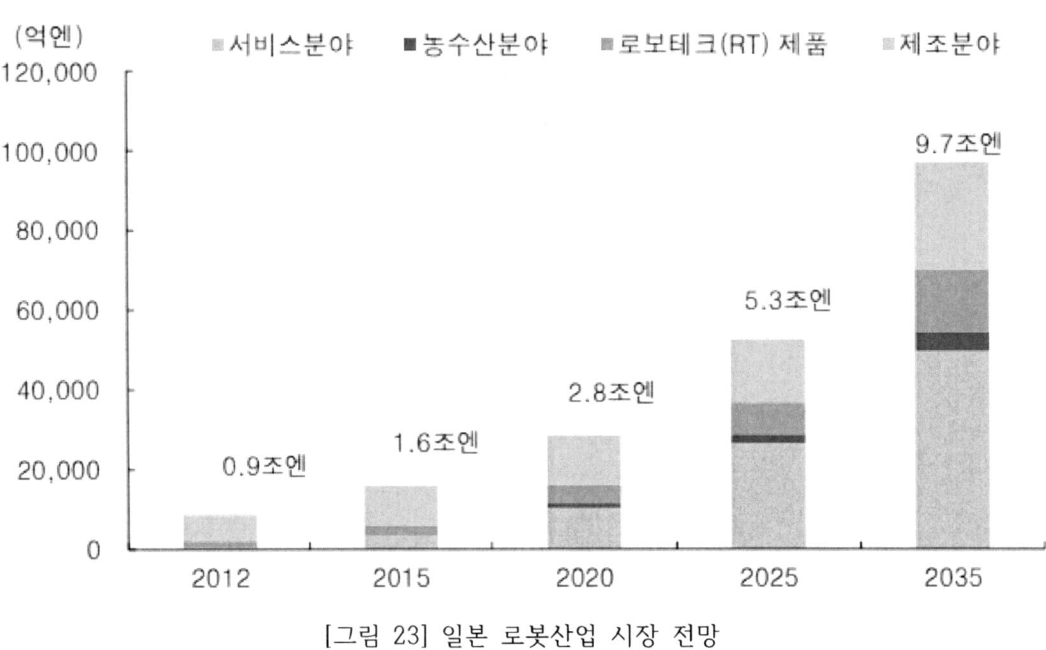

[그림 23] 일본 로봇산업 시장 전망

2020년 기준 일본은 세계 산업용로봇 설치 순위 2위를 기록하고 있고, 제조업 로봇밀도 순위도 3위로 선두권을 지켜오고 있다. 또한, 높은 로봇 매출 외에 정밀 감속기어, 서보 모터, 특수센서 기술 등 핵심 부품에서도 높은 시장 지위를 가지고 있다.

다만 산업용 로보틱스 구축과 배치, 핵심 기술을 보유한 것으로 평가받는 일본도 산업용 로봇 이상의 성장에서는 만족스러운 성과를 내지 못하고 있었던 것으로 보인다. 의료용 보조 외골격 로봇, 휴머노이드, 해양, 자율주행 등의 분야에는 성공적으로 진출하고 있으나, 재난 구조용 로봇, 물류용 모바일 로봇, 의료용(외과용) 로봇, 협업로봇 등에서는 성과가 미흡했다는 평가를 받고 있다.

2010년 이전 일본의 로봇 전략을 살펴보면, 1970년대에는 오일쇼크 극복을 위해 생산성 향상을 목표로 제조분야 로봇을 도입했고, 1980년대에는 자동차 제조분야 용접 공정 등에서 로봇 사용을 확대했다. 1990년대에는 버블 경제 붕괴로 인한 정체기에 기업별 로봇 기술 노하우를 축적했으나, 2011년 후쿠시마 원전 사고 당시 현장에서 자국 로봇을 활용하지 못하는 현실에 충격을 받게 되었다. 결국, 일본의 경제위기 의식 고조로 자국 내 사회 문제(낮은 출산율, 생산연령 고령화, 사회 복지비용 부담 증가) 해결 및 글로벌 경쟁력 강화를 위해 2015년 2월 범 정부차원의 로봇 신전략(로봇 혁명)을 추진하게 되었다.

로봇 신전략의 방향성 세가지는 세계 로봇 혁신거점화, 세계 제 1의 로봇 활용사회, 로봇과 인접기술(빅데이터, 네트워크, 인공지능)과의 선제적 융합이다. 또한, 일본은 액션플랜 5개년 (2015~2020) 계획을 통해 제조/서비스, 간호/의료, 농식품, 인프라/재해대응/건설 등에 투자를 확대하고, 규제개선과 인재양성을 주요 정책과제로 삼았다.

다) 중국

중국은 2013년 이래로 세계 최대 로봇 시장의 지위를 유지하고 있다. 2020년 중국의 로봇 시장 규모는 코로나19 상황에서도 971억 위안을 기록했으며 2021년에는 1,233억 위안으로 확대될 것으로 예상되기도 했다. 2020년 중국 내 신규 로봇 설치 대수는 16만 8,377대로 약 20% 증가했으며, 분야별로는 전기/전자 산업에서의 로봇 도입 비중이 37%, 자동차 산업은 16%를 기록했다.

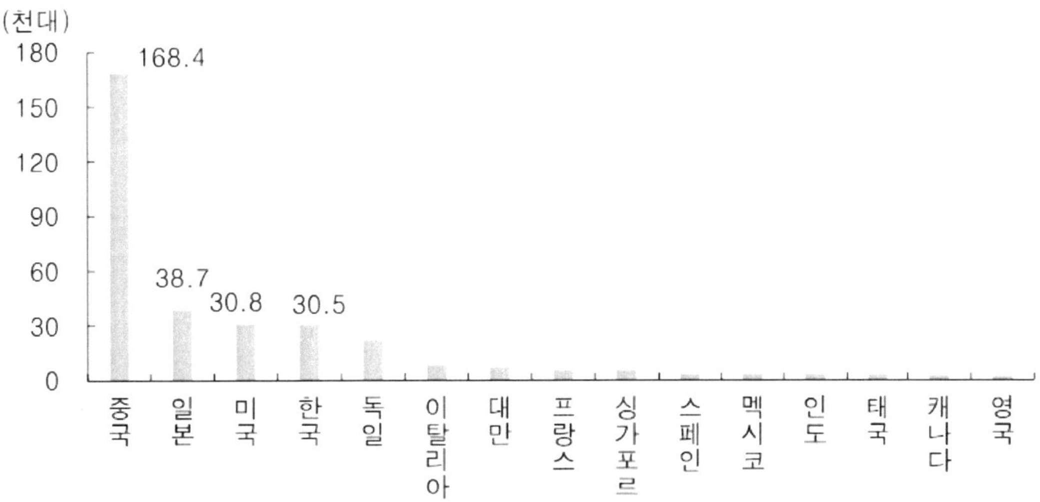

[그림 24] 주요 국가별 산업용 로봇 설치 대수 (2020)

중국은 로봇산업을 통해 제조 분야의 효율성을 높이고, 임금 상승과 핵심기술·부품의 높은 대외의존도에 따른 제조업 경쟁력 하락을 막기 위해 생산 및 물류 자동화 분야 중심으로 관련 투자를 확대하고 있어 주목받고 있다. 2019년 기준 중국 제조업의 로봇 도입 대수는 근로자 1만 명당 187대로 전세계 15위 수준이지만, 일본(364대), 한국(855대)과 비교 시 로봇 도입 확대 여력이 여전히 높다.

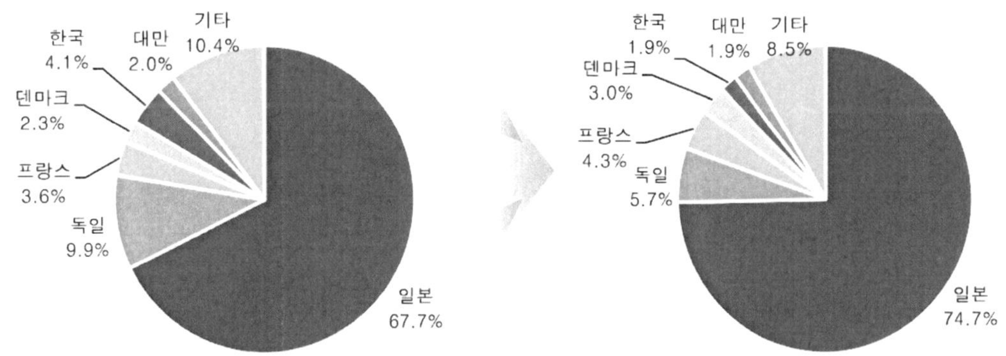

[그림 25] 중국 산업용 로봇 수입대상국 비중 추이
(왼쪽: 2018년, 오른쪽: 2020년)

중국은 2013년 이래로 세계 최대 산업용 로봇 시장 지위를 유지하고 있지만 아직 로봇 기술력이 부족해 모터, 센서, 감속장치 등 핵심 부품에 대한 대외의존도가 높은 상황이다. 실제로 2020년 기준 중국 내 신규 도입되는 로봇의 73.2%는 ABB, FANUC, KUKA, NACHI, YASKAWA 등 외국 제품인 것으로 파악되었다. 수입대상국가의 비중은 일본이 74.7%로 가장 높고, 독일 5.7%, 프랑스 4.3%, 덴마크 3.0%, 한국 1.9% 순으로 조사되었다.

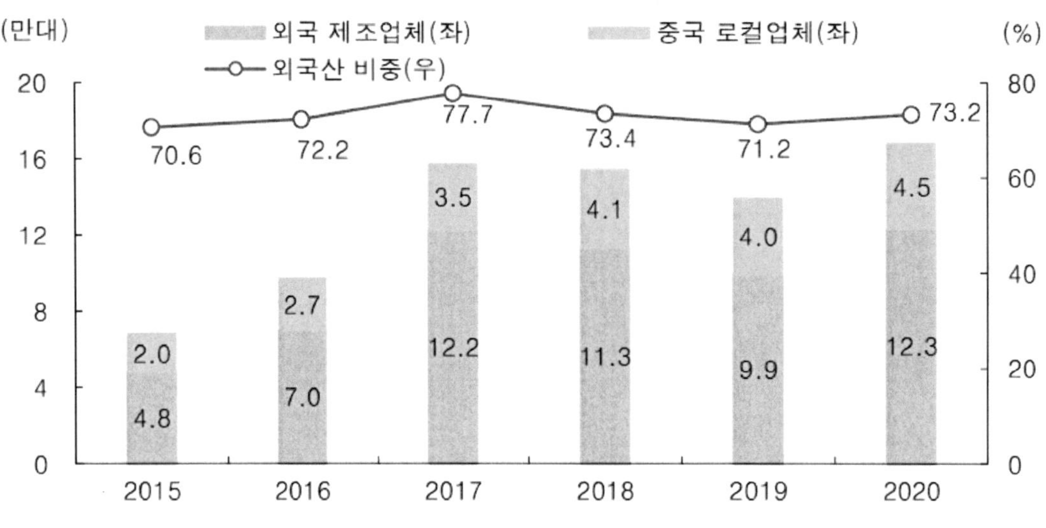

[그림 26] 중국 산업용 로봇 설치 대수 및 외국산 비중 추이

분류		주요기업
해외	산업용	ABB, FANUC, KUKA, YASKAWA, NACHI
	부품	Nabtesco, Harmonic, Rexroth
로컬	산업용	신숭, 안후이 아이푸터, 하얼빈 버스
	특수용	GQY, 신숭
	부품	난퉁전캉, 친찬, 리위디세퍼, 구가오

[표 8] 중국 내 주요 로봇 제조사

　지난 2015년 중국 정부는 제조 강국 대열에 합류하는 것을 목표로 중국제조2025 정책을 발표하고, 2025년까지 핵심 기술과 부품·소재를 70%까지 자급하겠다는 목표를 수립했다. 또한, 2021년 14차 5개년 규획 기간(2021~25)에서 로봇 산업 육성 및 산업구조 고도화를 재차 언급한 만큼, 정부 차원의 지원 정책 강화 및 로봇기술 연구 개발 확대 기조가 이어질 전망이다.

연도	정책	주요내용
2011	국민경제와 사회발전 12.5 규획	• 제조업 수준 향상, 스마트제조 장비 구축 등을 강조 • 산업용 로봇을 첨단설비 제조업의 주요 업종으로 확정
2012	스마트제조 과학기술 발전 12.5 중점 전문 규획	• 산업용 로봇의 본체와 감속기, 서보드라이버, 제어기 등 핵심부품의 범용기술 개발과 자동공정화 제품의 연구개발, 산업용 로봇 및 그 핵심부품의 기술혁신과 산업화 실현을 목표로 제시 • 스마트기기와 자동제어시스템, 산업용 로봇, 핵심부품 개발, 로봇에 기반한 장비생산라인 자동화 구축 강조
2015	중국제조 2025	• 로봇산업을 제조업의 10대 전략적 육성산업으로 제시 • 기업의 연구개발 및 생산관리, 스마트화 수준 제고, 로봇 본체, 감속기, 서보모터, 제어기, 센서 및 디스크 드라이버 등 핵심부품 및 시스템 통합 분야의 기술 경쟁력 제고 강조
2016	제13차 5개년 규획 요강	• 산업용 로봇, 서비스 로봇, 수술 로봇, 군용 로봇 개발
2016	로봇 산업 발전 규획 (2016~20)	• 국내 산업용 로봇의 연간 생산량 10만 대, 서비스 로봇 매출액 300억 위안 실현
2016	13.5 국가과학기술 혁신 규획	• 차세대 로봇 기술 연구, 산업용 로봇 산업화 추진, 서비스 로봇 상품화 및 특수 로봇 대규모 응용 실현
2016	산업용 로봇 산업 규범관리 실시방법	• 산업용 로롯 응용시장 개척 및 로봇 시범사업 추진
2017	스마트로봇 17년 주요 프로젝트 특별 신청 지침	• 스마트로봇 기초기술·차세대로봇·범용기술·산업용로봇·서비스로봇·특수로봇의 6대 발전방향 제시
2017	국가 로봇표준체계 수립 지침	• 약 100여 개의 로봇 관련 국가·산업 표준 수정을 통한 완비된 로봇표준체계 수립
2021	제14차 5개년 규획 및 35년 비전 목표 요강	• 로봇·첨단 컴퓨터수치제어와 같은 산업 혁신 발전, 위험한 직무의 로봇 대체 등 추진

[표 9] 중국의 로봇 산업 주요 정책

라) 한국

우리나라는 세계 5위 규모의 로봇 시장으로서, 2020년 로봇산업 내수액은 7조 5,689억원, 수출액은 1조 3,374억원으로 나타났으며 로봇산업 총 출하액(내수+수출)은 8조 9,063억원을 기록했다. 부문별 출하 비중이 30.6%로 가장 높은 제조업용 로봇 출하액은 2조 7,296억원으로 2.6% 소폭 증가하는데 그쳤다.

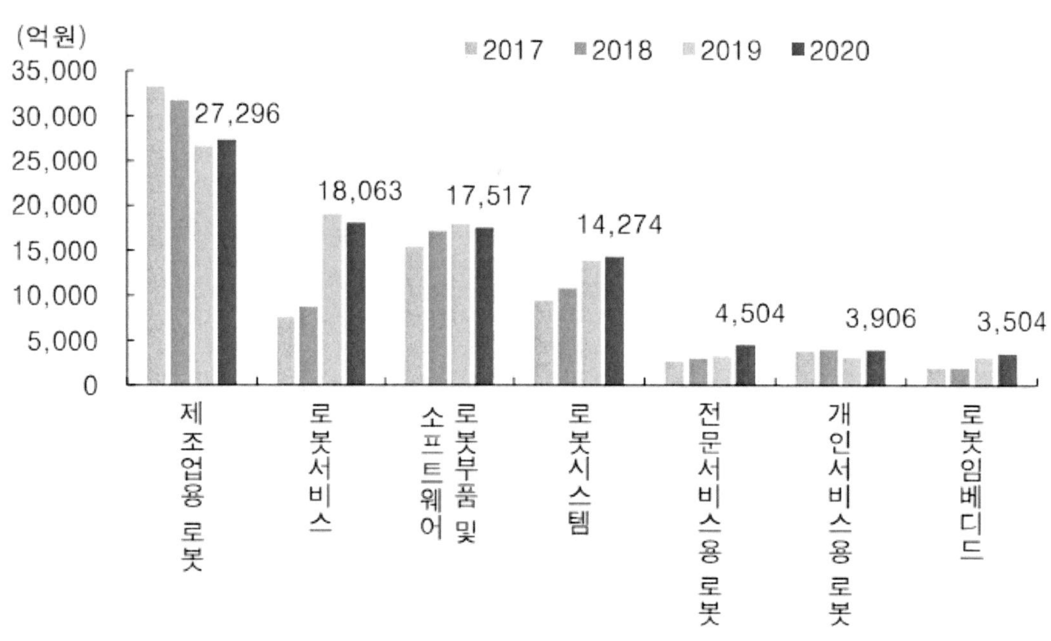

[그림 27] 로봇산업 부문별 출하액 추이

2018년 국내 산업용(제조) 로봇 가동대수는 30만대를 돌파했으며 연간 설치 규모면에서 일본, 중국, 미국에 이어 네 번째로 큰 시장으로 조사되었다. 한국은 지난 2020년 기준 근로자 1만명 당 로봇(산업용) 도입 대수가 932대로 전세계에서 로봇 밀집도가 가장 높았다. 이는 세계 평균(126대) 대비 약 8배 이상 많고, 3위인 독일(338대), 4위 일본(327대)에 비해 2배 이상 높은 수준이다. 또한, 2019년까지 로봇 밀집도 1위를 기록했던 싱가포르를 넘어서 고무적으로 평가되고 있다. 최근 국내에서는 전기/전자, 반도체, 자동차 업계에서 로봇 활용도가 높아지는 상황이다.

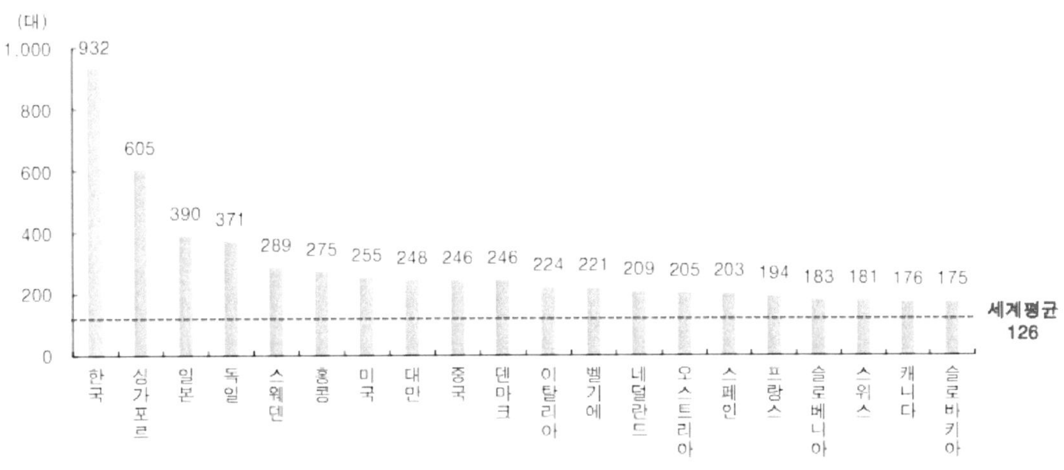

[그림 28] 국가별 산업용 로봇 밀집도 현황 (2020)

미국, 독일, 일본 등 전통적인 제조업 강국은 로봇 산업을 차세대 성장동력으로 선정하고 정부차원의 투자를 확대하고 있다. 우리나라도 지난 2008년 지능형 로봇법을 제정하고 제조업 및 서비스업 혁신을 뒷받침하기 위해 5년마다 기본계획을 수립하고, 체계적인 로봇산업 육성 정책을 추진하고 있다.

현재 추진중인 '제3차 지능형 로봇 기본계획(2019~23)'의 주요 목표는 로봇산업 시장규모 23년 15조원으로 확대, 1천억 이상 로봇전문기업 수 23년까지 20개사로 확대, 제조 로봇 보급 대수 23년까지 누적 70만대이다. 이를 위한 주요 과제는 뿌리산업(자동차, 조선, 전자 등)을 비롯한 섬유, 식음료 등 3대 제조업 중심 제조 로봇 확대 보급, 물류, 의료, 웨어러블, 돌봄 등 4대 서비스 로봇 분야 집중 육성, 로봇산업 생태계 기초체력 강화다.

최근 인천시는 청라국제도시 약 23만평 (76만 9279m²) 부지에 7,113억 원을 들여 로봇산업 클러스터를 조성하고 일부를 운영 하고 있다. 2019년 발표된 '로봇산업 혁신성장 지원 종합계획'에 따르면, 인천시는 2024년까지 로봇 기업 200개사, 연매출 7,000억원, 고용인원 3,000명 달성을 목표로 하고 있다. 인천은 현재 낮은 임대료 (3.3m²당 1만5,600원), 보증금 면제, 입주 기업 제품 우선 구매 등의 지원책을 제공하고 있으며, 2021년 중국 웨이하이시와 로봇 산업 육성 MOU 체결, 2025년 제3연륙교 개통, 2027년 인천 지하철 7호선 개통 등으로 기업 활동을 지원할 예정이다. 최근에는 2026년까지 1,104억을 투입해 커넥티드카와 자율주행차 기술 개발에 나서 미래자동차 산업 기반을 마련하겠다고 발표했다.

국내 각 대기업도 미래 먹거리로 로봇 산업을 선정하고 있다.

① LG전자

LG 전자는 2017년부터 약 1,000억원을 로봇 기업에 투자하고 있다. LG 전자는 2017년 SG 로보틱스 인수를 시작으로, 로보티즈, 로보스타, 보사노바로보틱스 등에 투자했으며, CES 2022에서 서비스용 로봇 LG클로이봇을 선보였다.

② **현대자동차**

 현재자동차는 2021년 보스턴다이내믹스를 약 1조에 인수했으며, CES 2022에서는 4족 보행
로봇 스팟, 인간형 로봇 아틀라스, 물류로봇 스트레치를 공개했으며, 자동차가 아닌 로보틱스
비전을 발표했다.

③ **삼성전자**

 삼성전자는 2020년 8월 이재용 부회장이 향후 3년간 로봇과 AI 등 미래 기술 사업에 240조
원을 투자하겠다고 언급하고 이후, 2021년 12월에는 로봇사업화 테스크포스(TF)를 로봇사업
팀으로 상설 조직화했다. 또한, CES 2022에서는 삼성봇핸디, 삼성봇아이 등을 선보였다.

2) 기술 동향
가) 협동로봇[28)29)]
(1) 기술 개요

협동 로봇은 사람과 작업공간을 공유하며 물리적으로 상호작용할 수 있는 산업용 로봇으로, 안전 펜스 등 방호장치 없이 사용 가능하다는 점이 전통 산업용 로봇과 구별되는 가장 큰 특징이며 동작 방식(4가지), 용도(3가지)[30)], 작업 시·공간(3가지)[31)] 등에 따라 다양하게 구분된다.

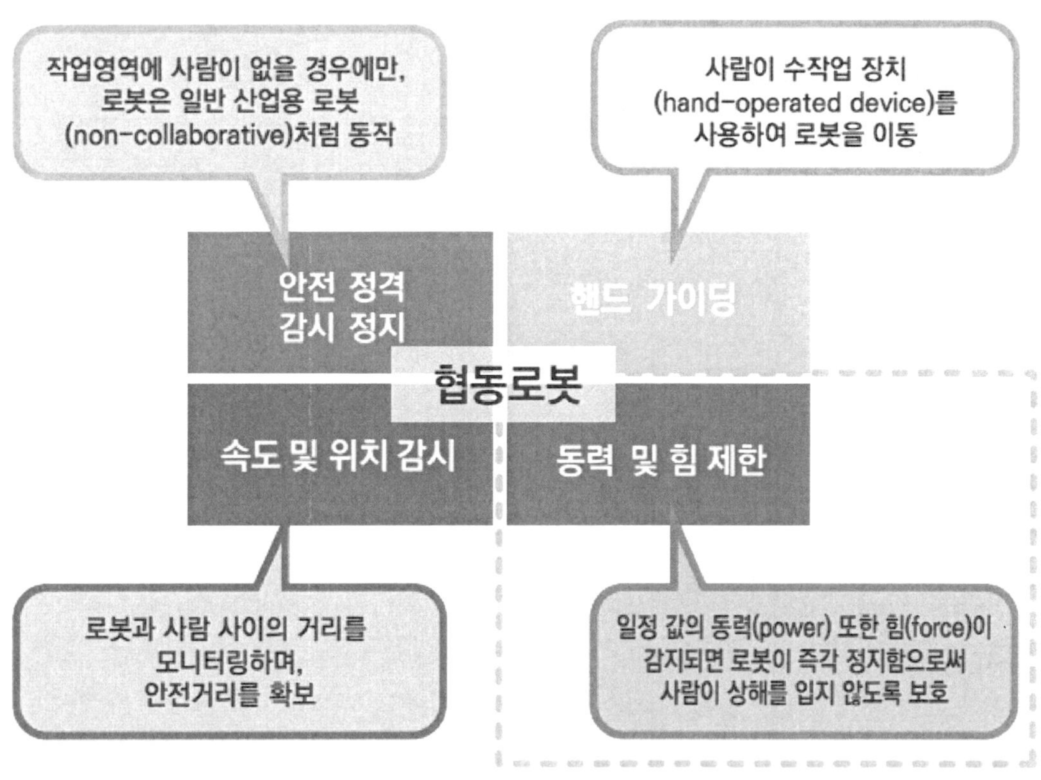

[그림 29] 동작 방식에 따른 협동 로봇 분류

현재 기술 수준으로 협동 로봇은 파지·이송(Pick&Place), 적재(Palletizing) 등 간단한 공정에서부터 조립(Assembly), 연마(Polishing), 투여(Dispensing) 등 비교적 까다로운 공정에까지 활용이 가능하다. 협동로봇은 작업자 의도를 학습하고 이를 바탕으로 작업조건을 변경하기 위한 직접교시 기술이나 공정과 작업자 행동을 인식하는 센서 및 충돌감지 기술 등 사물인터넷, 인공지능, 빅데이터 기반의 디지털 기술이 함께 활용되고 있다. 협동 로봇을 제조 또는 사용하기 위해 제조사와 사업주는 국제표준과 안전 관련 의무를 준수해야 한다.

---

28) 융합 Weekly Tip, 협동로봇 산업 동향, 융합연구정책센터, 2018.04.16
29) 협동 로봇 : 중소기업 스마트 제조의 시작점, 한국무역협회, 2021
30) (1) 일반제조용, (2) 전문제조용, (3) 의료산업용
31) (1) 작업 공간 및 시간 모두 공유, (2) 작업 공간만 공유(시간 분리) (3)작업 시간만 공유(공간 분리)

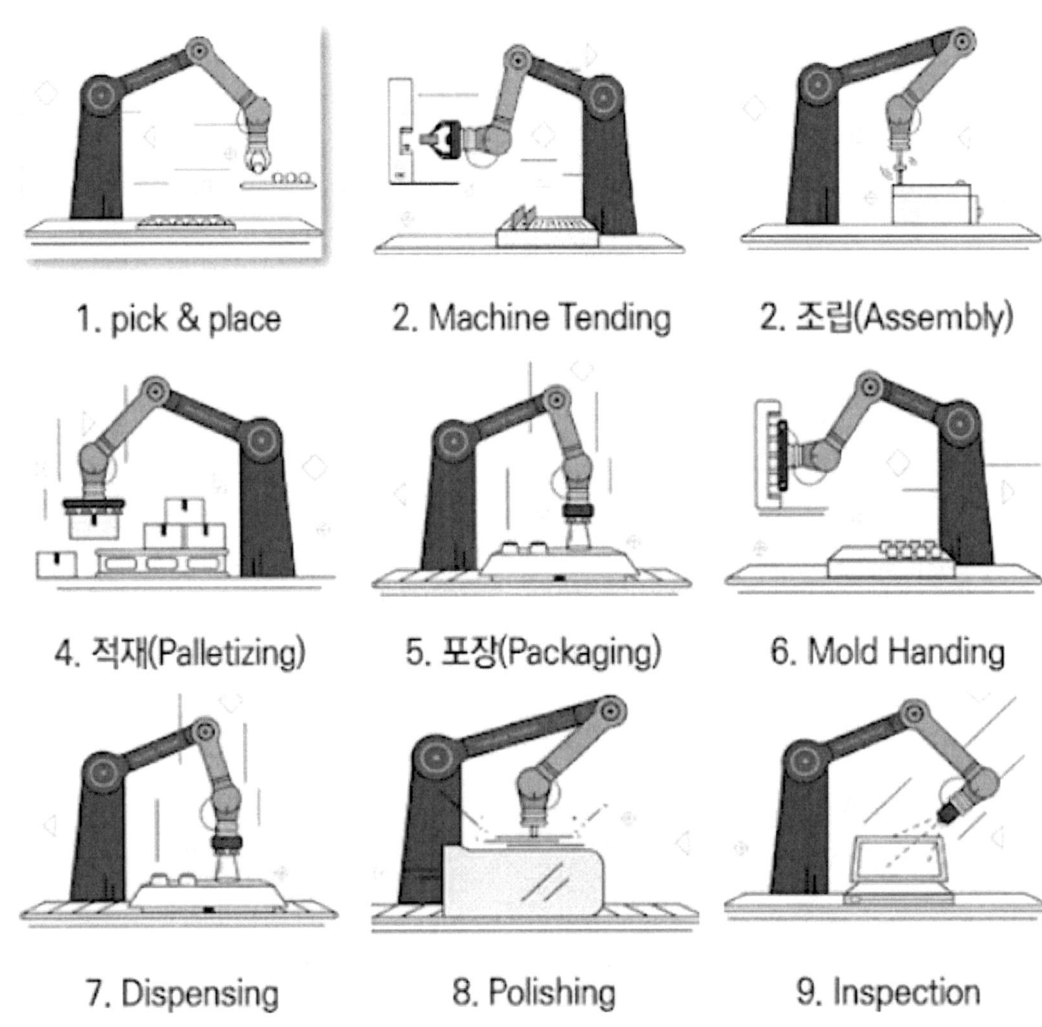

[그림 30] 협동 로봇의 9가지 주요 기능

[그림 31] 협동 로봇 관련 국제표준 및 안전 의무

협동로봇은 높은 안전성과 조작 편의성, 소규모 설치 면적, 공정 재배치 용이성 등의 측면에서 전통 산업용 로봇에 비해 이점을 지니고 있어 다양한 공정 및 작업에 유연하게 활용이 가능하다.

구분	협동 로봇	전통 산업용 로봇
크기	비교적 소형 →낮은 공간점유율	다양한 크기의 라인업 존재 →높은 공간점유율
가반하중[32)	3~16kg	~200kg+
설치	안전펜스 불필요(센서로 대체) →설치 위치 이동 가능	안전펜스 필요(1.8m 이상) →설치 위치 고정
공간	사람과 작업공간 공유	안전펜스 내 사람 접근 금지
속도	안전을 위한 감·가속 가능	빠름
조작	설치·운영 용이, 직관적 조작	설치·운영 복잡, 조작에 숙련 필요
비용	저가(대당 2~6천만 원 수준) →짧은 자금회수기간	고가(대당 1억 원 이상) →긴 자금회수기간
공정	다품종 변량 생산에 적합	소품종 대량 생산에 적합

[표 10] 협동 로봇과 전통 산업용 로봇 특징 비교

범용성이 뛰어나고 타 산업으로의 확장 가능성이 큰 협동 로봇은 산업용 로봇 산업의 새로운 성장 동력으로서 전통 산업용 로봇의 한계를 극복할 수 있는 잠재력을 지니고 있다. 전통 산업용 로봇은 업종별, 공정별로 특화되어 개발되다 보니 하드웨어 및 소프트웨어 재사용이 어렵고, 파편화·세분화된 시장구조로 인해 대량생산이 어려워 판매가격이 높다는 한계를 지니고 있다. 이에 반해, 협동 로봇은 한 대로도 다목적 활용이 가능하여 생산 제품 및 라인의 변경에 유리할 뿐만 아니라, 하드웨어 및 소프트웨어 재사용이 쉬워 유지보수 및 관련 서비스 연계를 통해 로봇 제조기업이 추가 수익을 창출하는 데도 용이하다. 또한 안전펜스 없이 인간과 작업 공간을 공유할 수 있다는 점에서, 산업용 로봇에 비해 높은 성장성을 보이는 서비스용 로봇 시장으로도 수요 저변을 확대할 수 있다.

---

32) 가반하중(payload)은 로봇이 들어 옮길 수 있는 최대 무게를 의미한다.

(2) 시장 전망

　협동 로봇 시장은 2020년 4.8억 달러에서 연평균 33%씩 성장하여 2030년 80억 달러에 이를 전망이다. 산업용 로봇 시장에서 협동 로봇의 매출 비중은 2018년 5%에서 2022년 13%로 빠른 성장이 예상된다.

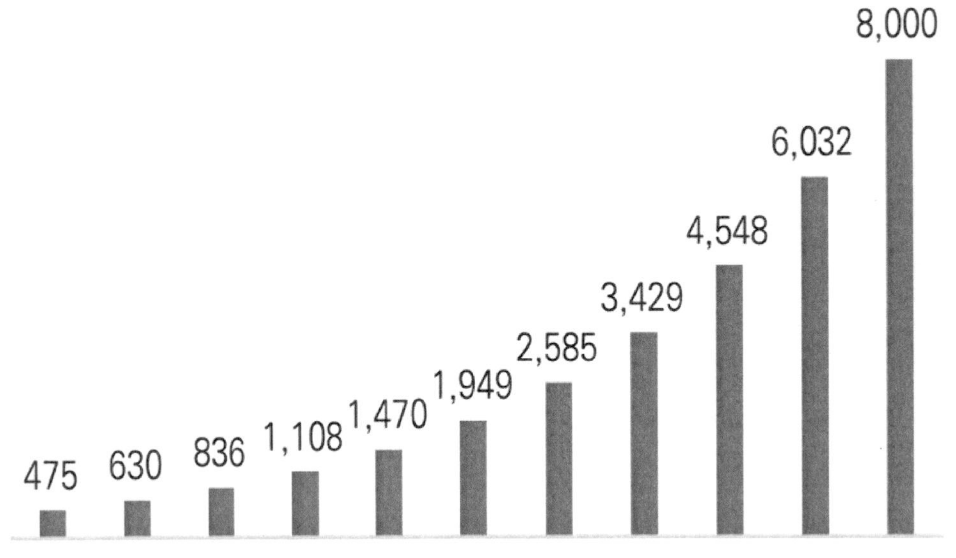

[그림 32] 세계 협동 로봇 시장 매출액 추이 및 전망 (단위: 백만 달러)

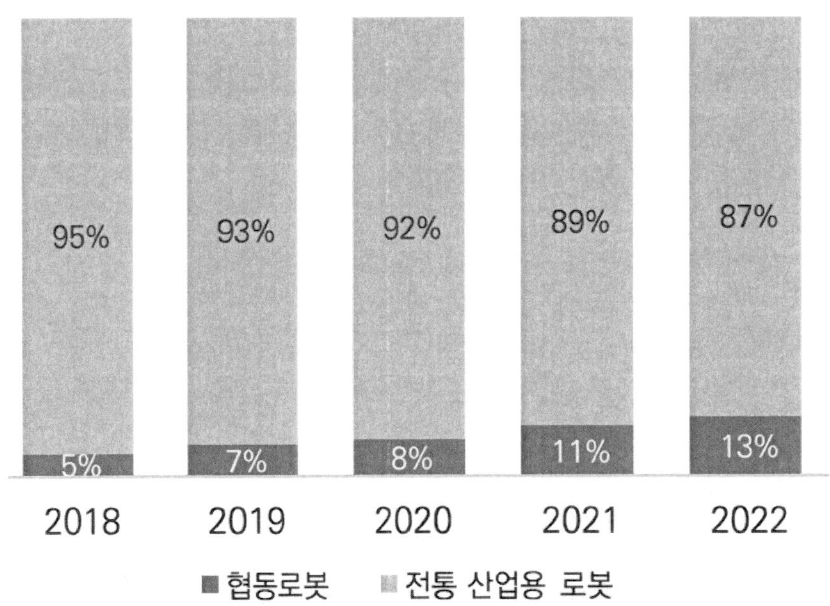

[그림 33] 산업용 로봇 시장 내 협동 로봇 매출 비중 추이

  2025년 주요 5개국(중·미·일·한·독)에서 판매되는 협동 로봇이 전 세계 판매 대수의 90%를
점유할 전망이며, 이는 2020년 산업용 로봇 연간 설치 대수에서의 5개국 합산 점유율(86.8%)
과 근사한 수치다.

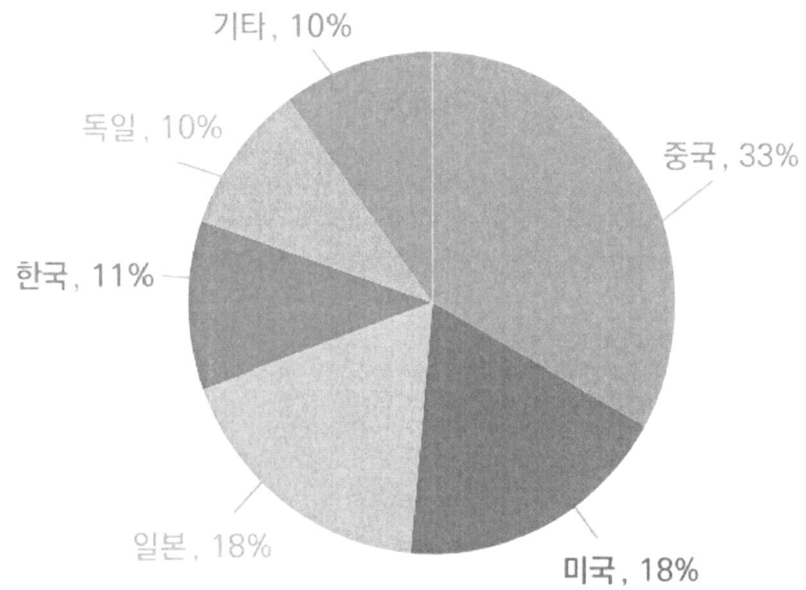

[그림 34] 세계 협동 로봇 연간 판매 대수의 국가별 점유율 전망(2025)

  현장에 신규로 투입되는 협동 로봇의 절반은 산업용 로봇의 양대 수요 산업인 전기·전자
(34.1%) 또는 자동차(16.0%) 분야로 향하고 있으며, 향후 금속·기계 등 다른 분야에서의 활용
이 점차 확대될 전망이다.

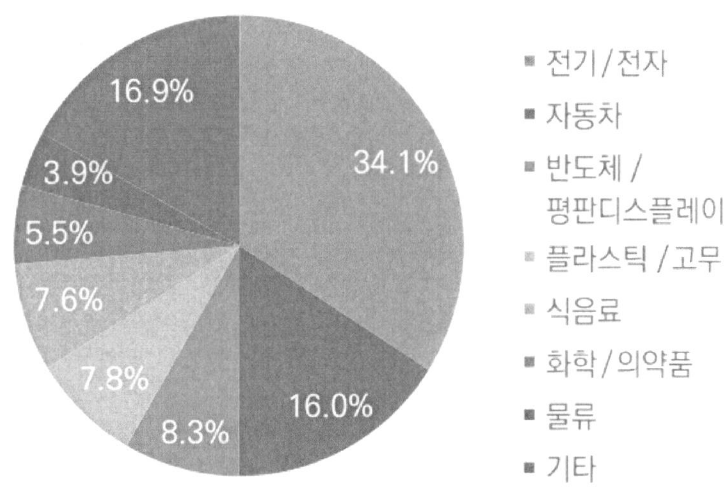

[그림 35] 협동 로봇의 분야별 활용 비중(2019)

또한, 협동 로봇이 활용되는 여러 공정 가운데 자재 핸들링(Material Handling), 조립(Assembly), 파지·이송(Pick&place) 등 3개 공정의 활용 비중이 70% 이상인 것으로 조사되었다. 이 3개 공정에서의 활용은 앞으로도 지속적으로 높은 비중을 유지할 것으로 전망된다.

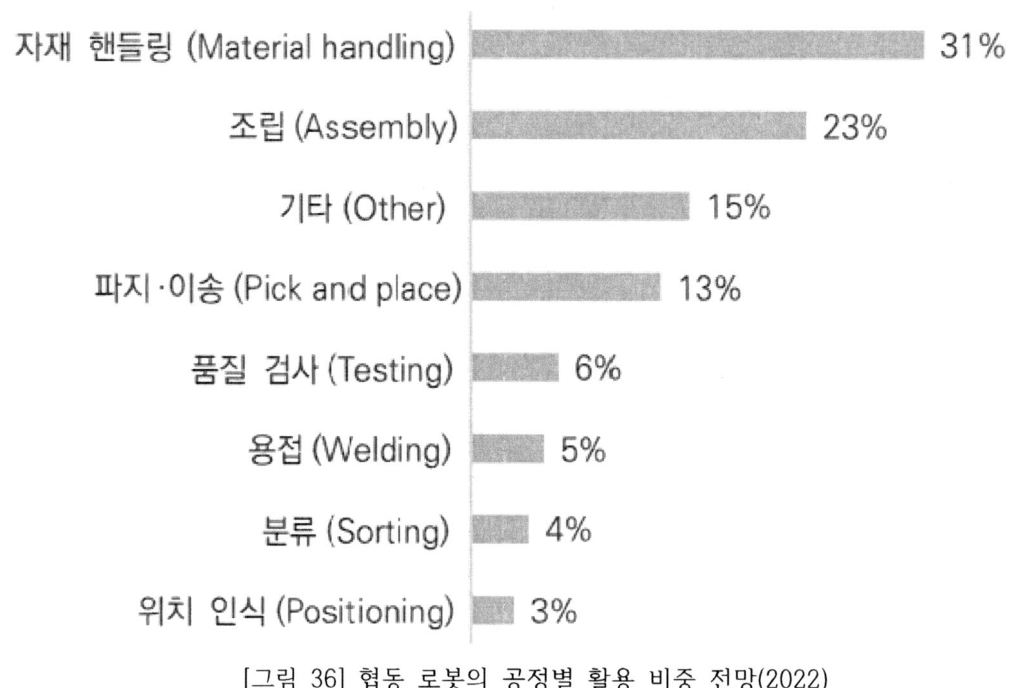

[그림 36] 협동 로봇의 공정별 활용 비중 전망(2022)

(3) 도입사례

국내외 중소 제조기업들은 협동 로봇을 도입해 생산성 향상, 비용 절감, 노동의 질 제고 등의 효과를 얻고, 이를 통해 기존보다 유연한 생산체제를 구축하는 계기를 마련하고 있다.

① (국내) ㈜현대고주파열처리

임금 상승에 따른 제조원가 절감, 품질 향상을 통한 수율 극대화, 작업자 근골격계 피로도 감소 등을 위해 ㈜현대고주파열처리는 고주파 열처리 공정에 파지·이송, 머신텐딩 기능을 수행하는 협동 로봇(가반하중 10kg)을 2대 투입했다.

㈜현대고주파열처리에서는 열처리 전의 자동차 부품을 고주파처리기에 투입하고, 처리가 완료되면 해당 부품을 뽑아 컨베이어 벨트 위에 올려놓는 작업을 협동로봇을 통해 수행하고 있다. 협동 로봇을 교육시키는 데는 품목당 30~60분, 로봇에 대해 전혀 알지 못하는 작업자가 로봇과의 협업에 익숙해지는 데는 약 1개월이 소요되었다.

이 효과로 불량률 감소(0.03%→0.01%), 생산성 31% 향상, 직원 2명 추가고용의 성과를 이루었다.

② (해외) 콘티넨탈AG 스페인

콘티넨탈AG 스페인은 생산의 효율성과 유연성을 향상시키면서도 스마트 공장 고도화에 부합하는 자동화 솔루션 모색을 위해 PCB보드 구성요소 조립을 위해 파지·이송, 머신텐딩 기능을 수행하는 협동 로봇 2대를 투입했다.

콘티넨탈AG 스페인에서는 협동 로봇의 모든 전자장치, 로봇 컨트롤러 및 PLC(논리제어장치)를 로봇 중앙 제어박스에 통합하고, 이를 네트워크(산업용 이더넷)를 통해 기존 로봇 시스템과 연결했다. 이에 따라 외부 전문가 도움 없이도 중앙에서 쉽게 프로그래밍 변경이 가능해졌다.

협동로봇 도입의 효과로 효율성 및 유연성 향상(작업 전환 소요시간 50% 단축), 유지보수 비용 절감, 노동의 질 향상(고부가가치 업무에 집중), 작업 안전도 증가의 성과를 이루었다.

나) 기계학습
(1) 기술 개요[33]

기계 학습은 컴퓨터가 프로세스 또는 특정 프로그래밍 없이도 지속적으로 학습하고 데이터를 기반으로 예측하여 필요한 작업을 수행할 수 있는 능력을 의미한다. 기계학습은 인공 지능의 한 형태로 시스템이 독립적으로 새로운 시나리오에 적응할 수 있도록 한다. 표준국어대사전에서는 기계학습을 "경험의 결과로 나타나는 비교적 지속적인 행동의 변화나 그 잠재력의 변화, 또는 지식을 습득하는 과정"으로 정의한다.

기계학습을 주제로 하는 책들에서 공통적으로 나타나는 용어는 경험, 성능개선, 컴퓨터이다. 즉, 기계학습이란 특정한 응용 영역에서 발생하는 데이터를 이용하여 높은 성능으로 문제를 해결하는 컴퓨터 프로그램을 만드는 작업이라고 정의할 수 있다. 컴퓨터는 사람이 어려워하는 일을 쉽게 할 수 있다. 하지만, 반대로 사람이 어려움 없이 순식간에 할 수 있는 얼굴인식이나 분류의 문제에는 매우 서툴다. 이를 바탕으로 1950년대에 컴퓨터에 지능을 부여하는 기대감이 한껏 부풀어 올랐으며, 이러한 분위기를 통해 몇몇 사람은 '인공지능'이라는 단어가 나타났다.

사람들은 인공지능을 통해 사람이 쉽게 하는 일도 쉽게 해결할 수 있다고 생각했고, 이를 통해 사람이 어려워하는 체커게임이나, 의료진단, 광물탐사에서 상당한 성과를 거두기도 했다. 이후 사람들은 더 나아가 사람이 쉽게 수행하는 패턴인식 문제에 도전하기도 했다. 당시에는 사람이 인식할 때 사용할 것으로 보이는 지식을 추려 프로그램에 심는 지식기반, 규칙기반 기법을 사용했다. 하지만, 미리 심어놓은 지식에서 벗어나는 샘플이 생길 수 있으며, 사람이 일일이 규칙을 만드는 것이 매우 힘든일이었기 때문에 오래지않아 지식기반 방식에 분명한 한계가 있다는 사실이 드러났다.

이후, 인공지능의 주도권은 서서히 지식기반 방식에서 기계학습 방식으로 넘어가게 되었다. 기계학습은 데이터를 중심으로 하는 접근방식으로, 인식할 대상을 컴퓨터에 일일이 설명하려는 시도대신, 데이터를 충분히 많이 수집하여 입력하게 된다. 이러한 방식을 채택하며 기계학습은 인공지능을 구현하는 핵심기술로 발돋움 하였으며, 다양한 제품에 사용되고 있다.

기계학습은 사람의 학습을 본 따 만들었지만, 사람의 학습과는 차이점이 존재한다. 먼저, 사람은 자신의 주위에서 발생하는 신호 중 관심있는 것만 선별하여 능동적으로 학습하지만, 기계는 사람이 준비한 데이터를 입력받아 수학을 이용하여 최적의 매개변숫값을 찾아가는 수동적인 학습을 한다. 또한, 사람은 동료의 얼굴과 목소리, 나이나 성별에 따른 능력차이 등 여러 과업을 동시에 학습할 수 있지만, 기계는 특정한 응용영역의 특정한 과업 하나만을 학습할 수 있다.

---

33) 기계학습, 오일석, 한빛아카데미

기준	사람의 학습	기계 학습
학습 과정	능동적	수동적
데이터 형식	자연에 존재하는 그대로	일정한 형식에 맞추어 사람이 준비함
동시에 학습 가능한 과업 수	자연스럽게 여러 과업을 학습	하나의 과업만 가능
학습 원리에 대한 지식	매우 제한적으로 알려져 있음	모든 과정이 밝혀져 있음
수학 의존도	매우 낮음	매우 높음
성능 평가	경우에 따라 객관적이거나 주관적	객관적(수치로 평가)
역사	수백만 년	60년 가량

[표 11] 사람의 학습과 기계 학습 비교

기계학습은 지도방식을 포함한 다양한 기준으로 분류할 수 있다. 먼저, 지도방식에 따라 기계학습을 분류해보도록 하자. 과거에는 기계 학습 알고리즘을 크게 지도 학습과 비지도 학습으로 구분하는 것이 관례였다. 하지만 최근에는 강화학습이 중요해지면서 지도 학습, 비지도 학습, 강화 학습으로 구분한다. 또한, 한 단계 더 나아가 준지도 학습까지 포함하여 구분한다.

① 지도 학습(Supervised learning)

지도학습에서는 데이터가 입력과 출력 쌍으로 주어진다. 역에서 입력은 특징을 나타내는 일련의 데이터이며, 출력은 원하는 목푯값이다. 입력 데이터에 대해 출력이 이러해야 한다는 정보를 알려주기 때문에 '지도'라는 명칭을 사용한다.

지도학습의 예를 들어보면, 만약 Iris데이터베이스에 입력값 (5.1, 3.5, 1.4, 0.2), 출력 setosa라는 샘플이 주어진다고 가정하자. 이때, 각 입력값은 (꽃받침 길이, 꽃받침 너비, 꽃잎 길이, 꽃잎 너비)를 나타낸다고 하면, 본 입력값과 출력값은 꽃받침 길이가 5.1, 꽃받침 너비가 3.5, 꽃잎길이가 1.4, 꽃잎 너비가 0.2이거나 이와 유사한 샘플이 입력되면 setosa라는 부류로 분류하라고 지도하는 것이다.

지도학습으로 해결할 수 있는 문제에는 회귀와 분류가 있다. 회귀는 출력이 연속된 실수로 주어지지만, 분류는 몇 가지 부류로 주어지게 된다. 최근 딥러닝의 등장으로 기계 학습이 발전하면서 회귀와 분류 이외의 새로운 형태의 문제를 지도학습으로 해결하려는 사례가 증가하고 있다. 이러한 예로는 순위매기기, 영상변환이 있다.

② 비지도 학습(Unsupervised Learning)

비지도 학습에서는 지도 학습과 다르게 입력만 주어진다. 입력만 주어지고 목푯값이 없기 때문에 지도하지 않는 다는 의미에서 '비지도'라는 명칭을 사용한다. 비지도 학습의 데이터의 예시를 들어보면, Iris데이터베이스에 (꽃받침 길이, 꽃받침 너비, 꽃잎 길이, 꽃잎 너비)를 나타내는 입력값 (5.1, 3.5, 1.4, 0.2)이 주어지는 것이다. 그렇다면 부류 정보가 없는 상황에서는 어떠한 작업을 할까? 가장 기본적인 비지도 학습으로 해결할 수 있는 문제는 군집화를 들 수 있다. 군집화라나 유사한 샘플, 즉, 특징을 나타내는 공간에서는 가까이에 있는 샘플들을 같은 군집으로 분류하는 것이다. 군집화는 온라인 쇼핑몰에서 맞춤식 광고를 하는데 많이 사용되고 있다.

또 다른 문제는 특징 공간의 변환이 있다. 데이터가 다양해지면서 특징공간의 차원이 커지고, 데이터베이스가 커지게되면, 사람의 직관에는 의존할 수 없게 된다. 이러한 상황에서 비지도학습을 이용하면, 변환함수를 자동으로 알아낼 수 있다. 대표적인 특징 변환 알고리즘에는 매니폴드 학습, PCA, LLE 등이 있다.

③ 강화 학습(Reinforcement Learning)

강화학습도 지도 학습과 마찬가지로 입력과 목푯값을 주어 지도하는데, 목푯값의 형태가 지도 학습과는 다르다. 지도 학습에서는 샘플마다 목푯값을 주어주지만, 강화 학습에서는 연속된 샘플의 열에 목푯값을 하나만 주어준다. 따라서, 샘플 열에 속한 각각의 샘플에 목푯값을 배분하는 알고리즘을 추가적으로 요구한다. 최근 큰 주목을 받은 알파고도 지도학습과 강화학습을 혼합하는 전략을 사용했다.

④ 준지도 학습(Semi-supervised Learning)

지도학습에 사용하기 위해서는 데이터를 많이 수집해야한다. 하지만, 이렇게 데이터를 수집하는 일에는 비용이 많이 소요된다. 사실, 데이터를 수집하는 것보다 각각의 데이터에 목푯값을 부여하는데에 더 많은 시간이 들어가는 것이 사실이다. 목푯값은 사람이 일일이 데이터에 대해 설정해주어야 하는데, 준지도 학습은 소량의 데이터에만 목푯값을 부여하고, 부류 정보가 있는 데이터와 부류 정보가 없는 데이터를 함께 활용하여 성능 향상을 이루어 낸 것이다.

학습 유형에 따른 분류는 다음과 같다.

① 오프라인 학습

오프라인 학습은 데이터베이스 수집, 학습, 예측이라는 순차적인 절차를 충실히 따라 진행하게 된다. 즉, 수집과 학습을 오프라인으로 수행한 후, 완성된 프로그램을 현장에 직접 설치하여 예측 작업에 활용하는 것이다. 실제로 이러한 방식은 많은 현장에서 사용되고 있다.

② 온라인 학습

인터넷을 통해 많은 양의 데이터가 지속적으로 발생하는 것에 초점을 맞춘 것이 바로 온라인 학습이라고 할 수 있다. 온라인 학습은 오프라인으로 학습된 프로그램에 추가로 발생한 데이터를 이용하여 점증적으로 추가 학습을 진행, 성능을 조금씩 개선하는 것을 말한다.

이처럼 다양한 기준을 통해 분류할 수 있는 기계학습은 최근 딥러닝을 사용하며 큰 성과를 올리고 있다. 과거 아주 조금씩 향상되던 성능들은 딥러닝을 도입한 후 10년치에 해당하는 성능을 순식간에 증가시킬 수 있었던 것을 보면 이를 잘 이해할 수 있을 것이다.

최근 우리의 주변에도 과거 성능이 낮았던 음성인식과 같은 기술들이 빠르게 혁신되어 가는 것을 볼 수 있을 것이다. 바로 이러한 기술의 혁신의 배경에는 딥러닝이 있다고 해도 과언이 아니다. 또한, 성능이 증가함에 따라 많은 양의 계산이 발생하게 되었고, 이를 빠르게 처리하기 위해 GPU라고 불리는 병렬 처리기를 사용하기 시작했다.

(2) 시장 전망[34]

기계학습은 인공지능의 한 분야로 컴퓨터가 학습할 수 있도록 하는 알고리즘과 기술을 개발하는 분야다. 빅마켓리서치 조사 결과, 머신러닝 시장은 2016년 미화 1억 2,900억 달러에서 2025년 3,980억 달러까지 성장할 것으로 예상된다.[35] 또한, 기계학습은 벤처캐피털 투자, 사모펀드(PE) 자금조달, 합병·인수의 지적재산권(IP) 및 특허분야에서도 우위를 차지하고 있다. 또한, 다양한 분야의 전문가들이 데이터 이니셔티브, 비즈니스 인텔리전스 등을 위해 머신러닝을 적극적으로 사용 중이며 Amazon, Apple, Google, Tesla, Microsoft 등은 이미 머신러닝을 응용해 이윤을 내고 있다.

지금부터 기계학습 시장의 전망을 기계학습을 지원하는 데이터 사이언스 플랫폼을 사용하는 비즈니스 인텔리전스 및 분석시장의 전망과, 특허, 관련된 시장의 전망, 기계학습에 대한 인식과 응용현황을 통해 살펴보도록 하자.

머신러닝 기술 시장규모는 연평균 52.6%로 상승해 2025년까지 175억 7500만 달러에 이를 것으로 전망된다. 머신러닝을 활용한 인공지능 기술은 특히 헬스케어에서 도드라진다. 현재 사용자별 인공지능 활용 시장 분포를 살펴보면, 의료기관·의료서비스 제공자와 환자 등 헬스케어 분야에서 2025년까지 가장 많은 인공지능 기술사용 비중을 유지할 것으로 보이며, 타 사용자군에 비해 큰 폭으로 성장할 것으로 예상된다.

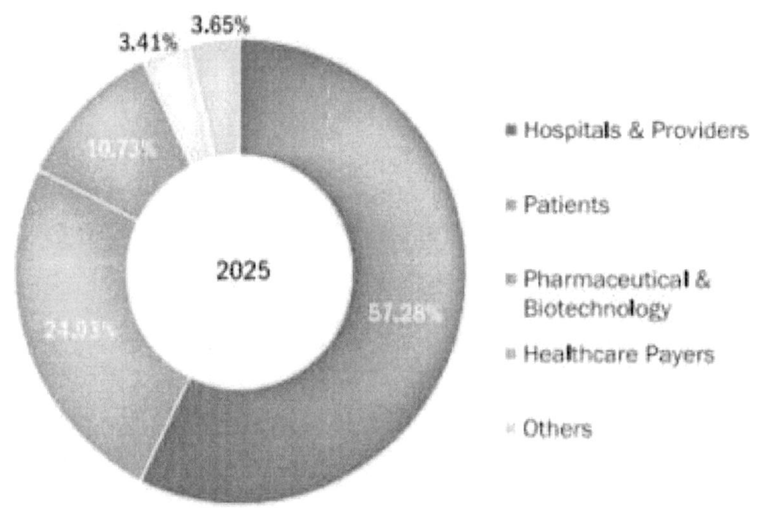

[그림 37] 머신러닝 사용자별 시장분포

헬스케어 관련 인공지능 기술은 머신러닝, 자연어처리, 상황인식 컴퓨팅, 컴퓨터 비전 등으로 세분화되어 있으며, 음성·영상·문자 등의 패턴 인식 등 다양한 기술과의 융합 활용 가능성이 커 머신러닝 기술의 성장이 크게 가속화 되고 있다.

---

34) 머신러닝 서비스시장 전망, 김경민, KOTRA, 2018.03.10
35) 다가올 미래, 머신러닝이 바꿀 삶의 모습, 시사주간, 2021.12.17

아울러 머신러닝 기능은 빅데이터 분야와의 결합을 통해 데이터의 감지·이해·실행·학습 등 다양한 기능을 수행하며, 의료영상 처리, 위험분석 진단, 신약 개발 등 헬스케어 산업 전 분야에 적용돼 큰 기여를 하고 있다. 이처럼 헬스케어 분야의 인공지능 활용 및 데이터 생산과 관련한 시장규모의 지속적인 확대로 세계 주요국의 인공지능·머신러닝 관련 정책적 지원과 기술개발 또한 날로 증대되고 있다.

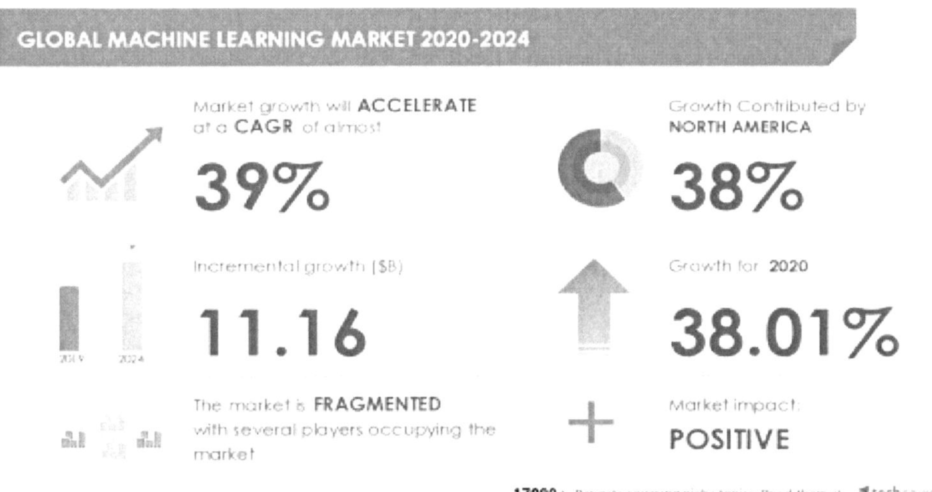

[그림 38] 기계학습 시장 전망(2020-2024)

 2020년 38.1%의 성장을 이룬 기계학습 시장의 CAGR은 39%까지 가속화될 전망이며 2024년에는 달러 성장률이 11.16%에 달할 것으로 전망된다. 또한, 그 중 북미의 기여가 38%일 것으로 예상된다. 2020년도에도 앞서나가는 기계학습 기술을 보유한 기업 중 미국 IBM이 244건으로 1위에 올랐고, 마이크로소프트와 인텔이 각각 126건과 108건을 출원해 뒤를 이었다.

 기계학습은 갈수록 중요해질 전망이다. 빅데이터를 기반으로 컴퓨팅 성능이 높아지면서 고난도 학습이 가능해지면서 이를 서비스와 직접 연결하면 비즈니스 가치를 창출해 그 효과를 극대화할 수 있다. 예를 들어 사업자는 기계학습 기술을 사용해 판매 및 고객 데이터를 분석해 판매와 재고 프로세스를 최적하고, 판매비용을 낮출 수 있으며, 타깃 마케팅이 가능해져 판매량을 높일 수 있는 것이다.

 이미 기계학습은 인간 생활과 밀접하다. 구글 검색 엔진을 통해 집을 나서기 전 목적지 정보를 얻고 호텔과 레스토랑을 결정할 수 있는데 미국 타임지는 구글을 '모든 사람과 모든 문제의 답안 사이의 거리를 마우스 클릭 한 번의 거리로 좁혔다'고 평가했다. 인터넷 검색은 네트워크상 데이터를 분석해 사용자가 원하는 정보를 제공하는데 그 과정에서 사용자 검색은 '입력'이고 검색 결과는 '출력'에 해당한다. 이를 이어주는 데 기계학습이 활용되며, 오늘날 검색 대상, 내용 등이 복잡해지면서 기계학습 기술 영향력은 더욱 커지고 있다.

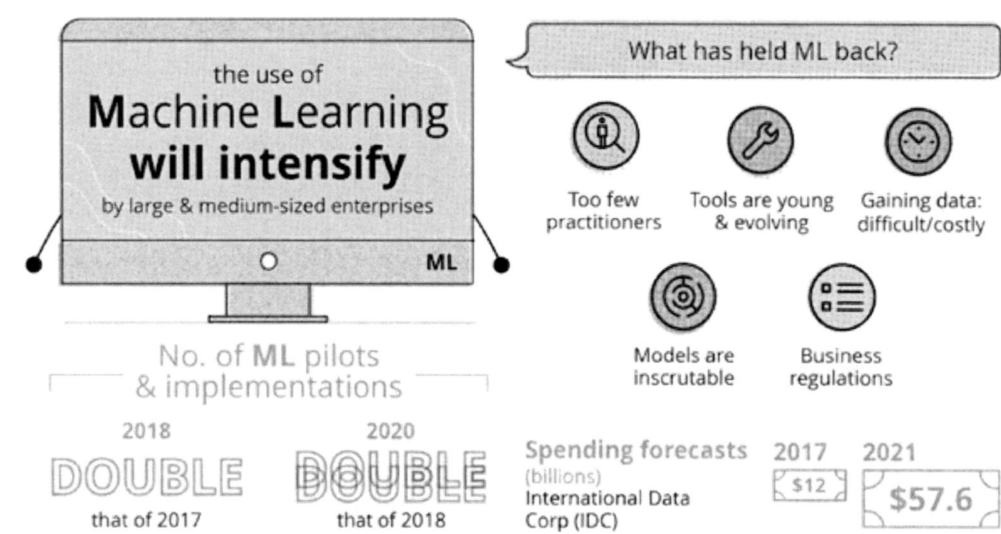

[그림 39] 딜로이트 글로벌의 기계학습 파일럿 및 구현 수 예측[36)]

---

36) 출처: Deloitte Global

(3) 도입 사례

 컨설팅업체 AT Kearney에서 조사한 바에 따르면 Amazon, Google, Microsoft 등의 테크리더들은 이미 기계학습과 인공지능 분야에서 큰 폭의 이윤을 가져가고 있으며, 각각 기계학습을 차세대 제품으로 설계하고 이를 고객 경험을 개선하고 채널 판매 효율성을 향상시키는 도구로 사용 중이다.

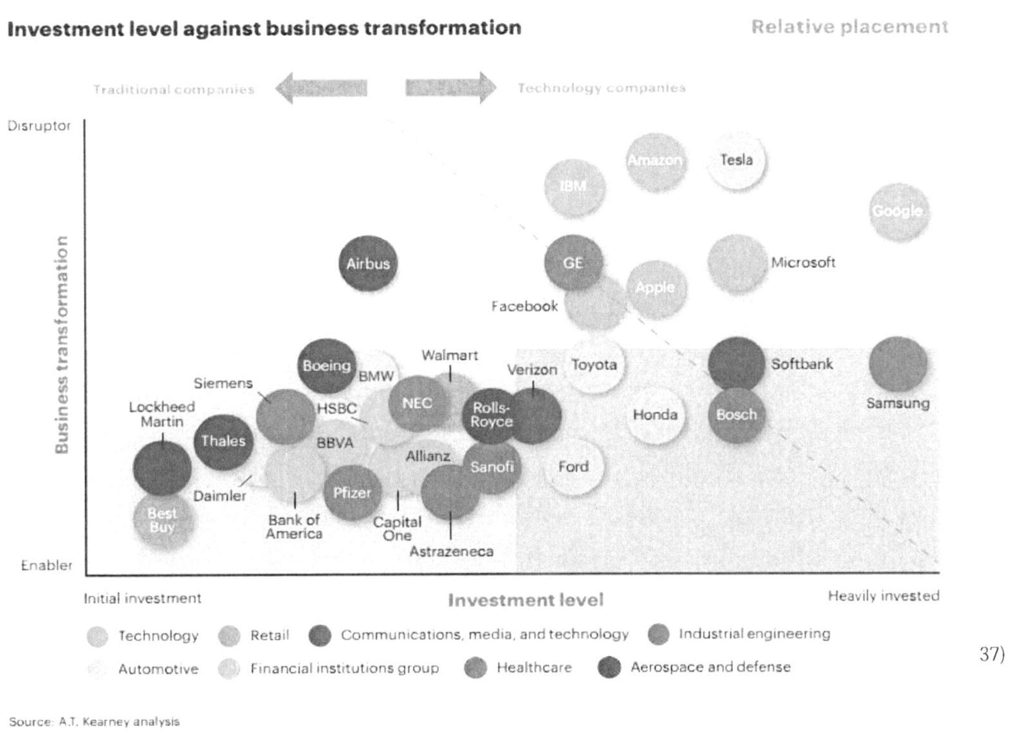

[그림 40] 사업 변환에 대한 투자 수준

 일본의 야스카와 전기(Yaskawa Electronics)는 장인의 기술을 2시간 만에 로봇에게 가르칠 수 있는 '실연 교시 기능' 소프트웨어를 개발했다. 이는 센서가 작업자의 작업을 감지하여 데이터를 축적하고, 이에 따라 로봇이 움직임을 기억하고 학습 기능을 통해 스스로 연습을 반복한다.

 또한 독일은 기계학습을 이용하여 자율 주행 자동차 내 주차보조 시스템 및 안전거리 확보 기능 등 'Autopilot' 기능 적용을 확대했으며 중국의 기계학습 분야 선두그룹인 바이두는, 2014년 7월 빅데이터 연구소를 설립해 머신러닝 알고리즘, 데이터 구조알고리즘, 핵심 검색 기술, 예측 분석 분야의 빅데이터 적용하고 지능형 시스템 연구를 수행하고 있다.

---

37) 출처: AT Kearney(2018)

  Amazon은 제품 추천, 대체 제품 제시, 사기 탐지, 메타 데이터 검증 및 지식 습득과 같은
사업의 주요 영역에서 고객 경험을 향상시키기 위해 기계학습에 의존하고 있다.

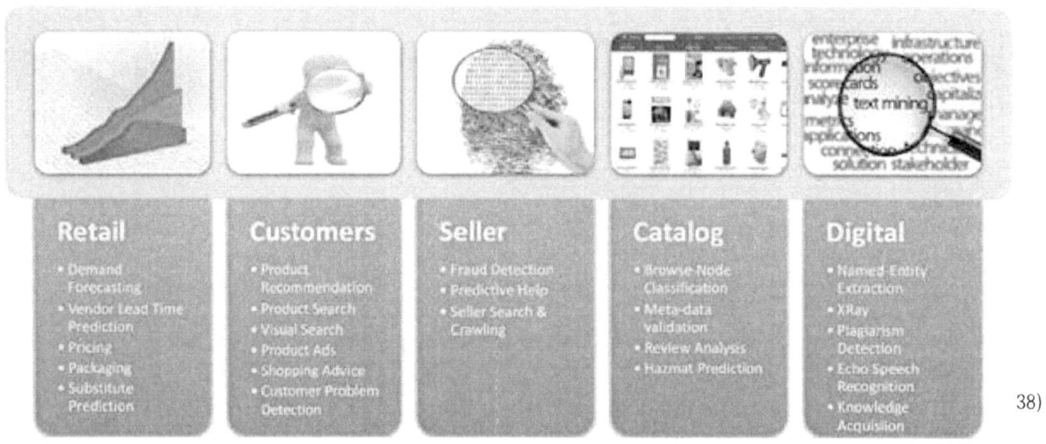

[그림 41] Amazon의 기계학습 응용 [38)]

일본 타이어 제조회사 브릿지스톤(Bridgestone)의 타이어 마모 탐지, 미국의 디지털 IT 제
품 및 솔루션 제공회사 코그니전트(Cognizant)의 고객 이탈률 예측, 미국의 건물 에너지 관
리 솔루션 회사 빌딩IQ(BuildingIQ)의 에너지 사용량 분석 및 최적화, 미국 자동차제조업체
BMW의 오버스티어링(Oversteering) 탐지, 일본 자동차제조업체 혼다(Honda)의 플릿
(fleet) 데이터 분석 등 여러 분야에서 머신러닝이 적용돼 성과를 도출하고 있다.

그림 42 일본 브릿지스톤 머신러닝 적용

---

38) 출처: Amazon Web Service

나. 인공지능[39]

 인공지능은 컴퓨터를 기반으로 사람의 뇌가 수행하는 방법을 모사하여 여러 가지 지능을 구현할 수 있게 하는 기술로, 1950년대부터 관련 연구가 시작되어 발전해 온 인공지능은 기술적 한계에 부딪히면서 관련 연구 및 투자가 장기간 침체를 겪어 왔으나 최근 다시 글로벌 IT 업계의 화두로 등장하고 있다.

 이는 인터넷의 보급과 다양한 형태의 비정형 데이터를 쉽게 수집하고 분석할 수 있는 빅데이터 처리 환경 조성에 따른 인공지능의 정확도 향상, 딥러닝의 등장, 부동 소수점 계산에 탁월한 GPU 컴퓨팅과 분산 처리가 가능한 클라우드 컴퓨팅의 도움으로 고속 병렬처리가 가능해지면서 대용량 딥러닝에 소요되는 시간이 대폭적으로 단축된 것이 배경으로 작용한 것이라고 할 수 있다.

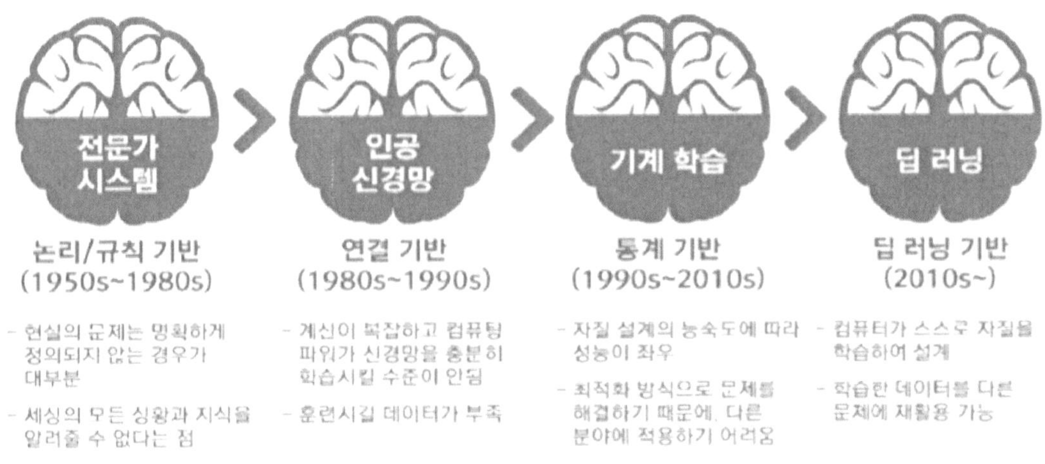

[그림 43] 인공지능의 발전과 역사

 과거 인공지능은 기술적인 한계로 인해 인간의 인지와 사고능력에 미치지 못해 학술 연구 영역에서 벗어나지 못했지만, 앞서 살펴본 다양한 기술의 발전으로 인해 인간에 근접한 수준으로까지 발전하면서 상업적 활용 가능성이 증대되고 있다.

 특히 인공지능은 다양한 분야에 적용될 수 있는 범용성이 높은 대표적인 융합기술로, 사회, 경제, 문화 등에 미칠 파급력이 매우 높아지고 있다. 이미 딥러닝 기반의 다양한 연구들이 여러 분야에 적용되면서 자율주행 차, 의료, 휴먼 인터페이스 등 다양한 분야로 빠르게 적용되고 있다.

---

39) AI First, AI Everywhere로 전개되는 인공지능, 정보통신기술진흥센터

1) 기술 개요[40]

 기술 연구 및 투자의 장기간 침체가 있었던 인공지능(AI)은 최근 딥러닝 기반 기술의 발달 및 기존 기술과의 결합 등을 통해 산업 전반에 적용 가능한 수준으로 발전하고 있다.

 인공지능은 인간의 지능(인지, 추론, 학습 등)을 컴퓨터나 시스템 등으로 만든 것 또는 만들 수 있는 방법론이나 실현 가능성 등을 연구하는 기술 또는 과학으로 인공지능의 목표에 따라 4가지, 실제 사고해결 유무에 따라 2가지로 구분할 수 있다.

① 인공지능의 목표에 따른 분류

 인간과 같은 사고 시스템은 1985년 Haugeland와 1978년 Bellman의 정의에 의한 인공지능으로, 이론적으로 인간처럼 생각하는 기계를 만들려면 우선 인간의 사고 작용을 연구해야 하고, 이로부터 그럴듯한 가설이 성립되면 프로그램을 통해 실현할 수 있다는 것을 주장하는 분야이다.

 다음으로 합리적 사고 시스템은 1985년 Charniak과 McDermott, 1992년 Winston의 정의에 의한 인공지능의 목표로, 인공지능의 목표를 이론적이 아닌 합리적으로 사고하는 시스템이라고 정의하는 분야이다. 합리적 사고 시스템에서는 정확한 추론과정을 매우 중요시 하는데, 이는 합리적으로 행동한다는 것은 어떤 목표를 달성하기 위해 논리적인 결론에 도달하도록 추리해 나가야 하기 때문이다.

 인간과 같이 행동하는 시스템은 1990년 Kurzweil과 1991년 Rich과 Knight의 정의에 의한 인공지능으로 1950년 Turing이 제안한 튜링 테스트를 통해 지능의 작용 과정에 대해 매우 만족스럽게 설계한 최초의 프로그램으로 컴퓨터는 인간에게 질문함으로써 그의 테스트 결과를 여러 경로를 통해 보내주게 된다는 것을 주장하는 분야이다.

 마지막으로, 합리적인 행동 시스템은 1990년 Schalkoff와 1993년 Lugar와 Stubblefield의 정의에 의한 인공지능의 목표로, 합리적으로 행동한다는 것은 주어진 확률 정도가 있을 때 어떤 목표를 달성하기 위해 행동하는 것을 의미한다.

	이론적(ideal)	합리적(rational)
인간의 사고작용 (thinking)	인간과 같은 사고 시스템 (systems that think like humans)	합리적 사고 시스템 (systems that think rationally)
행동 (behavior)	인간과 같은 행동 시스템 (systems that act like humans)	합리적 행동 시스템 (systems that act rationally)

[41]

[그림 44] 인공지능의 목표에 따른 분류

---

40) 인공지능(AI) 개요 및 기술 동향, 금융보안원, 2016.08.26
41) 인공지능 기술 동향 및 발전 방향, 조영임, 정보통신기술진흥센터, 2016.07

② 인공지능의 사고 해결 유무에 따른 분류

최근 인공지능의 사고 해결 유무에 따라 약한 인공지능(Weak AI)과 강한 인공지능(Strong AI) 2가지로 구분할 수 있다.

약한 인공지능	어떤 문제를 실제로 사고하거나 해결할 수 없는 컴퓨터 기반의 인공적인 지능을 만들어 내는 것에 대한 연구이며, 학습을 통해 특정한 문제를 해결
강한 인공지능	실제로 사고하거나 해결할 수 있다는 점에서 약한 인공지능과 차이가 있으며, ①인간의 사고와 같이 컴퓨터 프로그램이 행동 및 사고하는 인간형 인공지능과 ②인간과 다른 형태의 사고능력을 발전시키는 컴퓨터 프로그램인 비인간형 인공지능으로 구분 [42]

[표 12] 인공지능의 사고 해결 유무에 따른 분류

위처럼 분류할 수 있는 인공지능이 다시 재부상 하게 된 배경에는 최근 빅데이터 발달, 정보처리(연산, 저장) 능력의 향상, 딥러닝 알고리즘의 향상, 클라우드 기반 환경 등을 들 수 있다. 이러한 기술의 발달로 인해 인공 지능의 학습, 추론, 인지 기술을 발달시킬 수 있는 환경이 조성됨에 따라 인공지능은 재부상하기 시작했다.

인공지능은 전산신경과학(Computational Neuroscience), 로봇틱스 인지로봇 공학(Robotics) 등 다양한 학문 영역에 걸쳐 있고 정형화된 기술 분류 체계는 아직 미흡하지만, 최근 '패턴인식', '머신러닝', '딥러닝' 등이 인공지능 관련 기술 중 주요 기술 분야로 언급되고 있다. 인공지능은 일반성, 방대성 등 지식의 특성뿐만 아니라 일반 소프트웨어 시스템과 달리 추론 기능 등의 특성을 가지고 있다.

최근 딥러닝의 등장으로 인해 인공지능 또한 새로운 국면을 맞이했다. 그렇다면 도대체 딥러닝이라는 것은 무엇을 말하는 것일까? 딥러닝은 인간의 신경망 구조를 모방한 것으로, 초고용량 학습 알고리즘의 특징을 통해 기존 알고리즘과 달리 고성능을 발휘하는 기법이다. 딥러닝은 특징 추출(Feature Extraction)을 위한 전처리 과정(pre-processing) 을 전체 학습 프로세스에 포함하고, 영상 데이터와 같이 차원수가 크고 복잡한 데이터의 경우 전처리 과정에서 손실될 수도 있는 정보를 자동으로 추출하며, 높은 수준의 추상화 작업(Abstraction)에 효율적이어 시뮬레이션 크기를 늘릴수록 대량의 데이터를 흡수하는 능력이 좋아지는 특징을 가지고 있다.

인공지능 등 학습에 있어서 나타나는 주요 문제점 중 하나인 오버피팅은 딥러닝 기술에서 강력한 형태로 방지 하고 인공지능의 연구 개발을 가속화하는 중요한 계기를 마련했다. 오버피팅은 과다적합이라도고 하며, 만들어진 모델의 성능이 학습데이터(training set)에서는 좋지만, 새로운 데이터 (test data)에서는 좋지 않은(혹은 일반화되지 않은) 경우를 의미한다.

---

42) 출처: 인공지능(AI) 개요 및 기술 동향 (2016)

특성	내용
일반성	중요 성질을 공통적으로 가지고 있는 상황을 그룹화 함
방대성	중요 성질이 공통적으로 형성되기 이전의 기초자료는 매우 방대함
부정확성	현실문제에서 주어지는 정보가 부정확하며, 그로 인해 표현 역시 불명확함
지식 이용	소프트웨어는 자료나 정보를 사용하는 반면 인공지능은 인간과 같은 지식을 이용
추론 기능	적은 자료로 해답을 찾거나 많은 자료에서 공통점을 찾아내는 것 등은 인간의 사고과정에서 발생하는 추론기능과 같음
휴리스틱 탐색	경험적인 방법의 원리를 이용하여, 방대한 양의 탐색영역에서 최적의 해를 구하고자 일정한 규칙에 근거하여 해를 찾는 방법인 휴리스틱 탐색 (heuristic search) 기능 제공
출력효율성 제고	입력정보가 비교적 완전 혹은 완벽하지 않더라도 결과물을 생성하는 기능 [43]

[표 13] 인공지능 기술의 특성

 일반성 및 유연성 등 수많은 상황을 동시에 처리하는 인간의 뇌(지능)를 기존의 컴퓨터 구조로 구현하는 것은 매우 어려운 문제이며, 인공 지능에서 '학습'을 효율적으로 수행하기 위한 기술(알고리즘 등)들이 복잡도(complexity)가 너무 높은(혹은 낮은) 모델의 학습, 학습데이터와 현실 세계의 데이터와의 차이 등으로 인해 오버피팅의 문제가 발생하게 된다. 딥러닝은 제한된 볼츠만 머신 (Restricted Boltzman Machine, RBM), Dropout 형태 등의 효율적 학습 형태의 알고리즘을 통해 신경망의 일반화 능력 최대화 등으로 오버피팅을 최소화하고 있다.

① 제한된 볼츠만 머신
 제한된 볼츠만 머신은 기존 볼츠만 머신에서 볼 수 있는 유닛(visible unit)과 은닉 유닛 (hidden unit) 간 연결망의 효율성을 고려하여 제한 을 둔 모델로써 두 개의 층을 구성하여 신경망 학습의 효율성을 높였다.

---

43) 출처: 인공지능 기술과 산업의 가능성, 석왕헌, 이광희, ETRI, 2015.10.30

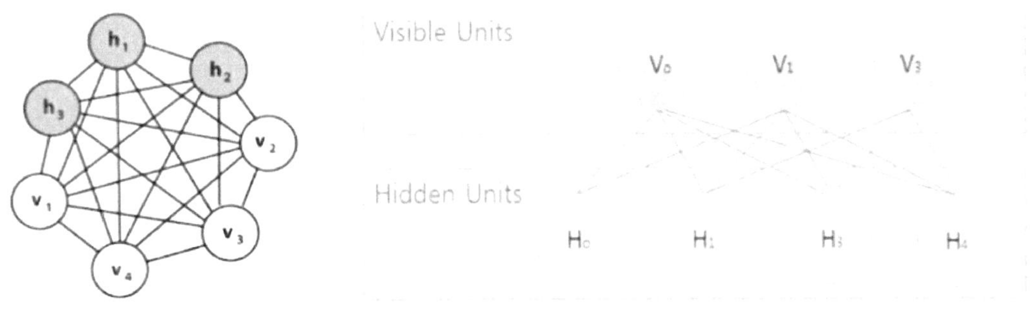

[그림 45] 볼츠만 머신

② Dropout

 Drop-Out은 학습단계에서 심층신경망(Deep Neural Network)의 모든 뉴런을 사용하지 않고 랜덤하게 보통 50% 정도만 사용하며 여러 개 신경망의 앙상블 효과[44]를 통해 오버피팅을 줄일 수 있는 방법이다.

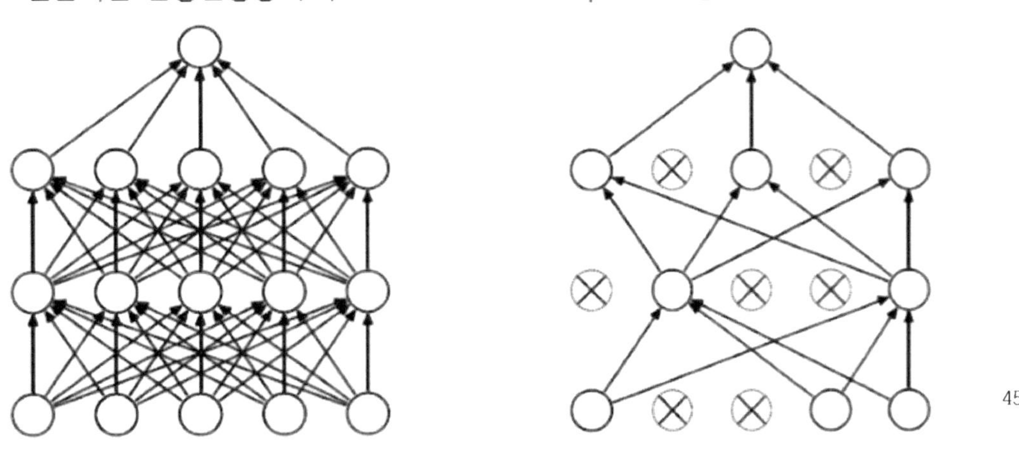

[그림 46] Dropout

---

44) 학습 알고리즘들을 따로 사용하지 않고 다수의 학습 알고리즘을 유연한 구조로 만들어 더 좋은 성능을 얻는 효과
45) 출처: Nitish Srivastava, Georey Hinton et al., Dropout: A Simple Way to Prevent Neural Networks from Overfitting, Journal of Machine Learning Research 15(2014), p.1930, 2014.6.14.

2) 산업 동향[46]

인공지능은 21세기의 핵심 기술로 주목받고 있으며, 기존산업 내 요소의 자동화와 지능화를 통하여 기존산업의 혁신을 가져오고 있다. 인공지능은 다양한 산업과 시너지를 창출하며 전기, 인터넷과 같이 산업 전반에 걸쳐 영향을 주는 일반목적기술(GPT, general purpose technology)로 인정되고 있다. 인공지능 자체는 기술이므로 광범위한 정의에서의 인공지능산업은 인공지능을 생산·유통·활용하는 소프트웨어, 하드웨어, 서비스 산업을 지칭한다.

인공지능의 가치사슬은 크게 데이터 구축(원자재), 데이터 전처리(가공), 인공지능 개발(제조), 인공지능 적용(판매)로 구성되어있다. 인공지능 스타트업과 빅테크 기업들은 이러한 과정의 일부 혹은 전체과정에 관여하여 매출을 창출한다.

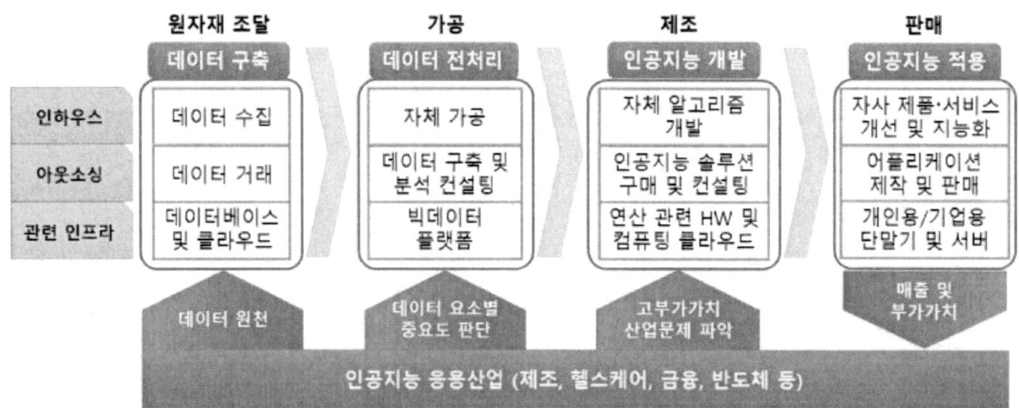

[그림 47] 인공지능산업 가치사슬

① 데이터 구축
데이터 구축 단계는 학습을 위한 데이터를 직접 수집하거나 외부업체를 통하여 확보하는 단계이며 관련 인프라는 데이터베이스 및 클라우드가 해당된다.

② 데이터 전처리
데이터 전처리 단계는 수집된 데이터를 1차적으로 분석·가공하여 유의미한 데이터를 추출하는 단계로 관련 인프라는 데이터를 처리·가공할 수 있는 빅데이터 플랫폼이 해당된다.

③ 인공지능 개발
인공지능 개발 단계는 적용분야 및 데이터에 적합한 형태로 인공지능을 설계하고 학습시키는 과정을 뜻하며, 관련 인프라로는 연산용 HW, 클라우드 컴퓨팅, 인공지능 개발용 도구 등이 있다.

④ 인공지능 적용
인공지능 적용 단계는 인공지능을 적용한 HW/SW/서비스를 활용하여 부가가치를 창출하거나 판매하는 단계다.

---

46)

인공지능 응용산업별 비중은 광고&컨텐츠와 금융의 비율이 높고 헬스케어, 자율주행 등이 주
목받고 있다.

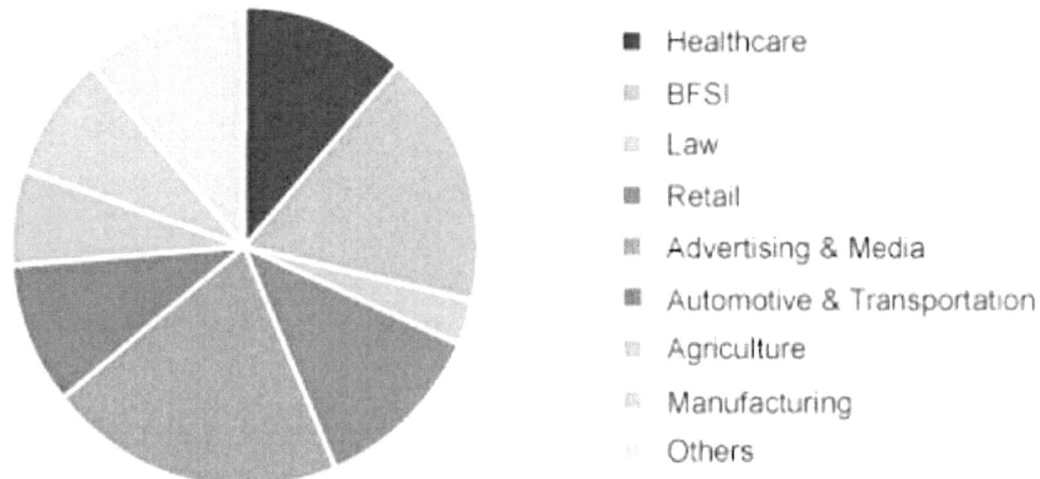

[그림 48] 2019년 인공지능관련 매출 응용산업별 비중

① 컨텐츠 및 광고
컨텐츠 및 광고에서는 인공지능을 컨텐츠 추천(틱톡, 넷플릭스 등), 상품 추천(네이버 쇼핑,
아마존 등) 등에 응용하고 있다.

② 금융(BFSI)
금융에서는 인공지능을 유망기업(주식) 발굴, 투자 어드바이저, 은행서비스 자동화 등에 응용
하고 있다.

③ 헬스케어
헬스케어에서는 인공지능을 병리학, 영상의학, 개인건강관리, 의약품개발 분야에 걸쳐 주로
응용하고 있다.

④ 모빌리티
모빌리티에서는 자율주행차 외에도 주행이상 탐지 등 다양한 자동차 관련 인공지능 기술이
개발되고 있다.

⑤ 제조 및 유통
제조 및 유통에서는 인공지능이 스마트팩토리와 스마트제품 등에 다양하게 응용되고 있으며
신제품 설계에도 활용되고 있다.

⑥ 기타
위에서 살펴본 분야 외에는 인공지능을 환경문제(예: 기후변화, 희귀종보호)나 범죄예방(예:
지능형 CCTV) 등 사회문제 해결에도 적용하고 있다.

현재 인공지능은 기존 제품·서비스에 적용되어 편의성을 개선하는 형태(예: 삼성전자의 음성 인식 플랫폼 빅스비)로 부가가치를 창출하나 많은 투자와 기대대비 효용성이 떨어지는 것으로 평가되고 있다. 이는 아직 인공지능이 강인공지능[47)]에 도달하지 않았기 때문으로, 산업에 적용될만한 수준의 인공지능을 만들기 위해서는 데이터 수집·가공, 알고리즘 개발에 많은 전문가와 자원 투입이 필요하다. 이때, 효과적인 인공지능 개발을 위해서는 실제 응용산업에 대한 지식(어떤 데이터가 유효한지, 산업 내 어떤 문제를 해결하는 것이 가능한지/중요한지)이 필요하다.

---

47) 강인공지능(Strong AI): 사람처럼 스스로 데이터를 찾아 학습하고 행동하는 AI를 뜻하며 현재는 사람이 직접 데이터를 수집·가공하고 알고리즘을 짜 넣어 학습시키기 때문에 약인공지능(Weak AI)으로 분류

3) 기술 동향[48)

기계학습 분야에서는 오랫동안 데이터로부터 특정 업무를 수행하기 위한 정보를 학습시키려는 연구들이 진행되어왔다. 그 결과, 다양한 학습모델과 알고리즘들이 개발되었다. 하지만, 2000년대 후반부터 딥러닝 기술이 발전하며 다양한 벤치마크 테스트에서 다른 방법들을 압도하는 높은 성능을 보이며 응용영역을 넓혀가고 있다. 딥러닝은 인간 뇌의 정보처리 과정을 수학적인 모델링을 통해 모사한 것으로, 주로 깊은 신경망을 구현한다. 따라서 복잡하고 변화가 많은 응용 분야에 탁월한 성능을 보인다.

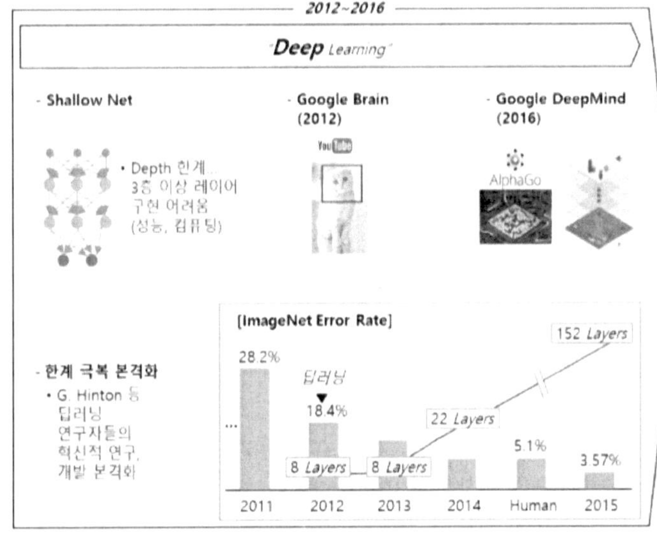

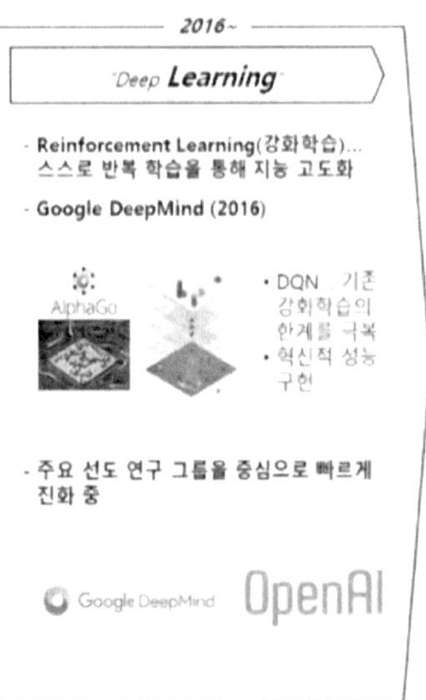

〈자료〉 LG경제연구원, 2017. 10.

[그림 49] 딥러닝의 경쟁 핵심 변화

또한 강화학습이 등장하며 학습 방식이 기존과 많이 달라졌다. 기존 기계학습의 경우는 사람에 의해 학습할 데이터가 정해져 주어지는 정적인 것이라면, 강화학습은 인공지능 자체가 현재의 환경에서 보상을 극대화하기 위해 필요한 데이터를 수집해 가며 학습을 진행하는 동적인 것이라고 할 수 있다. 강화학습 기반의 인공지능은 이러한 특징을 바탕으로 빠르게 발전해 왔지만, 이 또한 분명한 한계는 있다. 강화학습은 보상을 극대화하는 선택을 하지만, 실은 이 보상 함수를 설계하는 것이 매우 어려운 일이다. 따라서 최근 강화학습의 주요 연구들은 Multi Agent, Meta Learning, Continuous Action, Imitation Learning 등 한계를 극복하기 위한 다양한 방식을 연구하고 있다.

AI한계 극복 신기술은 기존 AI기술을 개선하는 수준에서 벗어나 혁신적인 AI 플랫폼과 서비스를 개발, 글로벌 시장을 선도하는 걸 목표로 한다. 뇌 학습 기전, 기억 기전, 의식 기전 등을 응용한 '브레인 인스파이어드(Brain inspired)' AI가 그것이다. 또 실세계 데이터를 기반으로 학습 및 추론해 의사결정을 도출하고 그 이유를 사람이 이해가능한 방식으로 제시하는 '설명 가능한 AI' 개발에도 주력한다.

---

48) 인공지능 기술 동향, IITP

설명 가능한 인공지능은 신뢰할 수 있는 인공지능이라는 용어와 혼용되기도 하는데, 신뢰할 수 있는 인공지능은 6가지 핵심 요소에 기반하여 인공지능 활용 아이디어 구상에서 설계, 개발, 배포 및 운영에 이르기까지 구축 라이프사이클 전반에 걸쳐 거버넌스와 규정 준수를 요구한다. 기본적으로 인공지능 거버넌스는 위의 모든 단계를 포괄하며 기술, 프로세스 및 직원 교육 등 변화 관리 전반에 걸쳐 작용한다. 여기에는 위험 평가, 통제 메커니즘 및 관련 규정 준수를 요구하는 것이 포함된다. 이는 기업과 다양한 이해 관계자가 인공지능의 개발과 활용을 위한 배포에 있어서 윤리적이고 신뢰할 수 있는지 확인하는 수단이 된다.

신뢰할 수 있는 인공지능을 논의할 때 해석 가능성(Interpretability)과 설명가능성(Explainability)이라는 두 용어가 자주 사용되며, 때로는 동일한 의미로 쓰이기도 한다. 일반적으로 설명가능성은 해석가능성 개념을 포괄하는 상위 개념으로 간주 한다. 해석 가능성은 인공 지능 전문가 와 엔지니어에게 강력한 기술적, 공학적 투명성을 제공하는 개념이며, 설명가능성은 고객, 의사결정자 등 비전문가들도 충분히 이해할 수 있는 인간의 언어로 표현된 논리적 설명을 포함하는 더 넓은 개념을 의미한다. 또한 인공지능이 사회에 미치는 영향까지 고려하여 윤리와 법적 문제까지도 다룬다. 기술적인 관점에서 해석가능성은 엔지니어의 논리적 맥락에서 올바른 입력-출력 관계의 투명성을 의미한다.

설명가능성은 인간의 자연어를 사용하여 최종 사용자와 의사 결정자에게 설명을 전달할 수 있다. 즉, 해석가능성은 인공지능 기반 의사 결정 시스템의 작동 원리에 대한 이해와 관련된 것이고, 설명가능성은 특정 결정이 내려진 이유에 대한 비기술적인 설명으로 이유를 제공하는 시스템의 능력과 관련이 있다. 또한, 인공지능 블랙박스 모델의 수동적 또는 능동적 특성에 맞춰 의미를 부여하기도 한다. 해석가능성은 수동적 특성을 가진 모델이 인간 전문가에게 의미를 부여하는 능력으로 정의할 수 있다. 예를 들어, 모델은 특정 아키텍처 계층의 가중치에 따라 의사 결정의 방향이 바뀌는 수동적인 특성을 갖고 있다고 볼 수 있다. 한편, 설명가능성은 모델의 능동적인 특성으로 볼 수 있으며 기본 메커니즘을 명확하게 하기 위해 모델이 자연어를 사용하여 사용자에게 자신을 설명하는 총체적인 능력을 의미한다.

모델 설명 방법에는 크게 두 가지 유형이 있다. 첫 번째 유형은 의사 결정 트리 및 랜덤 포레스트와 같이 특정 모델에 적용되는 'Model-specific' 방법이 있고, 다음으로는 블랙박스 모델을 포함한 모든 유형의 머신러닝 모델에 적용할 수 있는 'Model-agnostic' 기법이 있다. 첫 번째 설명 도구는 결과를 해석하기 위해 알고리즘의 내부 작동이 어떻게 이루어지고 있는지를 다루고 있다. 두 번째 방법은 블랙박스 내부모델을 탐지하거나 결과를 설명하는 방식으로 입력과 결과물과의 관계를 분석하는 방법이다. 이러한 모델 종류에 관계없이 적용할 수 있는 Model-agnostic 방법은 설명 범위에 따라 '로컬' 해석과 '글로벌' 해석으로 분류할 수 있다.

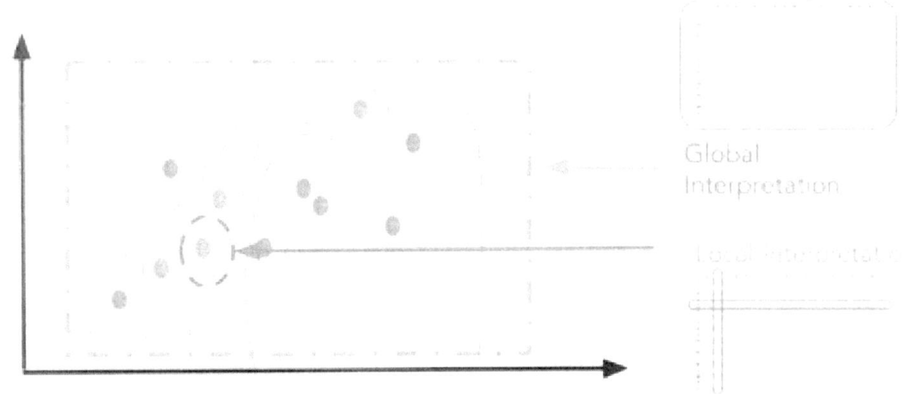

[그림 50] 모델 해석가능성의 범위

　로컬 해석가능성은 모델 결과물에 대한 개별 데이터의 영향을 평가하는 것을 의미하며, 입력 데이터 한 건에 대한 인공지능 모델 결과물 간의 관계를 파악할 수 있다. 반면 글로벌 해석가능성은 전체 데이터 차원에서 모델에 평균적으로 미치는 영향이며, 입력데이터와 모델 결과물 간의 전반적인 관계를 해석할 수 있다.

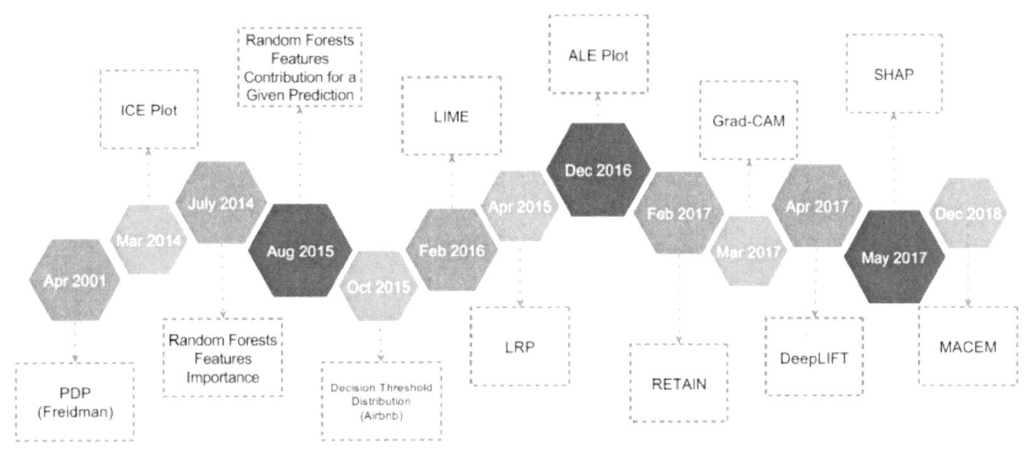

[그림 51] 인공지능 모델 설명성 기법의 발전단계

　모델 설명성 기법의 비교적 짧은 약 20여 년에 걸친 발전단계에서 2016, 17년도에 개발된 LIME(Local Interpretable Model Agnostic Explanations)과 SHAP(Shapley Additive Explanations) 이 로컬 해석방법의 대표적 도구로서 특정 결정에 대해 부분적으로 설명을 제공하고, 전통적인 방법인 SA(Sensitivity Analysis)와 2000년대 초반에 개발된 PDP(Partial Dependency Plot)는 사용자에게 전체 모델의 동작을 이해할 수 있도록 도움을 주는 글로벌 해석 도구이다.

① LIME

 LIME은 모델이 현재 데이터의 어떤 영역을 집중해서 분석했고 어떤 영역을 분류 근거로 사용했는지 알려주는 설명성 도구이다. 이러한 알고리즘을 처음 개발한 사람은 마르코 툴리오 히베이루(Marco Tulio Ribeiro)와 사미르 싱(Sameer Singh), 카를로스 게스트린(Carlos Guestrin)이며 지금도 깃허브(GitHub) 등 온라인 공유사이트를 통하여 튜토리얼 등을 제공하며 활발히 활동하고 있다. 이 도구의 가장 큰 장점은 모델의 종류나 학습 방법에 관계없이 직관적으로 적용할 수 있는 유용한 방법이라는 것이다. 반면 결정 결과에 대한 불확실성도 있다. 특정 데이터 포인트에서의 결정 경계를 확정 짓는 방식이 비결정적이므로 LIME 알고리즘을 실행시킬 때마다 결과가 매번 달라지는 것을 볼 수 있다. 또한 데이터 하나에 대해 설명을 하기 때문에 모델 전체에 대한 일관성 있는 특징을 보여주지 못하는 단점이 있다.

② SHAP

 SHAP 은 미국의 수학자이며 경제학자인 로이드 샤플리(Lloyd Stowell Shapley)가 정립한 이론을 기반으로 입력데이터의 컬럼(피처) 간 독립성을 근거로 덧셈을 가능하게 하는 도구이다. 샤플리 값(Shapley value)은 전체 성과를 창출하는 데 각 참여자가 얼마나 공헌했는지를 수치로 표현할 수 있는데 개인의 기여도는 전체에서 그 사람의 기여도를 제외했을 때 전체 성과의 변화 정도로 나타낼 수 있다는 아이디어에서 찾을 수 있다. LIME과 달리 SHAP는 결정적인 특성을 갖고 있다. SHAP을 매회 실행시켜 계산할 때마다 동일한 결과를 볼 수 있어 해석상 안정성이 있다. 하지만 샤플리 값을 구하기 위하여 모든 컬럼(피처)을 순서대로 계산하기 때문에 컬럼 갯수와 데이터양이 증가할수록 데이터 수의 제곱에 비례하여 계산량이 늘어나는 단점이 있다.[49]

---

49) 인공지능 신뢰성을 높이는 Trustworthy AI, 딜로이드 안진회계법인, 2022.02

다. IoT
1) 기술 개요[50)51)]

사물인터넷(IoT)은 제조, 에너지, 금융 등 산업 전반에서 걸쳐 다양 하게 활용되고 있으며, 초연결사회(Hyper-Connected Society)로 나아가기 위한 수단으로 주목받고 있다. 국제표준화 기구인 ITU-T에서는 사물인터넷을 '정보통신기술을 기반으로 다양한 물리적 또는 가상의 사물들을 연결하여 진보된 서비스를 제공하기 위한 글로벌 서비스 인프라'라고 정의하고 있다. ITU는 2005년에 IoT 개념을 처음 정립하였으며, 'IoT를 언제, 어디 서나, 어떤 것이든 연결시켜주는 기술'이라고 정의했다.

이처럼 정의된 IoT의 개념은 사물통신(M2M)3), IoT, 만물인터넷(IoE, Internet of Everything)을 거쳐 소물인터넷(IoST, Internet of Small Things), 만물제어(AtO, All to One)로 확장되고 있다.

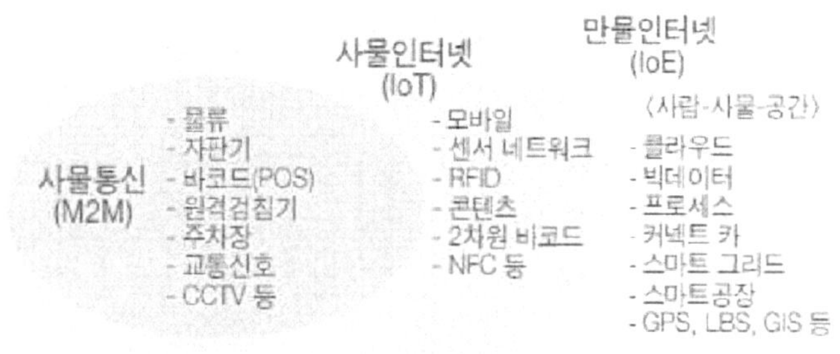

[그림 52] IoT 개념도

① 소물인터넷(IoST)
소물인터넷은 사물에 통신모듈을 탑재하여 소량의 데이터를 주고받을 수 있도록 구현된 것으로, 저성능 기기가 소량 데이터 전송에 특화되어 단순 정보(온도, 습도, 무게 등)를 측정해 무선네트워크로 데이터를 전송한다. 해외에서는 저전력 장거리 통신기술(LPWA, Low Power Wide Area)라고 불리며, 기존의 무선 네트워크(Bluetooth, Wi-Fi, Z-wave, Zigbee 등)와 달리 저전력 설계로 오랫동안 사용이 가능하고, 넓은 커버리지를 충족시켜야 한다.

소물인터넷은 저비용, 저전력, 장거리 네트워크가 가능하며, 고가의 중계기가 필요 없고 전력 소모가 매우 적기 때문에 상시전원 없이 배터리만으로 최소 2년 이상 사용 가능하다는 장점이 있다. 소물인터넷의 이용 사례로는 도난방지 자전거, 검침(수도, 전기, 가스 등), 조명제어 등이 있다.

---

50) 사물인터넷(Internet of Things) 산업 동향, 금융보안원, 2016.10.20
51) 사물인터넷 산업의 시장 및 정책 동향, iitp

② 만물제어(AtO)

만물제어는 IoT 플랫폼들을 하나로 묶어서 통제하는 것으로 모든 사물, 사람 등의 연결을 유기적, 지능적, 자율적으로 통제하여 데이터를 효율적으로 사용할 수 있도록 도와주는 시스템을 말한다. 만물제어는 공통의 디지털 네트워크로 연결되어 서로 정보를 주고받을 수 있으며, 스스로 제어가 가능하다. 만물제어의 이용사례로는 스마트시티(냉난방 관리, 교통 혼잡 예방, 엘리베이터 동선 분석 등), 재난 구조 등이 있다.

미국의 경우 '스마트 아메리카 챌린지' 프로젝트를 통해 전력, 의료, 교통, 제조, 항공 등 7개의 분야를 IoT로 연결하여 제어하는 시스템 구축 계획을 세웠다. 이처럼, 다양한 이름으로 불리며 4차 산업혁명에서 큰 주목을 받고 있는 2017년 주요 기관들이 발표한 ICT 기술 및 이슈 전망에서도 사물인터넷은 4차 산업혁명의 근간이 되는 기술들과 함께 다수 선정되어 중요성이 부각되었다.

구분	국내						해외						
	IITP	KT-KISA	NIA	SPRi	TTA	ROA	Gartner	IDC	IHS	Forrester	Juniper	Ericsson	Deloitte
자율주행차/커넥티드카	●	●		●	●	●					●	●	●
가상현실/증강현실	●	●	●	●	●		●	●	●	●	●	●	
사물인터넷	●	●	●	●	●	●	●	●	●	●		●	
인공지능	●	●	●	●	●	●	●	●	●	●	●	●	● [52]

[그림 53] 주요기관들의 2017년 ICT 기술/이슈 전망

그렇다면 이처럼 중요한 사물인터넷을 현하기 위해서는 어떠한 기술들이 필요할까? 사물인터넷 구현을 위해 대표적으로 필요한 기술로는 스마트 디바이스, 진화된 네트워크, 클라우드 컴퓨팅, 빅데이터 분석이 있다.

이에 대해 좀 더 세세하게 살펴보도록 하자.[53]

① 스마트 디바이스

스마트 디바이스란 각종 센서와 네트워크 기능이 탑재된 디바이스로, 이 센서들은 다양한 정보를 생성한다. 간단히 스마트 워치를 생각해보자. 스마트 워치에는 다양한 센서들이 탑재되어 있는데, 이러한 센서들은 사용자의 위치, 활동량 등을 생성하고 와이파이, 블루투스, NFC 통신을 통해 센서 정보를 스마트폰이나 서비스에 전송한다.

그렇다면 스마트 디바이스에는 어떤것들이 있을까? 스마트 디바이스에는 스마트 워치 외에도 안경이나 팔찌 형태의 각종 웨어러블 디바이스, 자율 주행 자동차, 원격 제어 가능 로봇 청소기, 세탁기 같은 가전, 그리고 스마폰도 포함된다.

---

52) 출처: 각 기관, IITP
53) 사물인터넷을 구현하려면 무엇이 필요한가요? LG CNS블로그, 2015.06.16

[그림 54] 여러 가지 스마트 디바이스

스마트 디바이스를 조금 더 자세히 살펴보면 스마트 디바이스는 각종 센서/통신 모듈, 배터리 등의 전력 모듈, 사람의 뇌와 같은 역할을 하는 칩, OS, 원격 제어 및 모니터링을 할 수 있도록 디바이스 상에 탑재되어 있는 Embedded SW 플랫폼 및 애플리케이션으로 구성되어 있으며, 이러한 스마트 디바이스를 개발하기 편리하도록 통신, 칩, OS, SW 플랫폼 및 개발 환경을 묶어 제공하는 시스템인 'IoT Device Platform'이 있다. 최근 스마트 디바이스 기술 동향에서 중요해지고 있는 것 중 하나는 배터리 혹은 전력 관리 기술이다. 앞서 언급한 스마트 워치와 같이 사물인터넷은 항상 전원을 연결할 수 없는 환경이 대부분이기 때문에 충전 없이 오래 사용하려면 배터리 용량이 커야 한다. 하지만, 배터리가 커지면 그만큼 무게가 나가서 휴대가 어려워진다는 문제가 생긴다.

또한 휴대형이 아닌 경우에도 설치 공간의 문제나 전력 설비 공사 등 비용이 증가하는 문제가 생기게 된다. 그래서 같은 배터리를 쓰더라도 전력 사용을 효율적으로 해서 충전 없이 더 오래 스마트 디바이스를 사용할 수 있도록 하는 기술이 최근 주목을 받고 있다. 이와 같은 저전력 소비 기술은 ARM, Intel, Qualcomm 등의 칩 제조사들이 리딩하고 있으며, 그중에서도 ARM의 '빅 리틀 프로세싱'은 상호 보완적 기능을 가진 두 개의 코어를 하나의 칩에 결합해 태스크가 필요로 하는 퍼포먼스에 따라 적합한 코어를 사용하여 전력 소비를 효율화하는 기술이다.

최근에는 칩이 아닌 소프트웨어적으로 전력 소비를 효율화하는 기술들도 나오고 있는데, 대표적으로 Android M의 Doze 기능을 들 수 있다. Doze란 폰이나 태블릿의 움직임 감지 센서를 통해 사용자가 단말을 사용하는 패턴을 모니터링하다가, 일정 시간 동안 사용하지 않을 경우 대기 모드에서 백그라운드 프로세스를 제거해 절전 효율을 높여 주는 기능으로, 구글은 넥서스9 태블릿으로 테스트한 후, 배터리 수명이 50%까지 향상되었다고 밝힌 바 있다.

---

54) 출처: LG CNS블로그

② 진화된 네트워크

네트워크는 스마트 디바이스를 스마트폰, 다른 스마트 디바이스 혹은 서비스와 연결해 주는 통신기술을 말한다. 그런데 여기에서 이야기하는 네트워크는 흔한 네트워크 아니라 '진화된(Advanced) 네트워크'를 의미한다. 그렇다면 사물인터넷(IoT)을 위해 네트워크는 어떻게 진화되어 가고 있을까?

스마트 디바이스에서 언급했던 저전력 기술의 발전은 네트워크에서도 일어나고 있다. '블루투스 4.0'나 '지그비(zigbee)' 같은 저전력 근거리 무선 기술 표준이 그 예라고 할 수 있는데 블루투스 4.0의 경우 3.0에 비해 에너지 소비를 50% 가량 개선했다. 근거리 무선 기술뿐만 아니라 LTE 역시 발전하고 있는데, 그 결과 배터리 하나로 10년 간 통신 가능한 저전력 기술인 'LTE-M'으로 진화되고 있다. 통신 속도와 대역폭 측면에서도 발전은 계속되고 있다. 차세대 무선 이동 통신 규격인 5G는 LTE보다 100~1000배까지 빠른 전송 속도를 목표로 하고 있는데, 이는 IoT 환경에서 5G가 요구되는 이유는 폭증하는 데이터를 지연 없이 전송하고 처리하기 위함이다.

③ 클라우드 컴퓨팅

클라우드 컴퓨팅이 처음 등장한 이유는 높은 수준의 IT 인프라를 저렴한 비용으로 유연하게 사용하기 위해서였다. 그러나 IoT 시대의 클라우드 컴퓨팅은 단순히 싸고 유연한 인프라가 아니라 서비스 백본(Backbone)으로서의 그 중요성이 더 크다.

스마트 디바이스의 경우 저장 용량이나 시공간이 제약이 있다. 하지만, 스마트 디바이스가 클라우드와 연결되는 순간 이러한 제약을 뛰어 넘어 사용자에게 끊김 없는 서비스를 제공할 수 있게 된다. 또한 센싱 데이터에 기반하여 지능형 서비스를 제공하기 위해서는 빅데이터 분석이 필요한데, 클라우드 컴퓨팅은 빅데이터 분석을 위해서도 꼭 필요한 서비스 인프라라고 할 수 있다.

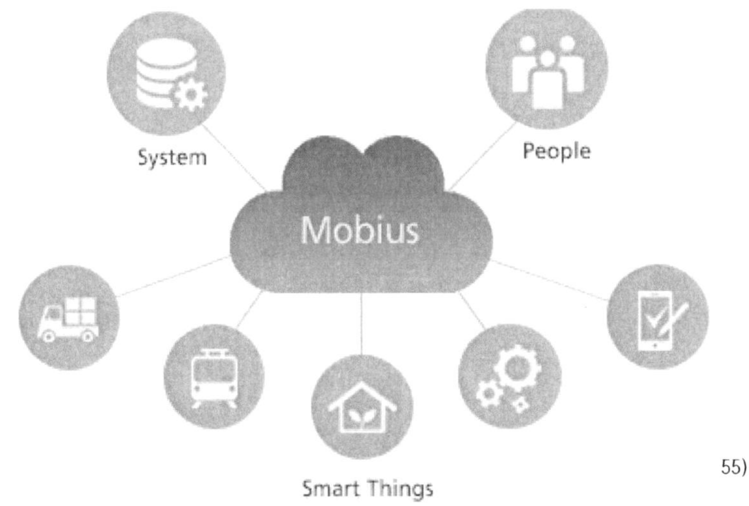

[그림 55] 한국전자부품연구원의 IoT 플랫폼 Mobius 개념도

---

55) 출처: http://iotmobius.com

④ 빅데이터 분석

 IoT 환경에서는 빅데이터 분석이 중요하다. 그 이유는, 서비스 관점에서의 IoT의 4개 기술 요소 중, 빅데이터 분석은 사용자 부가 가치가 가장 큰 영역이며 또한 IoT 환경에서 폭증하는 센서 데이터(오디오, 영상, 이미지와 대량의 센서로부터 생성된 측정 값들)는 사람이 수작업으로 분석하거나 이해할 수 있는 양이 아니기 때문에 시스템적인 분석이 점점 더 중요해지고 있기 때문이다.

 IoT 측면에서 빅데이터 분석 기술 동향 중 주목할만한 점은 '머신러닝(Machine Learning)' 기술에 대한 관심과 적용의 증가다. 데이터를 분석하기 위해서는 모델링이 필요한데, 이 모델링을 사람이 아니라 컴퓨터가 알아서 하게 하는 것이 바로 '머신러닝'이라고 할 수 있다. 즉 컴퓨터가 스스로 패턴을 찾아내고 새로운 분류 체계를 만들어 가며 데이터를 분석해 의미 있는 결과물, 예를 들면 향후 예측과 같은 결과를 내놓게 되는 것이다. 지금까지 이것은 사진의 문자를 인식하거나 이메일 스팸 필터링, 쇼핑몰 연관 추천 시에 많이 사용되었으나, IoT에서는 대량의 센서 데이터들로부터 연관 관계를 찾고, 향후 결과를 예측할 때 주로 쓰인다.

 GE의 '프리딕티비티 솔루션(Predictivity solutions)'을 예로 들어 보면, 이 솔루션은 천만 개의 센서를 통해 하루 오천만 가지의 정보를 수집하고 분석하는데, 이는 고객의 자산인 기계나 장비가 돌발적으로 가동 중지 상태, 즉 다운타임을 겪지 않도록 예방해 준다고 볼 수 있다. 티센크루프 엘리베이터 역시 IoT 데이터 분석에 머신러닝을 적용한 사례로, 티센크루프는 각 엘리베이터에 센서를 부착해 속도, 모터 온도, 출입문 오작동 등 각종 정보를 수집해 이를 클라우드로 전송한다. 이후 이 데이터를 바탕으로 예측 모델을 만들고 언제, 어떤 문제가 생길지 예측하는데, 이를 통해 엘리베이터에 문제가 발생하기 전에 정기 점검을 하고 수리할 수 있다.

2) 산업 동향[56]

　IoT는 인터넷에서 가상으로 나타나거나 존재하는 물리적 세상의 모든 대상을 연결하는데 사용되는 기술로, 센서 가격 하락, 기술이 차지하는 공간 축소 및 유비쿼터스 연결성으로 인해 계속적으로 증가하고 있는 여러 사물로부터 데이터를 수집 및 통합하는 것이 그 어느 때보다 용이해져 점점 더 많은 지능형 사물들이 전 세계 사람들의 일상생활을 변화시키고 있다. 이처럼 IoT는 모든 사물을 인터넷에 연결하여 실시간으로 데이터를 주고받는 4차 산업 혁명의 핵심 기반 기술로, 인공지능, 빅데이터, 3D 프린팅 등의 기술과 융합하여 생산 혁신의 원천이 되고 있다.

　최근 전 세계 사물인터넷(IoT;Internet of Things) 시장 규모가 2021년 3,845억 달러에서 2027년에는 5,664억 달러로, 연간 6.7%로 성장할 것으로 전망되었다. 5G 통신 기술의 보급, 클라우드 플랫폼 채택 증가로 인한 데이터 센터 필요성 증가, 무선 스마트 센서 및 네트워크 사용자 증가, IP 주소 증가와 향상된 보안 솔루션 등이 시장 성장을 견인할 것으로 분석됐다.

　2020년 IoT 기술 시장에서 가장 시장 점유율이 높았던 부문은 데이터 관리로, 마이크로소프트, IBM, SAP, 시스코(Cisco) 등이 소프트웨어 시장에서 솔루션을 제공하며 경쟁하고 있다. IoT 장치에서 매일 쏟아지는 비정형 데이터를 분석하고 다루려면, 빠르고 효율적으로 데이터 관리를 할 수 있는 솔루션이 필수적이기 때문에, IoT 기술 영역에서 데이터 관리는 가장 중요한 솔루션이라고 마켓엔마켓은 밝혔다.

　또한, 예측 기간 동안 높은 성장률을 보일 것으로 예상되는 분야는 장치 관리 플랫폼과 원격 모니터링 부문이다. 마켓엔마켓은 장치 관리 플랫폼은 조직에서 사용되는 장치의 관리, 추적, 보안 및 유지를 지원하고, 연결된 장치의 수가 증가함에 따라 장치 관리 플랫폼의 필요성이 증가할 것이므로 장치 관리 플랫폼은 장치 프로비저닝, 구성, 원격 액세스, 장치 모니터링, 소프트웨어 관리 및 문제 해결에 도움이 된다고 분석했다.

　마켓엔마켓은 2027년까지 IoT 기술 시장에서 가장 큰 시장 점유율을 차지할 부문으로는 네트워크 관리 플랫폼 부문을 꼽았다. IoT 네트워크 관리에는 인증, 프로비저닝, 구성, 모니터링, 라우팅, 장치 소프트웨어 관리 등이 포함된다. 이러한 기능들은 원활한 네트워크 상태를 유지하는 데 반드시 필요하며, 장치에 구애받0지 않고 하드웨어 모델과 데이터 구조를 IoT 워크 플로우에 통합하는 방법을 제공한다.[57]

　IoT Analytics에 따르면 2021년 코로나와 반도체 부족 영향에도 불구하고 IoT 디바이스의 숫자는 9% 성장하여 123억개로 확대될 것이며, 향후 연평균 22% 성장을 고려하면 2025년 271억개로 확대될 것으로 전망된다.

---

56) 지표로 보는 이슈, 사물인터넷, 국회입법조사처, 2017.10.12
57) "IoT 시장 규모 2027년 5,664억 달러… 5G와 스마트 센서 등 견인", CIO Korea, 2021.11.01

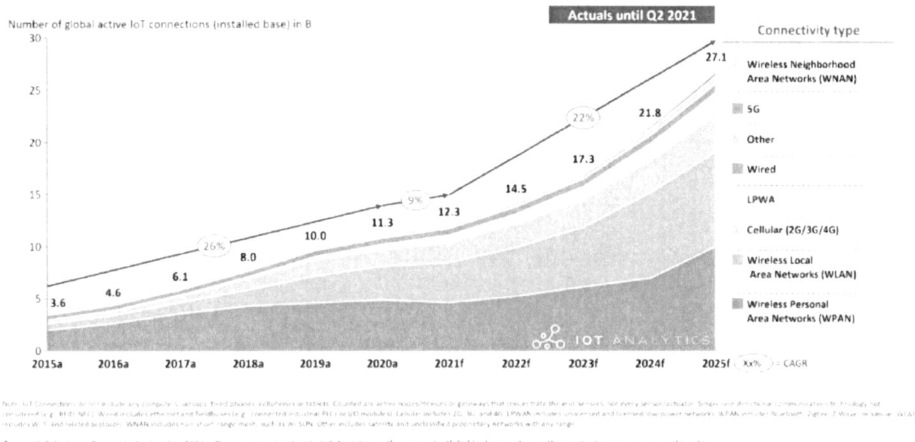

[그림 56] 글로벌 IoT 시장 예측

특히 셀룰러 기반의 IoT 디바이스는 2021년 상반기에 2억개를 돌파하였으며, 2G/3G 기반의 셀룰러 디바이스의 숫자는 점차적으로 감소하고 있으며, LTE-Cat 1 기반 디바이스가 확대되고 있으며, 내년부터는 5G도 점차적으로 늘어날 것으로 기대된다.

2020년 LPWA 시장을 살펴보면, 비면허대역의 LoRa와 Sigfox의 시장 점유율이 53%, 면허대역의 NB-IoT와 LTE-M이 47%를 차지했으나, 2021년에는 면허대역의 LPWA 디바이스의 숫자가 증가하여 면허대역을 사용하는 디바이스가 54%, 비면허대역을 사용하는 디바이스가 46%를 차지하고 있다. NB-IoT 네트워크가 1위로 LPWA 시장의 44%를 차지하고 있으며, LoRa 네트워크가 37%를 차지하고 있으며, 향후 5년간 NB-IoT와 LoRa가 시장을 주도할 것으로 예상된다.58)

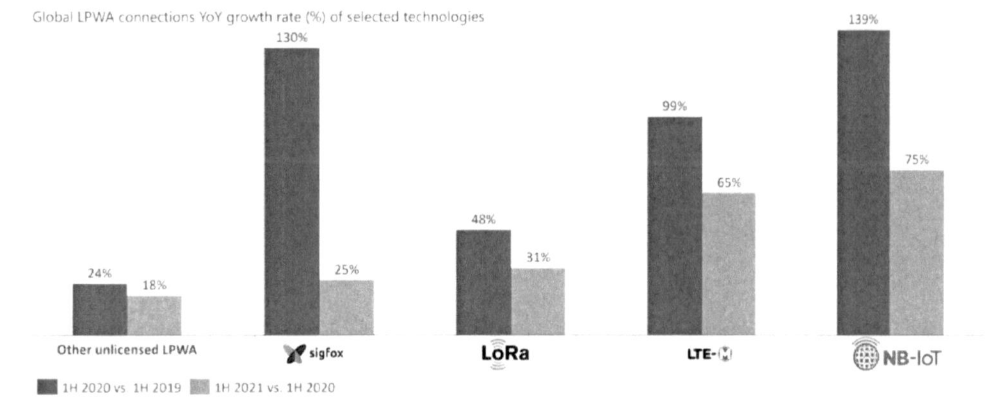

[그림 57] 글로벌 LPWA 연결

---

58) 2021년 전세계 IoT 디바이스는 123억개로 확대, daliworks

3) 기술 동향[59]

　IoT용 스마트센서의 소재 기술 관련하여, 순수 실리콘 재질이 아닌 실리콘 화합물 소재 센서 개발이 진행 중이다. 순수 실리콘의 경우 고온·고압 등 극한 환경에서 물성이 견디기 어려워 석유·가스, 에너지, 팩토리, 국방, 항공 우주 등에서는 적용이 어렵다는 단점이 있다. 온도센서 는 가스발굴용 275℃, 가솔린 엔진 300℃, 지역발전소 375℃, 가스 및 항공엔진에는 600℃를 견디는 센서가 필요하기 때문이다. 또한, 크기의 축소, 고집적화에 따른 발열 문제 등을 해결 하기 위해 실리콘 이외 소재의 적용이 필요한 상황에서 탄화수소(SiC) 소재는 실리콘 대비 절 연파괴 전계강도가 10배 높아, 전기차, 전력그리드, 전력반도체 시장에 적용될 것으로 전망된 다.

　다양한 사물에 탑재되는 센서의 경우, 작을수록 유리하며, 이에 따른 소형화 및 집적화 기술 개발이 활발히 진행되고 있다. 최근 반도체 미세공정의 진보와 함께 MEMS 기술이 적용되어 센서의 크기가 점차 감소하는 추세로, 2009년 대비하여 2020년에는 1/9 수준으로 감소되었으 며, 2×2×1mm의 초소형으로 개발이 진행중이다. 이처럼 센서의 크기가 감소함에 따라, 다양한 소스의 감지 데이터를 결합할 수 있으며, 이를 통해 정확한 정보를 생성하는 복합 센서 모듈 의 개발이 진행 중이다.

　초기 단말기는 센서 신호의 전송에 클라우드 기능을 적용하였으나, 최근에는 보안, 장애 대 응 등을 위해 클라우드에서 단말기기로 컴퓨팅 기능이 분배되는 엣지 컴퓨팅 기술이 확산되고 있다. 또한, 컴퓨팅 파워의 집적화를 통해 디지털 신호처리회로도 단일 패키지에 집적화하여 데이터 전송을 감소시키는 등 소형, 저전력, 다기능화를 위한 특징을 가진다.

　지능형 알고리즘이 적용된 지능형 센서는 센싱 기능과 더불어 통신, 데이터 처리 및 인공지 능 기능까지 갖춘 센서로 상황인식, 분석, 추론이 가능한 인공지능 알고리즘이 추가되어 센서 에서 생성되는 데이터를 클라우딩 방식이 아닌 실시간으로 처리 가능한 기술이다. 스마트기기 용 스마트센서 알고리즘은 모바일 기기와 연결된 알고리즘, 전자피부 등의 웨어러블 기기용 센서, 제어, 판단, 통신, 오감인지 등의 기능을 포함한 알고리즘이 개발되고 있으며, 스마트홈 용으로 온도, 습도, 진동, 소음, 접촉, 터치, 압력, 음향, 카메라, 조도, 색감, 가속도 등 일반 가정 내부의 환경 등을 복합적으로 분석하는 알고리즘이 개발되고 있다. 또한, 스마트카 및 스마트팩토리, 스마트 시티 등에 적용되는 다양한 정보 복합센서를 구성하고, 이를 구동할 수 있는 알고리즘도 개발되고 있다.

　스마트센서 플랫폼은 스마트센서 모듈, 센서 통신 네트워크, 클라우드 서버, 응용 서비스로 구성된다. 스마트센서 플랫폼은 다종·다수의 지능형 센서들의 측정 데이터를 통합하여 다양한 분야에서 데이터 시각화, 모델 구축 및 예측 서비스를 제공하는 데 공통으로 필요한 기술 요 소이다.

---

59) 유망시장 Issue Report 스마트센서, 연구개발특구진흥재단, 2021.08

스마트 센서는 기존의 원격 측정만이 가능했던 센서 소자에서 벗어나 다수의 센서 노드가 조직적으로 설치되며, 단순 센서 측정 데이터뿐만 아니라 센서 간의 상관관계를 통해 상황인지, 추론, 판단을 가능하게 하는 알고리즘까지 내장하는 형태로 발전 중이다. 초기 단순 데이터 수집하는 플랫폼에서, 응용 서비스별 데이터 수집 모델을 지원하는 플랫폼으로 변화되고 있다.

센서 통신의 경우에는 저전력 장거리 통신이 필수로 LTE-M, NB-IoT, LoRa, SIGFOX 등이 적용되고 있다. LTE-M, NB-IoT는 초기 투자비용이 낮은 반면, 지속적인 통신 사용료 및 데이터 보안이 단점이다. LoRa, SIGFOX는 반대로 초기 구축비용은 높으나, 사설망으로 데이터 보안에 강점을 가진다. SK텔레콤은 LoRa를 활용한 서비스를 사업화했다.

유연/신축 소재의 새로운 폼팩터 기술 개발을 위해 첨단소재와 공정기술을 접목하여, 곡면에 부착 가능하거나 신축 가능한 기술 개발이 진행되고 있는데, 인체 부착을 통한 웨어러블 기기, 헬스케어 분야에 적용이 가능하다는 장점이 있다. 임페리얼 칼리지 런던(Imperial College London)의 연구진은 질병을 조기에 진단할 수 있는 랩-온-칩(Lab-on-chip)을 개발하기도 했다. 카트리지를 CMOS 칩 상으로 일련의 ISFET 센서들이 탑재된 랩-온-칩디바이스로 집어넣으면, 센서는 마이크로 컨트롤러로 연결되고 마이크로 컨트롤러는 블루투스를 통해 클라우드나 스마트폰 앱으로 데이터를 전송하게 된다.

한국 국토교통부는 건설사업정보시스템(건설CALS)에서 보유 중인 데이터와 외부 관련 정보를 연계해 과적차량을 단속할 위치를 찾아내는 기술을 개발했다. 이는 과적단속 최적 위치와 시기 예측을 통해 과적단속정보와 교통량, 기상정보, 산업단지 정보 등을 분석하고, 분석 결과를 바탕으로 과적차량이 지날 수 있는 확률이 높은 지역을 예측해 이동식 단속반의 단속 위치를 안내한다. 또한 과적차량이 단속을 회피하고 우회하는 것을 방지하기 위해 DTG(디지털운행기록계) 정보 등을 분석해 단속위치 주변의 우회로 중 우회 가능성이 높은 우회로를 안내할 수도 있다.

라. 센서

1) 기술 개요[60]

센서(Sensor)란, 측정 대상물로부터 압력, 가속도, 온도, 주파수, 생체신호 등의 정보를 감지하여 전기적 신호로 변환하여 주는 장치(device)를 의미한다. 즉, 인간이 오감을 통해 주위 환경을 인지하고 파악하는 것처럼 다양한 전자기기는 센서를 통해 정보를 취득하고 분석하므로 센서는 전자기기의 감각기관 역할을 수행한다고 할 수 있다.

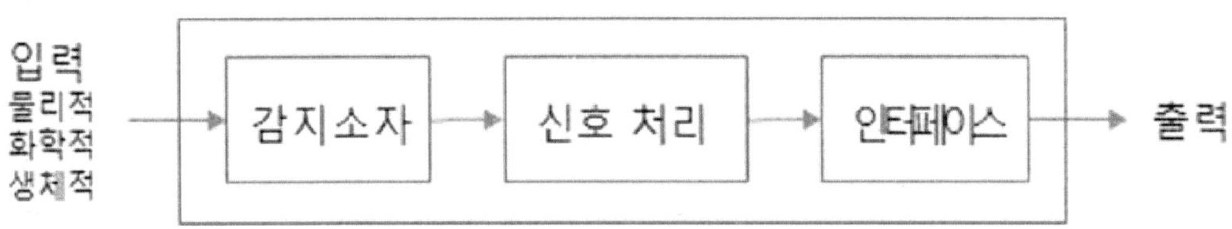

[그림 58] 센서의 기본 구조

센서는 감지대상, 동작방식, 재료, 구현기술 및 집적도에 따라 다양 하게 분류되며, 목적에 맞는 기준으로 혼용하여 사용한다.

구분	내용
감지대상별	물리센서(힘, 온도, 전자기, 광학 등), 화학센서(가스, 이온, 수질 등), 바이오센서
감지방식별	저항형 센서, 용량형 센서, 광학식 센서, 자기식 센서
집적도별	단순센서, 전자식 센서, 디지털 센서, 지능형 센서
구현기술별	반도체 센서, MEMS 센서, 나노센서, 융복합센서
적용분야별	자동차용, 모바일용, 가전용, 환경용, 의료용 등 [61]

[표 14] 센서의 분류

센서는 기기가 더 스마트하고, 안전하고, 환경 친화적이면서 쉽게 사용할 수 있는 기반을 제공하며, 계측기기, 자동차, 모바일기기, 가전기기, 의료 기기, 국방·보안기기, 환경기기, 산업기기 등 다양한 분야에 적용되고 있다.

---

60) 센서산업과 주요 유망센서 시장 및 기술동향, ETRI, 2015.05.15
61) 출처: IoT 시대에 주목받는 스마트 센서 유망분야 시장전망과 개발동향, CHO Alliance(2015)

최근 인간과 기기간의 상호작용이 증가되면서 기기의 첨단화, 스마트화가 가속화 되고 있으며, 이에 따라 센서도 소형화, 복합화, 지능화가 추구되고 있다.

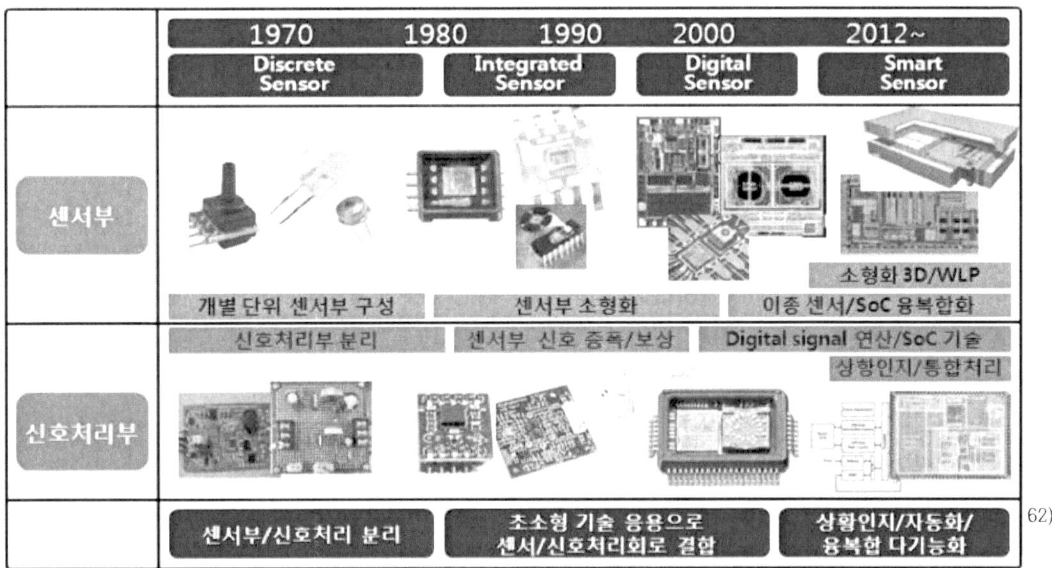

62)

[그림 59] 센서의 진화방향

대표적인 예로는 MEMS(Micro Electro Mechanical System: 미세전자기계시스템)를 들 수 있다. MEMS를 토대로 센서는 더욱 소형화되고 있으며, 단일센서 모듈→복합센서 모듈→one-chip 복합 센서로 복합화가 진전되고 있으며, 가상·증강현실과의 결합으로 지능화된 서비스를 제공하고 있다.

센서산업은 센서 제조를 위한 소재산업, 소재를 이용하여 고유 기능이 구현된 소자산업, 여러개의 소자를 사용하여 조립한 모듈 및 시스템형 산업을 포함한다. 센서는 최종재화로써 사용되기보다 특정 어플리케이션을 제공하기 위해 정보를 취득, 센싱하는 도구로써 중간재 성격을 가지므로 전형적인 부품산업으로 볼 수 있다.

센서는 칩, 패키지, 모듈, 시스템의 단계를 거쳐 대부분의 산업에 활용된다. 그 중, 칩 생산이 중요하며, 패키지, 모듈은 활용산업의 혁신제품 개발에 영향을 미친다. 센서는 대부분 세트제품의 기능을 다양화, 첨단화 시키는 핵심요소로, 인간과 기기의 원활한 인터페이스를 위해 반드시 필요하다. 또한, 응용분야에 따라 재료기술, 설계기술, 공정기술 등이 다르기 때문에 글로벌 전문기업 육성에 적합하며, 주로 대기업인 수요기업과의 상생 협력이 중요한 분야라고 할 수 있다.

---

62) 출처: 지식경제부(2012), "센서산업 발전전략" 보도자료

	소재 (Material)	소자형 (Device)	모듈형 (Module)	시스템형 (System)
그림				
설명	기본재료	소재를 사용하여 고유 기능이 구현된 것. 부품이라고도 함	복수의 부품(소자)을 조립한 특정 기능을 가진 조그만 장치(부품과 제품의 중간적 존재)	복수 센서, 입출력 장치, 제어장치 등이 유기적으로 결합 작동되는 장치 (최종 제품이 많음)
종류	실리콘기판 유리기판 세라믹기판 Au, Ag, ZnO CNT 등	- 센서 칩 - 센서 IC - 가속도센서 - 압력센서 - 온도센서 등	- 압력센서모듈 - 습도센서모듈 - 가스센서모듈 - 충격센서모듈 - 인체감지센서모듈	- 타이어압력모니터링 - 레이더센서 - 캡슐내시경 - 수질모니터링 - 적외선카메라 등

[그림 60] 센서 산업의 범위

  최근 다양한 형태의 센서가 여러 산업부문에 적용되어 활용 되고 있으며, IoT 시대의 도래에 따라 산업적 활용도는 대폭 증가할 전망이다. 산업별 활용도가 높은 주요 센서는 다음과 같다.

산업분야	활용도 높은 주요 센서
소비, 가전	온도/습도 센서, 진동/소음 센서, 접촉/터치/압력센서, 마이크로폰, 카메라 근접/조도/색감 센서, 가속도 /지자기계/자이로스코프, IR동작/체온 센서 등
의료, 건강	체온센서, 혈압계, 심전도, 심박센서, 뇌파센서, 당뇨센서, 지문, 홍채인식 센서 등
항공	항법장치(GPS 등), 기온/습도/풍속/ 풍향센서, 레인센서, 라이다, RF/Laser 기반 고도센서 등
자동차	흡/배기 가스센서, 유량센서, 공기압 센서, 온도/습도 센서, 마이크로폰, 카메라, 레인센서, 라이다 등
가정, 빌딩	이산화탄소, 미세먼지, 황사감지 센서, 가스/연기/화재감지, 카메라, 적외선, 음향, 진동감지, 동작, 압력센서 등
도시, 환경	기압/온도/습도, 일조량/적외선/자외선, 황사/먼지/오존 감지 센서, 농약, 독성 검출 등

[표 15] 산업별 활용도가 높은 주요 센서

64)

---

63) 센서산업 고도화를 위한 첨단센서 육성사업 기획보고서, 지식경제부(2012)
64) 출처: LGERI 리포트, 2014년 5월

2) 산업 동향[65]

① 모션센서

모션 센서는 전통적인 강자인 미국의 인벤센스(Invensense), 하니웰(Honeywell), 유럽의 ST 마이크로일렉트로닉스(STMicroelectronics) 등이 주도하고 있어, 전세계 중소·중견기업의 글로벌 시장 진입이 쉽지 않은 상황이다.

미국의 인벤센스와 하니웰은 각각 MEMS(Micro Electro Mechanical System) 공정 기반의 모션 트래킹 센서(HG1120CA50) 및 IoT용 고성능 센서를 출시했다. 인벤센스는 2019년 스마트폰 특화 계산을 지원하며 증강현실(AR) 게임을 가능하게 하는 진화된 소비자 가전기기에 쓰이는 6축과 9축 모션센서를 주력으로 공급하고 있으며, 하니웰은 2019년 MEMS 공정기반 IoT용 고성능 9축 센서를 개발했으며, 이는 500 deg/sec의 각속도 측정 범위 및 16G의 가속도 측정 범위를 가진다.

일본의 TDK(Tokyo Denki Kagaku)는 2017년 관성 센서 선도기업인 Invensense를 인수하여 스마트폰 부품 전문업체로 변모하였고, 덴소(DENSO)는 2020년 높은 민감도를 가지는 MEMS 자이로를 개발했다. 덴소는 2020년 5x6.5 mm 크기의 칩 내에 정합 사다리 구조의 형태로 개발하여 오차에 둔감하고, 120,000 Q-Factor 및 높은 바이어스 안정도를 보인다고 발표했다.

중국의 랴오닝(Hanking)은 2020년 6축(3축 자이로+3축 가속도) 구조를 갖는 HKE21100 관성 센서 등 다양한 제품을 출시하고 있다. HKE21100 관성센서는 1.71V의 낮은 전원으로도 작동 가능하며, -40℃에서 85℃의 온도 범위에서 작동한다.

국내에서는 ETRI, KIST, 연세대 등 연구기관에서 센서를 개발하는 단계로, 기업의 경우 솔루션 개발 수준으로 상용수준의 센서 부품을 판매하는 단계에는 도달하지 못했다. ETRI는 2018년 고무형 복합소재를 활용하여 신체의 움직임을 감지하는 모션센서를 제작하고, 혈압 및 심장 박동 수를 실시간 감지하는 촉각 센서 모듈 제작에 성공했다. KIST는 2018년 광섬유 센서를 이용하는 착용형 인체 모션 캡처링 센서 시스템을 개발하였으며, 구부러짐 및 비틀림 각도 등을 실시간으로 측정이 가능하다. 스탠딩에그는 2016년 전력을 적게 소모하고 정확한 센싱 정보를 가지는 모션 센서 솔루션(6축 혹은 9축 센서 퓨전 알고리즘)을 개발했다. 이 외에도 유비트로닉스, 신성 사운드모션(신성 CNT 의 자회사) 등의 중소기업이 가속도 및 각속도 센서를 포함한 관성 센서 기술 및 제품을 연구개발하고 있다.

② 터치센서

터치 센서는 저가화로 인해 업체별 자체 센서 개발이 아닌 패널·디스플레이와 결합하여 모듈화 및 SoC(System-on-Chip)화하는 추세로 글로벌 시장이 변화하고 있다.

---

65) 스마트디바이스용센서, KISTEP 기술동향브리프, 한국과학기술기획평가원, 2021

미국의 유니픽셀(Uni-Pixel)은 플렉시블 터치센서(제품명 InTouch)를 개발하였고, 시냅틱스 (Synaptics)는 CES 2020에서 고성능 터치스크린 컨트롤러 제품을 공개했다. InTouch는 2018년 대표적인 UI(User Interface) 센서인 터치 센서에 금속 메쉬(mesh)구조 및 인쇄공정 을 기반으로 멀티 터치, 방수 터치, 리모트 제스처 인식 등의 신기능을 추가했다.

스웨덴 센서 전문 기업인 핑거프린트(Fingerprints)는 2021년 스마트폰용 터치 센서인 FPC 1542 및 FPC 1541를 출시했다. FPC 1542는 곡면형 센서를 이용해 설계 유연성을 높이고 유저 편의성을 크게 개선함과 동시에 스마트폰 디자인 미관을 보완할 수 있다. FPC 1541은 측면 장착용 초슬림 센서로 편리하고 안전한 인증 방식이 필요한 폴더블폰 등 다양한 최신 스 마트기기의 자유로운 설계를 가능하게 한다.

중국의 구딕스(Goodix)는 2017년 세계 최초로 스마트폰용 화면 내장형(in-display) 초박형 지문인식 모듈을 공개하여 디스플레이와 합쳐지는 방향성을 제시했다. 본 모듈은 고도로 발달 된 지문 솔루션을 기반으로 한 딥 러닝 알고리즘으로 구동되며, 완속 출력 소비를 60% 줄이 고 유저 편의성을 대폭 개선했다.

국내에서는 지니틱스, 드림텍, 크루셜텍 등 중소·중견기업 위주로 국내기업의 수요에 대응하 는 수준으로 모듈화한 제품을 판매하고 있고, 글로벌 시장의 매출 확대를 기대하고 있다. 지 니틱스는 웨어러블 초저전력 터치 IC 시장 세계 1위 기업으로 2018년 2,048x2,560의 높은 해상도를 지원하며, 낮은 소비전력을 가지는 정전식 센서 BT431/BT432를 출시했다. 드림텍 및 파트론은 모두 정전식 지문인식센서를 국내외 기업에 판매하고 있으며, 최근에는 대만 이 지스텍의 광학식 지문인식센서를 모듈로 가공하여 내장형 광학식 지문인식센서(FoD· Fingerprint on Display) 형태로 제품 및 양산라인을 수정했다. 크루셜텍은 MWC 2018에서 여러 개 지문을 동시에 인식할 수 있고, 전체 화면 지문인식이 가능하며 디스플레이 패널 타 입과의 높은 호환성을 가지는 정전식 일체형 DFS(Full Display Fingerprint Solution)를 선 보였다.

③ 이미지센서
이미지 센서는 일본 주도로 성장했으나 가격우위에 있는 CMOS 공정 확산으로 한국이 일본 을 추격하며 일본과 한국이 양강 구도를 형성하는 가운데, 중국이 최근 급부상하고 있다.

미국에서는 온세미컨덕터(ON Semiconductor) 외에 마이크로소프트(Microsoft) 및 퀄컴테크 놀러지(Qualcomm Technologies)에서 스마트 디바이스용 센서 개발을 수행하고 있다. 자동 차용 이미지 센서 시장을 석권하고 있는 온세미컨덕터는 2020년 가상·증강현실용 헤드셋에 활용 가능한 이미지센서 제품(AR0234CS)를 공개했으며, MS는 모바일 기기에 장착이 가능하 며 글로벌 셔터 기술을 지원해 빠른 제스처를 정확하게 인식할 수 있는 제스처 인식용 센서 수광칩을 2018년 ISSCC 학회에서 발표했다. 퀄컴은 2018년 오스트리아 마이크로 시스템즈 (austriamicrosystems, ams)와 공동으로 3D 센싱이 가능한 모바일용 3D심도감지 솔루션과 플랫폼을 개발했다.

일본의 소니(SONY)는 인공지능 기술이 적용된 높은 보안 기술을 탑재한 이미지센서 신제품 'IMX500' 발표했다. 이는 세계 최초로 이미지 센서에 AI 시스템이 통합되는 형태로 자동 초점 시스템 및 트래킹 등의 기능이 구현되며 1,230만 화소를 지원한다.

유럽의 ST마이크로일렉트로닉스는 2020년 머신 러닝 기능을 갖춘 관성센서(LSM6DSOX, iNEMO) 및 고속 이미지 센서(VD56G3) 를 발표하여 스마트기기 제품 라인업을 형성하고 있다. ST마이크로일렉트로닉스의 센서는 머신 러닝 모듈을 내장하고 저전력.초소형을 구현함과 더불어, FSM(Finite State Machine)을 내장하여 모션, 탭, 자유낙하, 흔들림 등 다양한 동작을 칩 내에서 별도의 프로세서 없이 인식할 수 있다는 장점이 있다.

중국의 웨이얼반도체가 2019년 인수한 옴니비전(Omnivision)은 2020년 OV64B를 출시하였고, 스마트센스(SmartSens)는 2~13MP의 카메라 센서인 CS Series를 발표했다. OV64B는 64MP화소에 0.7µm의 피치를 갖췄고, 이는 업계 선두권인 일본과 한국 기업의 제품과 유사한 수준이다. 2020년 공개된 CS Series는 기존 동일한 제품 사양 대비 노이즈를 30% 이상 감소시키고, 초저전력 구동이 가능하도록 하는 회로 설계 방법으로 제작되었다.

국내에서는 삼성전자, LG이노텍, SK하이닉스 등 대기업을 필두로 최신 제품을 개발하고 세계 시장을 선도하는 중이며, 중소기업들도 내수시장 일부를 선점하고 성장하는 중이다. 삼성전자는 2021년 업계 최초로 픽셀을 대각선으로 분할하는 '듀얼 픽셀 프로' 기술이 적용된 아이소셀 GN2를 출시하였다. 본 모델은 기존 제품 대비 픽셀 크기가 0.2µm 커짐에 따라 빛을 받아들이는 면적이 약 36% 증가해 더욱 밝고 선명한 이미지를 촬영할 수 있다는 장점이 있다. LG이노텍은 2019년 피사체의 3D Depth Sensing이 가능한 초소형 모바일 안면인식용 카메라 모듈을 개발하여 기존 터치 방식을 대신해 디지털 기기의 편의성을 획기적으로 개선하고, 브랜드 '이노센싱(InnoXensing)'을 론칭했다. SK하이닉스는 2014년에 실리콘화일을 완전히 인수하고, 이후 2017년부터 고화소 시장 진출을 위해 300mm 공정을 setup하였으며, 2018년에 1,300만화소 제품을 출시했다. 캠시스는 삼성전자의 주요 플래그십 스마트폰 '갤럭시노트 20', '갤럭시Z폴드 2' 등 전면 1,000만 화소 모듈과 일반 모델 후면의 1,200만 화소 초광각 모델 들을 공급했다.

3) 기술 동향[66)

가) 재료

글로벌 센서시장은 2019년부터 2025년까지 연평균 7.7% 성장하여 2025년까지 약 1,200억 달러에 이를 것으로 예상된다. 센서의 재료는 실리콘·세라믹·금속·고분자 등 수천 가지로 다양하지만, 실리콘이 40%를 차지하며 재료시장을 주도할 전망이다.

그 외는 세라믹·금속·고분자 등 수천 가지 재료가 나머지 시장을 분할하고 있다. 가스센서는 고온에서 특정가스에 반응하는 재료로 개발되고 있으며 팩토리의 온도센서는 측정온도에 따라 백금, 철, 구리 등 다양한 재료를 사용하고 있다.

순수 실리콘은 고온·고압·고전력의 환경에서 물성이 견디기 어렵기 때문에 석유·가스, 에너지, 팩토리, 국방, 항공우주 등 극한환경 산업에서는 적용에 무리가 있다. 온도센서의 경우, 가스발굴에 275℃, 가솔린 엔진은 300℃, 지열발전소는 375℃, 가스 및 항공엔진에는 600℃를 견디는 센서재료가 필요하다. 이에 극한 환경에서도 견딜 수 있어 경제성 있는 실리콘 화합물 재료를 활용한 센서개발이 주목을 받고 있다.

탄화규소(SiC) 등과 같이 물성이 우수한 실리콘 화합물 재료가 사업화된다면 전기차 및 태광 등의 전력반도체용 재료는 물론 극한한경의 센서재료로도 사용이 확대될 가능성이 있다.

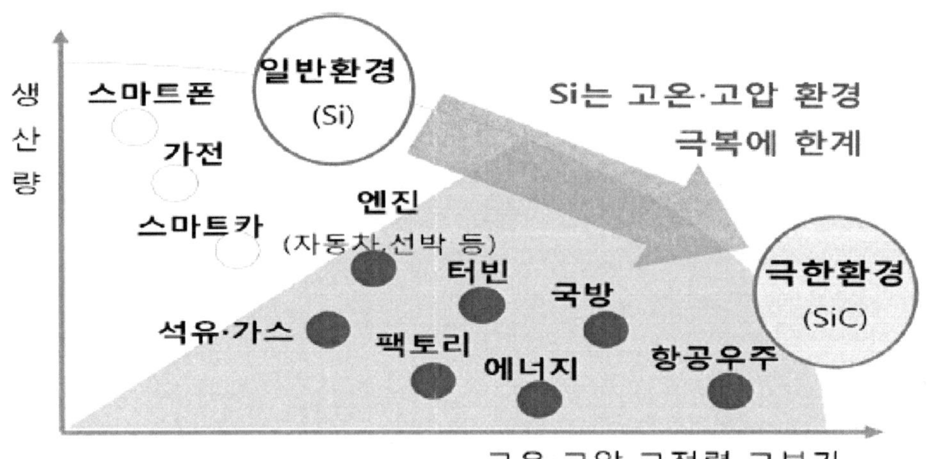

[그림 61] Si 및 SiC 센서의 응용범위

---

66) Trillion 센서 시대, 스마트 센서 시장의 3대 트렌드는? POSRI 이슈리포트, 2018.1.11

나) 종류

센서는 인간의 오감을 보완하는 방향으로 발전할 것으로 전망된다. 따라서 시각과 관련된 센서가 대세가 될 것으로 예상된다. 특히 자율주행차 등 제조부문 외에 다양한 서비스 영역에서 스마트화를 위해 시각센서 기반 시스템 도입이 확대 될 것으로 보인다.

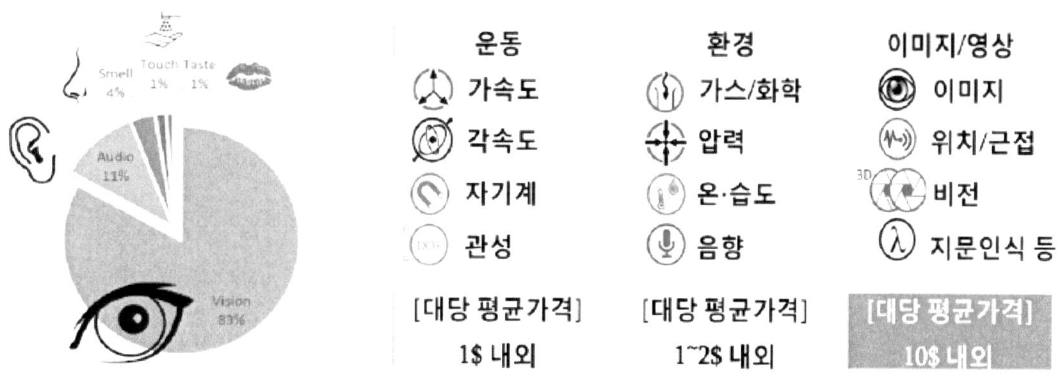

[그림 62] 인간의 오감과 외부인지 비중(좌), 센서종류별 평균 가격(우)

자율주행 시스템을 위해서는 첨단운전자 보조시스템(ADAS) 등의 기술이 사업화되어야 하며 시각 기반 센서기술이 핵심이라고 할 수 있다. 2021년 ADAS시장이 370억 달러 규모로 성장하고 센서시장이 전체 시장의 56%를 차지할 것으로 전망된다.

서비스업에서도 스마트화 전환이 가속되고 있으며, 이미지 및 영상센서를 기반으로 하는 시스템 도입이 확대 중에 있다. 보험사는 사고 발생 시에 직원을 파견하지 않고 사고차량 영상을 분석하여 손해율을 자동으로 산정하고 있으며 국제공항은 영상인식을 기반으로 출입국 관리 시스템을 빠르게 도입하고 있다. 매장에서는 영상분석을 통해 이상고객을 자동으로 모니터링하는 센서 시스템 도입을 확대하고 있다.

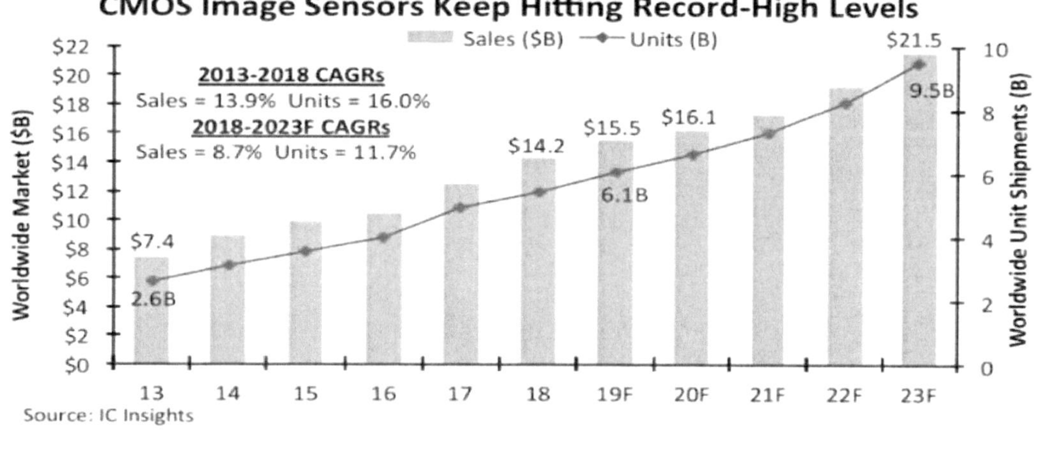

그림 63 세계 CMOS 시장 규모추이

센서 중 높은 성장세를 기록하고 있는 이미지 센서는 대표적인 시스템반도체다. IT기기 안에서 눈과 같은 역할을 하는데 마치 사람이 눈으로 본 빛을 뇌로 전달하듯 카메라 렌즈를 통해 들어온 빛을 디지털 신호로 변환해 이미지신호처리장치(ISP)로 전송하는 역할을 한다.

스마트폰에 여러 개의 카메라를 채용하는 것이 대세가 되면서 이미지센서 수요도 늘고 있다. 전체 매출액 61%는 스마트폰용 이미지센서 판매에서 나온다. 제품 활용도는 지속 확산 추세다. 자동차용, 의료과학용, 보안 카메라용, 산업용 이미지 센서가 2023년까지 각각 연평균 29.7%, 19.5%, 16.1% 씩 늘어날 것으로 보인다.

소니는 이미지센서 시장에서 50% 넘는 점유율로 독보적 1위를 하고 있으나 최근 삼성전자가 2030년 시스템반도체 1위 비전을 내걸며 바짝 뒤쫓고 있다.

다) 부가가치

 HW업체들이 경쟁적으로 설비투자를 확대하면서 센서시장은 메모리 및 시스템 반도체 시장의 역사를 따라갈 것이며 범용화 추세는 지속될 것이다. 범용센서는 메모리 반도체 시장과 같이 설비투자 경쟁에서 승리한 소수 업체 중심으로 과점화될 것이며 주문센서는 시스템 반도체 시장과 같이 센서설계업체와 위탁생산업체 (Foundry)가 공존하는 생태계를 조성할 것이다.

 기존 HW 강자들의 부가가치는 감소, 업계 주도권은 센서 솔루션을 보유하거나 시스템 설계가 가능한 SW업체로 이동할 것으로 전망된다. 대신 다양한 센서에서 취합된 데이터를 저장-분석-처리하는 Unit 및 솔루션을 개발하는 SW업체의 위상이 강화될 것이다.

 따라서 다양한 이종기기에서 발생되는 이종센서의 데이터를 통합하고 고객을 위한 정보로 전환하는 센서융합(Sensor Fusion) 같은 SW 기술이 중요하고 다양한 센서의 플랫폼 운영사, 예를 들면 스마트폰이나 자율주행차 Maker들은 플랫폼에 어떤 센서를 사용힐 것인지 결정권을 행사하기 때문에 업계를 주도할 가능성이 높다.

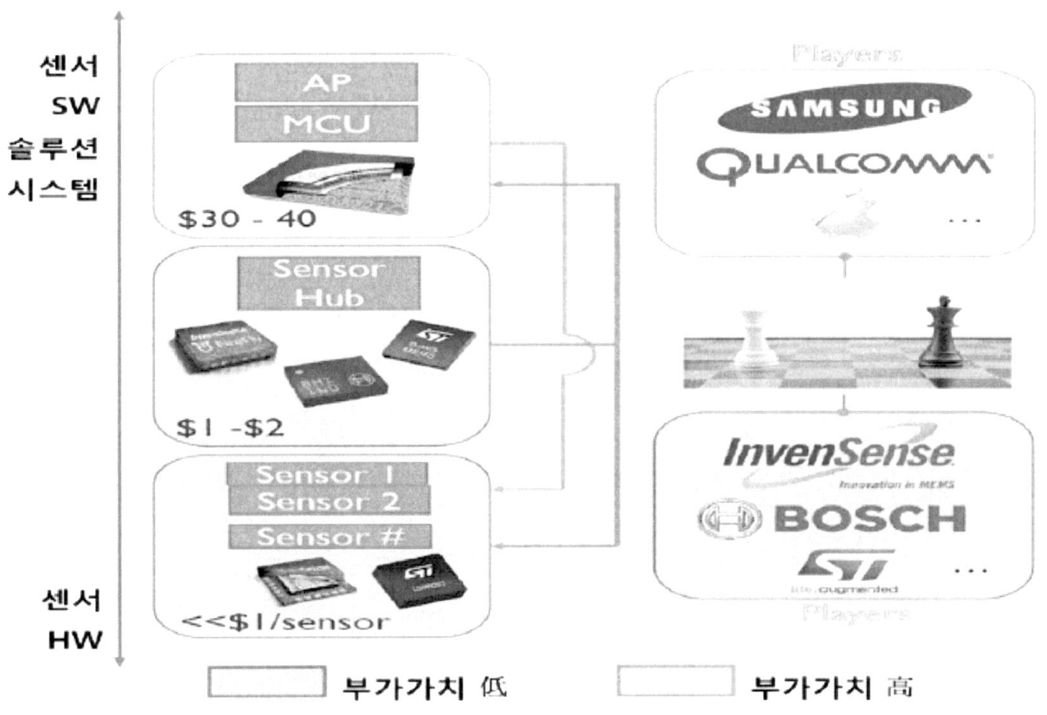

[그림 64] 센서 밸류체인 및 부가가치 비교

마. 3D 프린팅

1) 기술 개요

3D프린팅이란 삼차원형상을 구현하기 위한 전자적 정보(삼차원 도면)를 자동화된 출력장치를 통하여 입체화하는 활동을 의미하며 종이에 글자를 인쇄하는 기존 프린터와 비슷한 방식으로 글자가 아닌 입체 모형을 만드는 기술이므로 '3D프린팅'이라고 명명되었다.

3D 프린팅은 디지털 디자인 데이터를 이용, 소재를 적층하여 3차원 물체를 제조하는 프로세스로 재료를 자르거나 깎아 생산하는 절삭가공과 대비되는 개념이다. 공식용어는 적층제조(AM: Additive Manufacturing), 쾌속조형(RP: Rapid Prototyping)이다.

① 쾌속조형(RP: Rapid Prototyping)

3D 프린팅은 3차원 CAD에 따라 생산하고자 하는 형상을 레이저와 파우더 재료를 활용하여 신속 조형하는 기술을 의미하는 RP(Rapid Prototyping)에서 유래되었다. RF는 1986년에 탄생된 말로 '쾌속 조형법'이라고도 불린다.

쾌속조형은 각 단면을 일정 두께의 층으로 화학적, 물리적 방법으로 적층하여 3차원 형상을 만드는 공정으로 이러한 적층 방법을 사용하면 어떤 재료로 어떤 모양이라도 만들 수 있는 장점을 가지고 있다.

쾌속조형으로 제품을 생산하려면 제작하고자 하는 제품의 데이터가 필요한데, 일반적인 제품은 컴퓨터를 사용한 자동설계나 CAD(Computer Aid Design) 등을 이용해 데이터를 만들며, 기존에 존재하는 형상의 복제품을 만들 경우에는 3d 스캐닝 기술을 이용해 제품의 데이터를 구현한다.

② 적층제조(AM: Additive Manufacturing)

적층제조란 설계 데이터에 따라 파우더(석고나 나일론 등의 가루)나 플라스틱 액체 또는 플라스틱 실을 종이보다 얇은 0.01~0.08㎜의 층(레이어)으로 겹겹이 쌓아 입체 형상을 만들어내는 방식을 말한다.

이때, 레이어가 얇을수록 정밀한 형상을 얻을 수 있고, 채색을 동시에 진행할 수 있다. 적층 방식은 압출, 잉크젯 방식의 분사, 광경화, 파우더 소결, 인발, 시트 접합 등으로 구분되며 활용 가능한 재료는 폴리머, 금속, 종이, 목재, 식재료 등 다양하다.

적층제조법(3D프린팅)은 기존 제조에 비해 여러 가지 장점을 가지고 있어 앞으로 상당한 성장이 예측되는 분야로, 3D프린팅으로 제조된 제품들은 복잡도가 높은 특별한 내부형상, 속이 빈 형상 등을 구현할 수 있고 동일한 강도에 매우 가벼운 구조가 가능하며 복잡도가 높은 제품에 대해서는 기존 제조에 비해 제조비용을 상당히 줄일 수 있는 장점도 가지고 있다.

3D 프린팅 과정은 크게 3D물체의 설계 도면을 만드는 모델링, 원료를 쌓아 올려 물건을 실제로 만들어내는 프린팅, 산출된 제작물에 대한 보완 작업 및 연마, 염색, 표면 재료 증착 등의 마감작업을 하는 마무리 단계로 구분할 수 있다.

① 모델링

모델랑 단계는 CAD와 같은 컴퓨터 그래픽 설계 소프트웨어 등을 이용하여 도면을 작성한 후 STL(Stereolithography) 파일 포맷으로 변환하는 단계이다.

② 프린팅

프린팅 단계는 모델링 단계에서 만든 STL파일을 3D 프린터에서 불러들이면 3D 모델을 가로 방향으로 무수히 많은 얇은 막으로 쪼개어 데이터를 분석하게 되며 재료를 세팅한 후 조형을 시작하는 단계이다.

③ 마무리

마무리 단계는 사용된 재료에 따라 차이가 있지만 조형이 완료되면 완성물의 주변에 붙어 있는 찌꺼기나 부산물을 제거하고 광경화 플라스틱의 경우 완전히 단단해질 때까지 굳히는 과정을 거친 후 표면 청소와 매끄럽게 만드는 작업을 하는 단계로, 마무리단계에서 코팅이 나 페인팅 과정을 거쳐 최종 결과물로 완성된다. 마무리 작업을 해야 하는 이유는 저가의 3D프린터로 인쇄를 하면 표면이 거칠게 나온다는 문제점이 있기 때문이다.

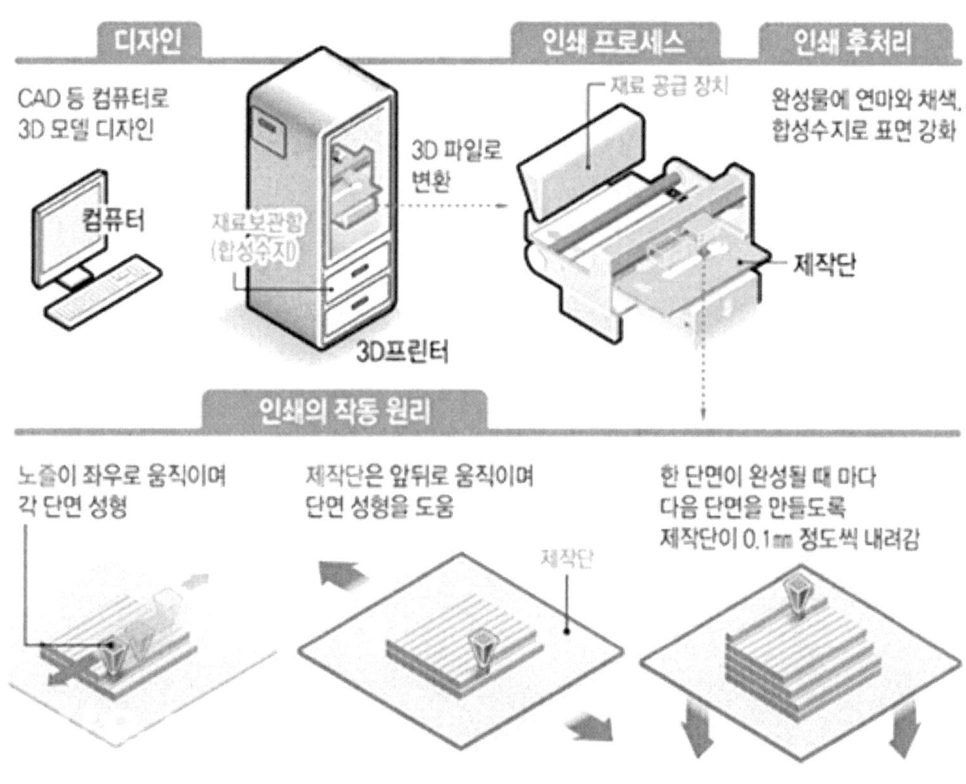

[그림 65] 3D프린팅의 작동 원리

　3D 프린팅의 방식은 크게 액체기반 방식, 파우더 기반 방식, 고체 기반 방식, 선형 분사 방식으로 분류할 수 있다.

① 액체 기반 방식

　액체 기반 방식은 주로 액체 상태의 폴리머 합성수지와 그 외의 합성수지를 이용하여 물체의 모양을 따라 한 층씩 쌓은 후 광경화시키는 과정을 거친다.

　액체 기반의 대표적인 방식은 SLA(Stereolithography Apparatus)로 상업적으로 가장 먼저 도입되었고 아크릴과 에폭시 계열의 광경화성 수지를 레이저를 이용해 쌓아가는 방식으로 정밀도가 뛰어나고 속도가 빨라 원래 형태에 근접하는 정확한 조형이 가능하다는 장점이 있으나 경화 폴리머가 시간이 지나면서 마모될 수 있어 내구성이 떨어진다는 단점이 있다.

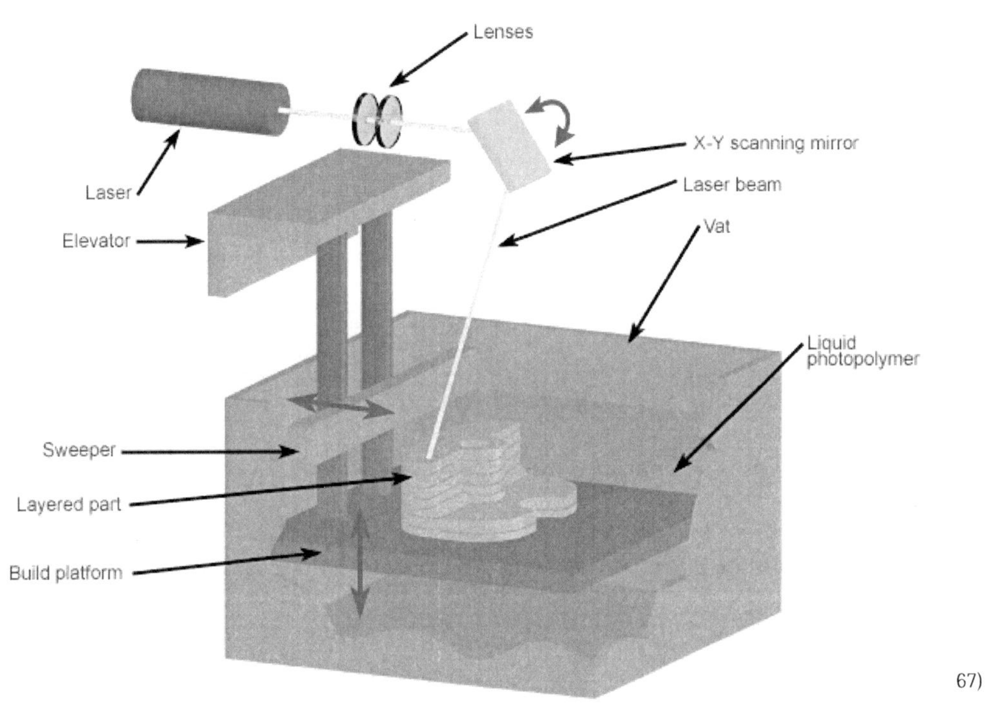

67)

[그림 66] SLA방식의 원리

② 파우더 기반 방식

　파우더 기반 방식은 파우더 형태로 만들어진 합성수지, 금속 원료를 녹이거나 소결하는 과정을 거치는 방식으로써 SLS(Selective Laser Sintering)가 대표적이다. 파우더 기반 방식은 합성수지에서 금속, 세라믹, 나일론, 폴리스틸렌, 폴리카보나이트까지 다양한 원료를 사용할 수 있으며 액체원료의 광경화 과정을 거친 결과물보다 견고하다는 장점이 있다.

---

67) 출처: Custompartnet, http://www.custompartnet.com

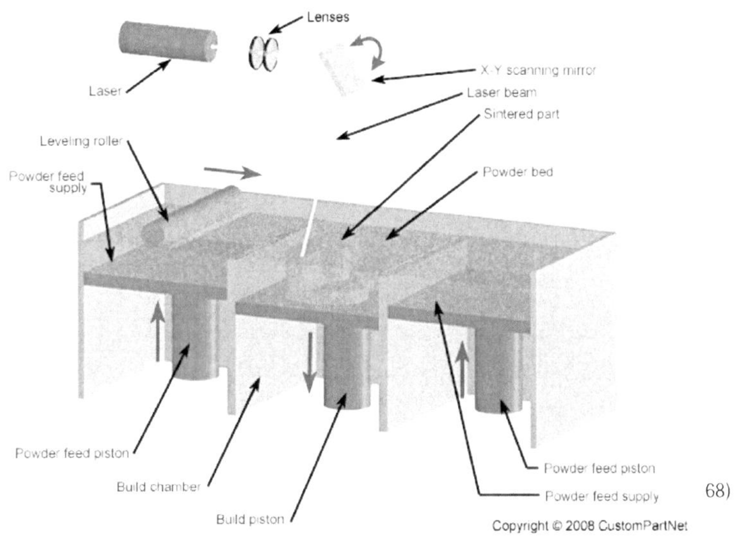

[그림 67] SLS 방식의 원리

③ 고체 기반 방식

고체 기반 방식은 고체 상태의 원료를 자르는 방식(LOM: Laminated Object Manufacturing)과 녹여 쌓는 방식(FDM: Fused Deposition Modeling)이 사용되고 있고, 3D 프린터 방식 중에서 현재 제일 활발하게 개발되고 있다.

고체 기반 방식의 재료는 ABS 등 다양한 재료를 사용하고 재료의 특성상 강도가 강하고 습도에도 강하지만 완성된 조형물의 표면은 가격에 비래 거친 편에 속한다.

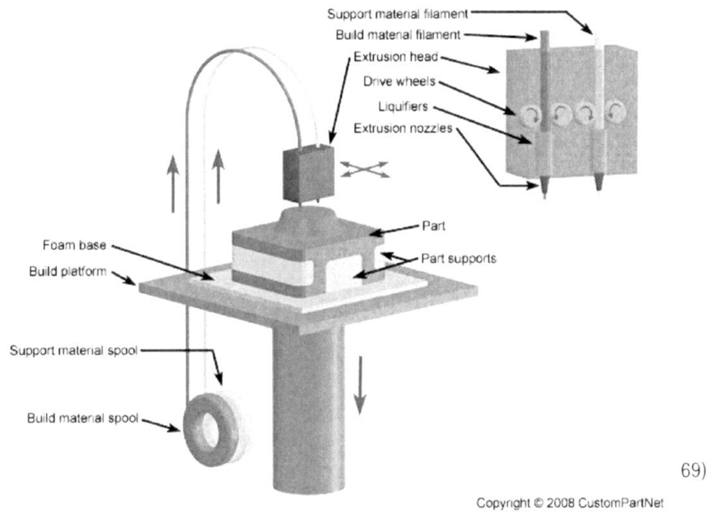

[그림 68] FDM 방식의 원리

---

68) 출처: Custompartnet, http://www.custompartnet.com
69) 출처: Custompartnet, http://www.custompartnet.com

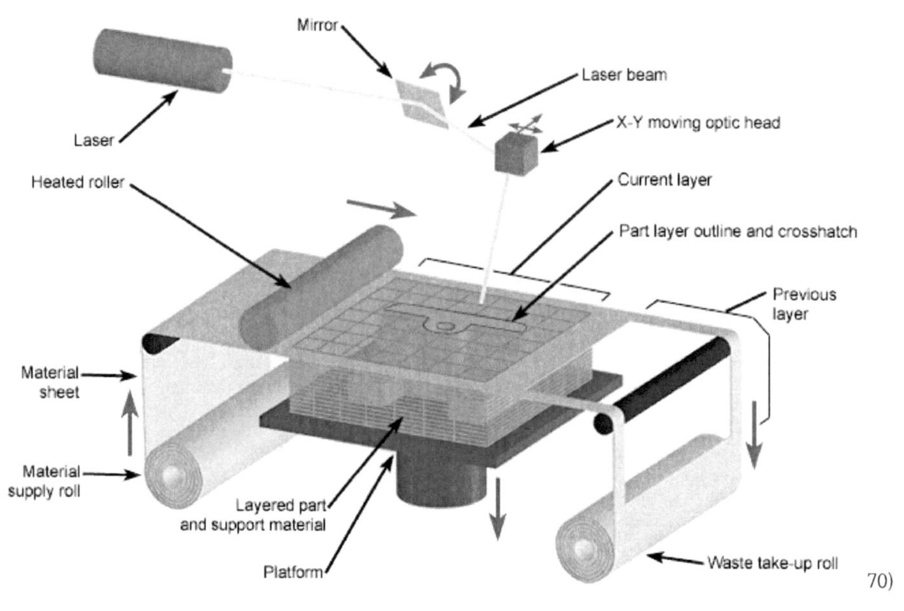

[그림 69] LOM 방식의 원리

④ 선형 분사 방식

 선형 분사 방식은 반 중력 객체 모델링(Anti-gravity Object Modeling)이라고 불리는 방식으로 서포트 구축이 필요 없어 제약이 없는 공간에서 조형물의 제작이 가능하다는 장점이 있다. 또한 공기 중에 원료를 굳혀서 물체를 제작하는 방식이기 때문에 어떤 방향의 표면에서도 거의 모든 곡선과 직선형태의 물체제작이 가능하다는 장점이 있다.

구분	정교도	표면마감	재료강도	색상재료	투명재질	유연성재료
액체기반 방식(SLA)	우수	우수	보통	가능(제한적)	가능	가능(제한적)
파우더기반 방식(SLS)	보통	우수	매우우수	불가능	불가능	불가능
고체방식(FDM)	떨어짐	떨어짐	우수	가능(제한적)	불가능	불가능

[표 16] 3D 프린팅 주요 기술의 방식별 특성 비교

 3D 프린팅 소재는 인쇄 기술 이상으로 중요하다. 아무리 인쇄 기술이 발달하더라도 그에 맞는 소재가 없으면 3D 프린팅이 불가능하기 때문이다. 즉, 3D 프린팅 인쇄물의 특성을 결정하고 완성도를 높이는 것 역시 소재의 역할이기 때문에 전 세계 3D 프린팅 관계사들은 신소재 개발 비중을 늘리고 있다.

---

70) 출처: Custompartnet, http://www.custompartnet.com

미국의 3D Systems은 세라믹, Al 등 금속 및 PA, Wax, PC, Thermoplastic, Epoxy, PET, PE 등의 다양한 소재를 연구 중이며, Massachusetts Inst.은 세라믹, Photopolymer 소재를 중점적으로 연구하고, Stratasys은 Thermoplastic, PE, Epoxy 소재를 중점적으로 연구하고 있다. 또한, 항공업체인 Boeing은 Ti, A1 등 금속 소재와 PC 고분자 소재에 연구를 집중하고 있다.

이처럼 많은 기업들이 소재 개발에 투자를 아끼지 않은 결과, 전통 소재인 압출방식 3D 프린터용 필라멘트와 산업용 금속 3D 프린팅 파우더는 물론, 의료용 바이오 프린팅 및 푸드 등 차세대 소재에 이르기까지 다양한 소재가 3D 프린팅 영역을 넓히고 있다.

하지만, 3D 프린터 소재 시장은 다른 소재 업체가 진입하기에는 장벽이 높고, 시장 진입에 성공하더라도 제한적 시장 점유의 문제가 존재하기 때문에 선도 3D 프린터 제조업체들이 소재를 프린터와 연계하여 독점적으로 공급하고 있는 추세이다.

3D프린터에는 입체모양을 구성할 수 있는 다양한 소재가 사용되며 대표적으로 PLA, ABS, wood, PVA, 실리콘을 예로 들 수 있다. 그 외에도 3D프린팅에 활용되는 소재는 수지, 금속, 종이, 목재, 식재료 등 매우 다양하며 액체, 파우더, 고체 등 사용하는 재료의 형태에 따라 조형성, 견고함 등의 특성이 상이하다.

① 액체 기반 소재
 액체 기반의 3D 프린팅 소재들은 정확한 조형이 가능하다는 장점이 있으나 내구성이 떨어진다는 단점이 있다.

② 파우더 기반 소재
 파우더 기반 방식은 다양한 원료의 사용이 가능하며 액체 기반의 방식보다 결과물이 견고하다는 장점이 있다.

③ 고체 기반 소재
 고체 기반 소재는 낮은 제조단가와 내습성 등의 장점을 보유하였으나 열에 다소 취약한 편이다. 주요 소재로는 수지와 금속이 사용되고 있으며, 수지를 활용한 3D프린팅은 기술적 완성단계로 주로 저가형(가정용)에 적용되고 있고, 금속의 경우 기술개발 초기단계로 고가형의 산업용 프린터에 주로 사용되고 있다.

 수지의 경우 플라스틱, Glass, CFRP와 같은 복합재료 등 거의 모든 재료가 사용되어 시제품, 완구 등에 적용되며 기술적으로 완성단계에 있으며, 금속의 경우 알루미늄, 티타늄이 많이 사용되어 의료, 기계부품 등에 적용되고 있고, 이종재료 적층, 고정밀 적층, 적층률 향상 등에 초점을 맞춘 기술개발초기단계에 있다.

2) 산업 동향

　3D프린팅은 1984년 최초로 개발된 이후 2000년대까지 단순 시제품 제작에 주로 사용되었으나, 최근 장비 및 소재의 기술진보에 따라 완성품 제작까지 활용범위가 확대되었다. 3D프린팅은 기존의 제조공정과 달리 틀(금형 등)없이 시제품을 만들 수 있고, 디자인 도면의 변경으로만 수정이 가능하기 때문에 제조업 분야의 시제품 개발 단계에서 주로 사용되고 있다.

　3D 프린팅은 다품종 소량생산과 개인 맞춤형 제작이 용이한 까닭에 시제품의 제작비용 및 시간 절감, 제조공정 간소화 등 많은 장점을 보유하고 있어 규모의 경제와 저임 노동비 우위를 가진 전통적인 방식과 다른 형태의 생산/유통/소비 방식을 만들어 내고 있다.

　3D 프린팅 시설을 갖춘 공장은 네트워크를 통하여 누구나 연결되어 무엇이든지 주문할 수 있게 되어 직접 생산 혹은 대량 맞춤형 (Mass Customization)이라고 불리며, 소비자의 주문에 맞추어 생산을 하기 때문에 미리 재고를 확보해둘 필요가 없다는 장점이 있다.

　3D프린팅은 제조업의 혁신 뿐 아니라 투자, 판매, 재무관리 등의 전 단계에 변화를 가져올 수 있는 기회를 제공한다. 특히 3D프린팅은 금형 투자의 고정비용을 낮춰주고 시장에서의 반응을 살펴보기 위한 소량 생산을 가능케 하며, 재고자산을 줄여주어 경영리스크를 감소시킬 것으로 예상된다. 제품의 주기가 점점 짧아지는 가전 시장의 경우 성공여부가 신제품 출시 속도에 크게 좌우되기 때문에 3D 프린팅을 적용하여 기업 경쟁력을 갖추는 것을 목적으로 하기도 한다.

　최근에는 3D프린팅 관련 기술개발과 장비의 가격하락에 힘입어 산업용 정밀기계, 자동차, 의료, 항공 등 다양한 분야에 활용되고 있으며 특히 부품 제조분야에 활용도가 높은데 3D 프린팅으로 부품을 생산할 경우 미리 생산해 창고에 비축할 필요가 없고, 단종된 부품도 도면만 있으면 다시 제작할 수 있다는 장점이 있다.

　현재 3D프린팅은 제작시간 절감, 정밀성 향상, 금속소재 개발 등 단점을 극복하기 위해 다양 한 기술을 개발하는 단계에 있다. 3D프린팅은 금형 등을 이용한 제조방식과 달리, 제품의 순차 생산에 따른 긴 제조시간과 높은 생산비용 등으로 인해 완제품의 대량생산을 대체하기에는 어려운 상황이다. 따라서 이를 위해 주로 3D프린터의 상용화 단계를 가속시키기 위한 기술개발이 진행되고 있으며 이러한 기술들이 개발되어야만 완제품의 대량생산이 가능할 것으로 전망된다.

　3D 프린팅은 장비 및 소재를 개발·생산하는 제조업과, 생산대행·제작 지원을 제공하는 서비스업 등 다양한 산업이 연관된 산업으로, 전후방산업으로의 파급효과가 큰 제조업의 토대이면서 향후 신산업을 이끌어갈 원동력이 될 전망이다.

따라서 스마트팩토리에 적용될 경우 과거 복수의 부품을 개별 생산해서 조립하던 공정을 일체형으로 설계하여 조립, 용접 등 일부 공정을 단축 가능하며, 기존 방식으로 구현이 어려운 복잡한 형태의 제품을 손쉽게 제작 가능할 뿐 아니라 재고를 보유할 필요가 없기 때문에 3D 프린팅은 스마트 제조의 개념에 부합하는 제조 방식이라고 할 수 있다.

장점	단점
- 시제품의 제작비용 및 시간 절감 - 다품종 소량생산에 유리 - 복잡한 형상, 내부형상을 가진 제품제작 용이 - 1개 장비로 다양한 제품 생산 - 시제품의 제작비용 간 절감 - 공정 간소화로 인건비와 조립비용 절감 - 복수의 상이한 재료를 사용한 일체 조형 도 가능 - 조작자와 생산자의 기술력에 크게 의존하 지 않음	- 조형속도가 매우 느리고 규모가 큰 프린 팅 한계 - 표면 해상도가 아직 높지 않음 - 적층제조로 단층 방향의 힘에 약함 - 소재의 다양성에 한계가 있음 - 재료비의 가격이 비쌈 - 디자인의 전문성이 요구됨 - 지적재산권 분쟁의 소지가 있음 - 소재와 공정에 대한 표준이 정립되어 있 지 않음

[표 17] 3D프린팅의 주요 장단점

3D 프린터 시장은 주로 산업용 프린터를 중심으로 성장해왔지만, 최근 규모의 경제 효과 및 기술 발전으로 인한 원가절감에 힘입어 개인용 프린터 시장의 성장이 가속화되고 있다. 따라서 오픈소스를 이용한 소규모 사업장에서 장비를 개발하고 원하는 제품을 현장에서 직접 생산, 제공하는 서비스까지 등장하고 있다. 최근 수년간 3D 적층제조 시스템 활용이 활발해진 산업분야로는 산업용 기계류가 비중이 크게 늘어났으며, 항공, 자동차, 소비재 산업, 의료, 교육 분야에 걸쳐 고르게 성장하고 있다.

3) 기술 동향[71]

2021년 6월부터 2022년 5월까지 3D 프린팅과 관련하여 급성장한 키워드는 블록체인, 인쇄 전자, 전자빔 응용, 고에너지적층, 선택적 레이저 용융이다.

① 블록체인

최근 3D 프린팅 제품의 IP 보호를 위한 블록체인의 활용이 증가하고 있다. 3D 프린팅 IP 인증과 거래, 저장에 블록체인 기술을 통합하면 저작권 데이터를 포함하여 제작자에게 워터마크를 제공할 수 있다. 워터마킹과 블록체인의 결합은 저작권과 디자인, 특허, 상업 마크의 법적 지침을 손상시키지 않는 동시에 3D로 인쇄된 개체의 라이선스를 허용한다.

Uniersity of Exeter Law School은 블록체인을 활용한 워터마킹 기술 특허를 취득했다. 해당 기술은 블록체인을 활용하여 IP를 보호하는 동시에 3D로 인쇄된 물체에 라이선스를 부여할 수 있도록 지원한다. 미국 공군은 3D 프린팅 안정성 향상을 위해 BaaS기업인 SIMBA Chain과 협력했다. 미 공군은 SIMBA Chain의 플랫폼을 활용하여 3D 인쇄 요소를 등록하고 모니터링하기 위해 블록체인 기술을 활용한다.

3D 프린팅 기술을 활용한 패션 제조의 선구자인 Danit Peleg은 자신이 디자인한 3D 프린팅 제품에 NFT를 할당하여 새로운 가치를 창출했다. Danit Peleg로부터 NFT를 구입한 사람들은 각 NFT 번호에 할당된 폴더에 접근할 수 있으며, 해당 폴더에는 인쇄 설정에 대한 지침과 개별 부품을 완성된 의복으로 조립하는 방법을 비롯한 의복 제작과 관련한 다수의 파일이 존재한다.

② 인쇄전자

전자 제품 제조 분야에서 3D 프린팅 기술의 가장 큰 이점은 비용 절감과 시장 출시 시간 단축 등이다. 3D 프린팅을 사용하면 제조업체는 새 부품을 위한 도구를 설정하거나 금형을 준비하는 데 시간을 할애할 필요가 없으며, 사전 제작은 필요한 재료를 수집하고, 설계 파일을 가져오고, 부품 제작을 위해 3D 프린터를 준비하는 것처럼 간단하게 실현할 수 있다.

또한, 설계 및 사전 생산 프로세스를 훨씬 간단하게 만들어 설계자가 제조에 대한 아웃소싱도 불필요하며 신속한 프로토타이핑을 통해 새로운 디자인을 만들고, 수정하고, 결과물을 만들어내기까지의 시간을 단축할 수 있다.

게다가 3D 프린터는 과도한 재료를 조각하는 대신 레이어별로 제품을 제작하기 때문에 3D 프린팅은 종종 기존 제조 전략보다 폐기물이 훨씬 적고 에너지를 훨씬 덜 사용한다는 장점이 있다.

---

71) 품목별 ICT 시장동향 3D 프린팅, 정보통신산업진흥원, 2022

활용 분야	내용
3D 인쇄 회로 기판	유전체 폴리머 잉크와 전도성 잉크를 사용하여 PCB의 양면에 부품을 배치하는 데 필요한 납땜 공정에 효과적이며 고성능 군용 센서 시스템에 유용하게 활용 가능
슈퍼커패시터 (초고용량 에너지 저장)	셀룰로오스 나노결정 기반 잉크를 사용하여 다공성 탄소 에어로겔을 3D 인쇄하고, 생성된 구조를 사용하여 영하 70도에서 작동할 수 있는 슈퍼커패시터 제작 가능
3D 프린팅 센서	저항막 및 정전용량 기술을 기반으로 하는 저렴한 센서 제조 가능
4D 프린팅 센서	3D 프린팅 기술을 활용하여 4D 프린팅의 가장 중요한 기술 중 하나인 소프트 촉각 센서 제작 가능
3D 및 4D 프린팅 액추에이터	3D 프린팅 공정을 통해 소형 로봇에 사용하기 위한 EAP(Electroactive Polymer) 매크로바이오틱 액추에이터 생산

[표 18] 인쇄전자의 활용 분야

③ 전자빔 용융(Electron Beam Melting)

전자빔 용융은 금속 3D 프린터의 주요 기술 중 하나로, 아캠(Arcam)사가 특허를 보유하고 있으며 금속 분말의 얇은 층을 전자빔을 이용해 선택적으로 용융하는 것이다. 전자빔 용융을 하는 경우 금속 분말의 얇은 층이 빌드 플레이트에 증착되며, 분말이 예열됨에 따라 전자빔이 3D 파일로 지정된 영역에서 분말 용해하며, 금속 분말의 다음 층이 증착되고 전자빔이 층을 녹여 융합한다. 이후 부품이 완료될 때까지 프로세스를 반복하며, 잉여분말을 제거하고 샌딩, 폴리싱, 오븐 가열 등의 후가공 처리를 한다.

장점	단점
• EBM을 이용하여 제작한 부품 및 시제품은 분말이 완전히 녹기 때문에 밀도가 높은 편 • 부품 또는 기능 프로토타입을 만드는 데 필요한 프린팅 시간이 다른 기술에 비해 짧은 편 • 소결되지 않아 사용하지 않은 분말은 재활용 가능 • 레이저 분말 베드 융합 기술에 비해 더 적은 인쇄 지원 필요하며 공정 시작 전에 분말을 예열하면 제조 중 보강재 및 지지 재료 불필요	• 분말 수준에서 레이저 대 전자빔을 측정할 때 전자는 레이저 빔보다 넓기 때문에 레이저로 인쇄된 부품보다 정확도 낮은 편 • 레이저 3D 프린팅에 비해 생산량이 적은 편 • 3D 프린팅을 위한 재료는 티타늄과 크롬-코발트로 제한 • 기계와 재료에 비용이 많이 들어 소규모 제조 업체에서의 활용은 제한

[표 19] 전자빔 용융의 장점 및 단점

④ 고에너지적층(Directed Energy Deposition)

 고에너지적층은 원하는 전자회로 부분만을 기판이나 필름 등에 전도성 전자잉크로 인쇄하듯이 제조하는 기술이다. 3D 프린팅 중에서도 고에너지 적층 기술을 연구하는 가장 큰 산업 중 하나는 항공분야로, 폐기물과 항공기 부품 중량을 줄일 수 있으며 이를 통해 연간 수백만 달러의 연료비용을 절감할 수 있다. 작은 브래킷 및 고정 장치에서 항공기의 골격 및 외부 패널에 이르기까지 모든 것을 제조하는 데 활용 가능하며, 고에너지 적층 기술을 이용해 항공기 생산에 사용되는 다양한 재료의 프린트가 가능하다.

 국방분야에서는 총기, 방탄복, 장갑차, 미사일 및 헬멧 생산에 적층 제조 기술이 주로 활용되고 있으며, 특히 고에너지 적층 기술을 활용하여 제품에 대한 파손 및 마모가 적다는 것이 장점이다.

⑤ 선택적 레이저 용융(Selective Laser Melting)

 선택적 레이저 용융은 LPBF(Laser Powder Bed Fusion)이라고도 불리며, 대부분 금속 3D 프린터는 분말 금속을 녹이는 레이저를 포함하는 선택적 레이저 용융 기술을 사용한다.

장점	단점
• 사용 가능한 금속의 범위가 넓고, 지지도 없이 복잡한 모양이나 내부 구조를 구현하는 능력이 탁월 • 작업자가 이전에 여러 구성 요소 부품을 하나의 인쇄로 생성할 수 있도록 부품 통합 가능 • 적층 제조 및 분말 재생으로 인한 폐기물 가소 • 온디맨드 생산으로 재고 관리가 용이하며, 부품의 대량 주문 가능	• 전용 프린터기의 가격이 비싼편이라 진입 장벽이 높으며 부품 당 제조 비용 역시 높은 편 • 분말 제거와 지지대 제거, 표면 연삭과 같은 후처리 필요 • 작업 크기는 최대 1미터로 제한 • 보다 많은 에너지 필요

[표 20] 선택적 레이저 용융의 장점 및 단점

바. 5G[72][73]

1) 기술 개요

5G는 데이터 송·수신 용량과 속도 관점에서 유·무선간 차이가 없을 정도의 빨라진 '이동 통신 환경'과 기기 사용에 있어 저전력성 및 많은 기기들이 접속하는 환경에서도 서비스의 안정성을 보장하는 'IoT 통신 환경'을 동시에 구현할 수 있는 이동통신 기술 방식'이다.

크게 나누어 5G의 특징을 살펴보면, 유·무선 차이가 없는 대용량·고속 데이터 이용환경, IoT 이용 환경, 하나의 망으로 eMBB, mMTC, uRRCL를 동시에 구현하는 One Connectivity로 볼 수 있다.

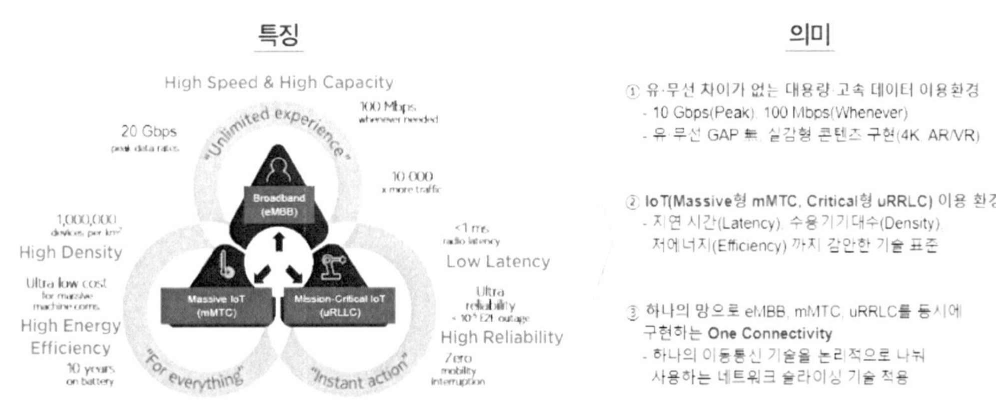

[그림 70] 5G의 특징과 의미

좀 더 구체적으로 5G의 특징은, 최대 20Gpbs 및 일상적으로 100Mbps 속도가 가능한 '고속(High Speed)'과 기존보다 1만배 이상 더 많은 트래픽을 수용하는 '대용량(High Capacity), 1평방 킬로미터 당 1백만개의 기기가 가능한 '고밀집(High Density)', 배터리 하나로 10년간 구동 가능한 '고에너지 효율(High Energy Efficiency)', 1ms(미리 세컨드) 이하의 '낮은 지연시간(Low Latency)', 이동간 제로 중단을 실현하는 '고 안정성(High Reliability)' 등 6개의 단어로 정의할 수 있다.

5G가 가진 '고속', '대용량', '고밀집', '고에너지 효율', '낮은 지연시간', '고 안정성' 등 6가지 기술적 특징으로 변화에 대한 시사점을 도출해 낼 수 있는데, 먼저 5G에서는 유·무선 차이가 없는 대용량·고속 데이터 이용환경이 가능해진다. 즉, 멀티미디어 기기에서는 4K·8K 및 AR/VR 등 실감형 콘텐츠들이 구현되며, 고해상도 대화면 TV도 굳이 셋탑 박스 때문에 특정 장소에 고정될 필요가 없어진다.

다음으로 고밀집 기기 접속 환경이 구현되어 진짜 IoT 이용 환경이 가능해 진다. IoT도 그 서비스 특징에 따라 저렴하게 많은 기기들을 접속하여 다양한 정보를 취합 및 기기를 제어할

---

72) 5G가 만들 새로운 세상, DNA 플러스 2019, 한국정보화진흥원
73) 5G 국제 표준의 이해, 삼성전자

수 있게 해 주는 다기기 접속형 IoT(Massive IoT)와 의료 및 자율주행차에서 사용될 수 있는 극안정형 IoT(Mission Critical IoT)로 나눌 수 있다.

 과거 IoT 전용망들은 저렴하게 많은 기기를 접속할 수 있는 환경 구축에 집중한 반면, 5G는 극안정형 IoT도 가능하게 하는 등 기존 IoT 전용망이 포함하지 못한 새로운 IoT 영역까지 서비스를 가능하게 해줄 것으로 전망된다.

 마지막으로, 5G 환경 속에서는 네트워크 슬라이싱 기술로 인해 위의 모바일 브로드밴드, IoT를 동시에 하나의 기술과 망으로 구현 가능하다. 이렇게 되면 과거에 4G가 포함할 수 없지만 그 니즈는 있어왔던 IoT 전용망이 5G 시대에는 존재할 필요가 없어지게 된다.

 또한 스마트폰 등 모바일 브로드밴드 망을 이용한 서비스, IPTV 등과 같이 댁 내 유선 브로드밴드 망을 이용한 서비스, IoT 서비스 등이 하나로 관리되는 서비스가 가능해 더 쉽게 구현된다.

2) 산업 동향

  5G는 이를 투자하고 설치해야 하는 이동통신사업자로부터 시작될 것이며, 기술 적용에서 가장 빠른 효과를 볼 수 있는 현재 가장 보편적으로 사용되는 소비재인 스마트폰 산업과 처음부터 함께해야 확대될 수 있을 것이다. 그리고 스마트폰 기기에 들어가는 반도체로 부터 연결 환경이 확대되면서 다양한 통신 모듈 및 부가 기능의 반도체로 확대되는 등 반도체 산업에도 직접적으로 영향을 미칠 것이다. 또 다양한 디스플레이로 5G가 접목되면서 이 산업 역시 영향을 받을 수밖에 없다. 그리고 장기적으로는 IoT, A.I.의 확산의 기폭제가 될 전망이다.

[그림 71] 5G의 향후 산업영향도

가) 반도체[74]

  반도체의 수요처(2020)는 통신기기(36%)와 컴퓨터(36%)이며 다음으로 산업재(11%), 소비자 가전(9%), 자동차(8%) 순이며 2024년에도 유사한 비중을 유지할 전망이다. 통신기기와 컴퓨터 (서버 포함)는 짧은 제품 수명 주기, 대규모 물량, 고부가 반도체 탑재, 반도체 탑재량 증가 등으로 2024년에도 반도체 산업에서 현 수준의 비중 유지가 예상된다. 스마트폰 교체주기는 3년, 서버 교체주기는 4년 내외이며, 스마트폰 출하량은 연 14억대이나 자동차 판매량은 0.9억대 수준이다.

  스마트폰과 서버의 두뇌 역할을 담당하는 AP와 CPU는 첨단 공정에서 생산되나 가전, 차량용 반도체는 기술 수준이 높지 않은 성숙공정(Mature Node)에서 생산되어 가격 차이가 발생한다. 차량용 반도체 시장은 전기차 판매 확대 등으로 2020~2026년 연평균 약 11%의 성장이 예상되나 반도체산업에서 비중은 약 10% 수준을 유지할 전망이다.

  2025년 이후에는 전기차 보급 확대, 5G 통신망 구축에 따른 관련 산업 성장 등으로 반도체 수요처 다변화 가속화가 예상된다. 전기차는 내연기관차보다 반도체 탑재량이 많고 자율주행 기능 탑재비중이 높아 반도체산업의 중장기 성장동력으로 예상된다. 5G망 구축은 스마트시티 등 다수 혁신기술의 촉매재가 되며, 5G 확산으로 대용량 데이터 처리를 위해 메모리반도체, AI 반도체, 전력관리반도체 등이 성장할 전망이다. AI가 생성하는 데이터는 2017년 80EB(엑사바이트, 1018)에서 2025년 845EB로 10배 이상 증가할 전망이다.

---

74) 반도체산업 중장기 전망, 이슈보고서, 한국수출입은행, 2021.04

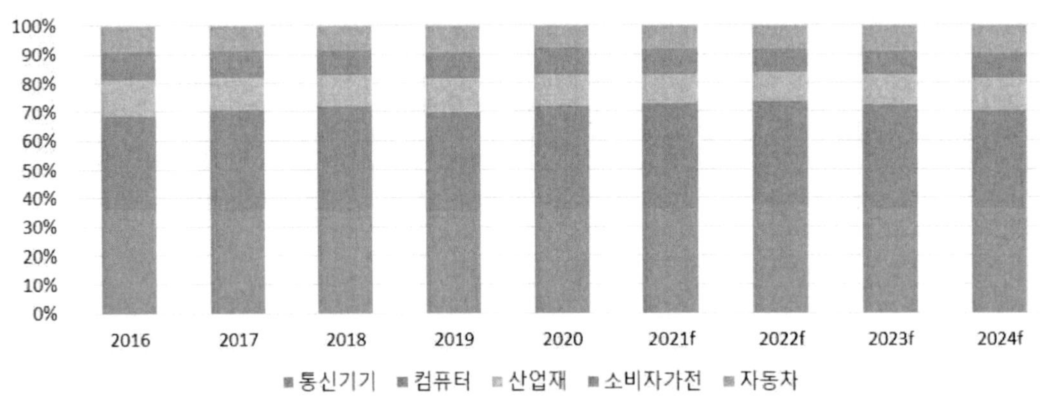

[그림 72] 반도체 수요처별 비중

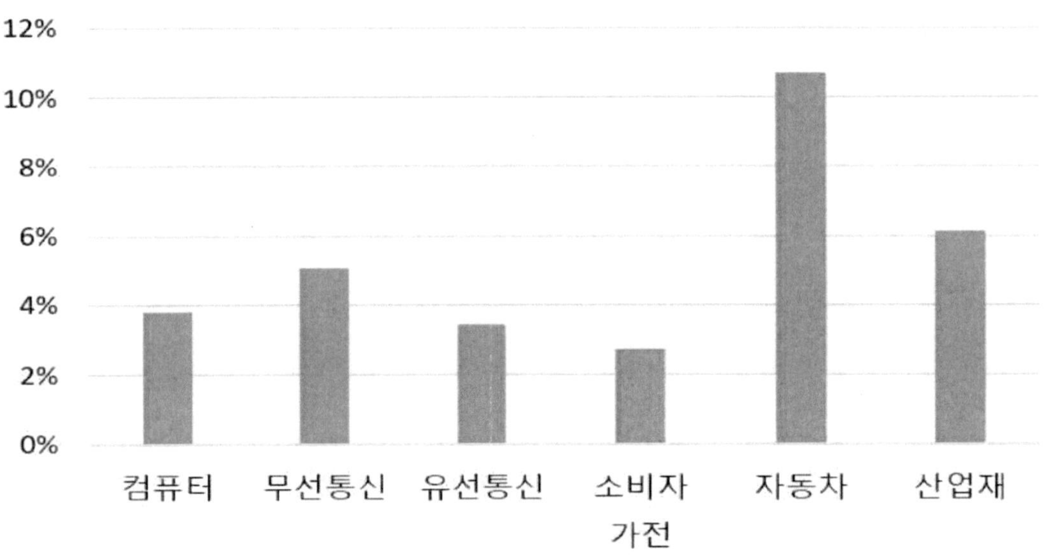

[그림 73] 반도체 수요처별 연평균 성장률(2020~2024)

나) 디스플레이[75][76]

5G 확대와 함께 4K, 8K, AR, VR 등 실감형 멀티미디어 콘텐츠 구현이 가능해진다. 우선 TV 관점에서 볼때 4K를 넘어 8K가 도쿄 올림픽을 기점으로 확대될 것으로 보인다. 또한 5G 시대를 맞이하여 퍼블릭 디스플레이 시장도 대형 사이니지 중심으로 성장할 것으로 기대된다. 그리고 장기적으로는 빌딩 유리 자체도 사이니지의 영역으로 확대 적용될 수도 있다.

---

75) 5G 시대의 실감미디어 콘텐츠 유통환경 및 제작기술 변화, 정보통신산업진흥원, 2019.08
76) 폴더블폰: 세상을 펼치다. 대신증권

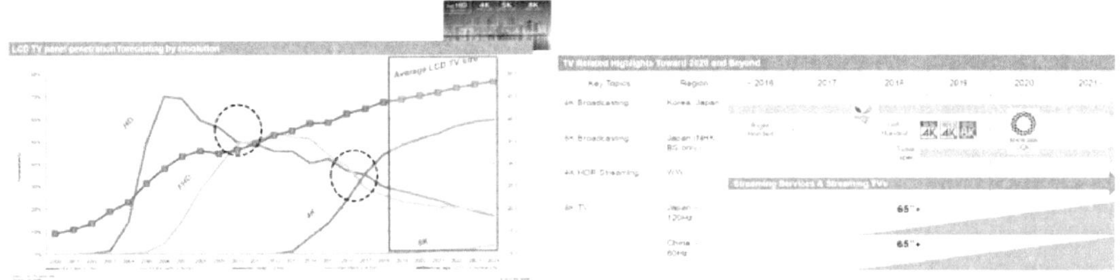

[그림 74] TV 시장의 해상도 추이와 8K 도래

5G 통신은 기존 4G(LTE) 대비 20배의 전송속도를 제공하여 이용자 체감 전송속도는 10배 이상이며, 전송지연(레이턴시)은 1/10 수준으로 단축했다. 초당 20기가 바이트의 전송능력은 8K급 다면영상에서부터 홀로그램, AR(증강현실)/VR(가상현실) 등의 사실감 높은 초고화질 서비스를 실현하도록 돕는다.

특히, 8K(7680x4320) 영상은 4K(3840x2160) 영상에 비해 데이터 트래픽이 4배 증가하며 다면영상의 경우 스크린의 숫자에 비례하여 지속적으로 증가하게된다. 하지만, 5G는 엣지클라우드 컴퓨팅을 통해 1ms 이하의 초저지연을 구현했기 때문에, 실시간 상호작용이 가능한 인터렉션 구현이 가능하다.

또한, 데이터 전송속도의 제한으로 인해 저화질(1k급)로 서비스되었던 360° VR 콘텐츠도 4k급 이상의 화질로 장소의 제약없이 자유롭게 이용이 가능하며, 그동안 전송속도 제한과 처리속도의 한계로 시도되지 못했던 일상생활 속에서 삶의 방식을 크게 향상시킬 킬러 콘텐츠의 제작이 가능해졌다.

이처럼 여러 산업분야에서 5G를 새로운 비즈니스 기회로 주목하고 있으며 이를 활용한 교육, 쇼핑, 여행, 게임, 공연 등 실생활 밀접 분야에서 삶의 방식을 향상시킬 것으로 예상된다. 유튜브, 넷플릭스 등 글로벌 OTT들은 서비스 차별화를 위해 영상 콘텐츠의 몰입감을 제공하는 VR 전문 채널을 개설하는 등 VR 서비스를 확대하고 있다.

현재 Netflix를 비롯한 Apple TV, Hulu, Amazone 등의 해외사업자들은 다양한 형태의 VR 앱과 채널을 서비스하고 있으며, 또한, 상호작용을 극대화하여 이용자의 선택에 따라 내용의 진행과 결말이 달라지는 VR 인터랙티브(Interactive) 드라마 등의 콘텐츠가 등장하고 있다.

최근 유튜브, 페이스북이 주요 프로스포츠 중계권을 확보하고 360 VR 방송을 서비스하는 등, 스포츠 중계가 모바일 기반 360 VR 전송으로 변화하고 있다. 유료 스포츠 채널인 ESPN의 OTT 서비스 'ESPN+' 역시 UFC 대회 독점 중계권 확보하고 런칭했으며 10개월 만에 가입자 200만을 확보하는 등 OTT 기반 스포츠 스트리밍 수요가 상당함을 입증했다.

또한, 아마존 등 글로벌 전자상거래 기업들도 막대한 빅데이터 기반의 온라인 AI 추천 서비스, VR 키오스크(Kiosk) 등의 새로운 SW기술을 적극 도입 중에 있다. 이러한 OTT의 플랫폼 유연성에 5G의 초고속, 저지연 기술이 더해져 VR 쇼핑 등 VR 커머스를 도입한 쇼핑산업 등에 실감형 서비스 등장이 예상된다.

다) 제조업[77]

5G는 부분적으로 자동화된 공장 內 설비의 완전 자동화뿐만 아니라 전체 제조 공급 사슬을 연결하여 산업전반의 생산성 향상에 기여할 것으로 보인다. 현재 자동화 수준은 제조라인의 로봇화로 진행되고 있으며, 가장 많이 적용된 영역은 자동차 산업이다. 향후 5G 확대로 공장 내외 연결성이 확대되면 무인 공장 및 전 제조 영역의 자동화 등이 확대될 것이다. 스마트 제조의 다양한 시나리오와 5G 무선 통신 네트워크의 세 가지 필수 통신유형을 고려하여 제안된 3 가지 5G 기반 스마트 제조 애플리케이션을 살펴보면 다음과 같다.

(1) mMTC-based Smart Manufacturing application scenario

스마트 제조의 경우 여러 다른 종류들로 이뤄진 생산 인자의 스마트 상호연결은 제조 장비 (예: 공작 기계, 로봇 암, 사료 공급기), 보조 장비 제조 (예: 급수 설비, 가스 공급 설비), 추적 자원 (예: 자재, 제품 작업자, 작업자) 및 현장 환경 (예: 온도, 습도, 먼지, 유해 가스)에 대한 실시간 모니터링을 실현하기 위한 사이버-물리적 제조 시스템을 구축하기 위한 기반이다. 여러 다른 종류들로 이뤄진 생산 요인의 스마트 상호연결은 주로 두 가지 제조 시나리오, 즉 현장 내 여러 다른 종류들로 이뤄진 생산 요인의 실시간 데이터 수집과 생산 요인의 식별 및 위치를 포함한다.

그러나, 감시할 노드는 매우 많으며, 현재의 3G 및 4G 전송 네트워크는 그러한 대규모 노드로 제조 시나리오를 지원하기 어렵다. 반면에 작업 현장과 여러 다른 종류들로 이뤄진 데이터 구조의 다양한 생산 요소 때문에 현재의 4G와 다른 기존 네트워크는 대규모 통신 네트워크의 IIoT 시나리오에 적합하지 않다. 위의 제조 시나리오를 실현하기 위해 밀리미터파 전파를 이용한 5G 전송 기술은 안테나 배열 등 다수의 소형 안테나를 필요로 한다. 효율적인 공간분할 다중접속(SDMA)기술로 송신기와 수신기의 주파수 재사용을 개선할 수 있다. 다중 빔포밍은 동채널 간섭을 줄이고 링크 품질을 개선하며 전방향 전송을 순응적으로 고방향 방사선 패턴으로 변환하는 동시에 특정 방향에서 이득을 최적화한다.

원격 센터에 기반 대역 자원을 집중시키는 네트워크 아키텍처는 통계적 멀티플렉싱 이득, 대역폭 절감 및 에너지 절약의 이점을 가지고 있다. 이에 따라 5G 무선통신 기술이 지능형 제조에서 대규모 기계 노드 통신 시나리오의 적용 요건을 충족시킬 수 있도록 통신 범위와 연결 노드 수가 크게 개선되었다.

---

77) 5G와 스마트 제조, 홍승호, 한양대학교

(2) URLLC-based Smart Manufacturing application scenario

스마트 제조의 일반적인 적용 시나리오는 작업현장에서 여러 다른 종류들로 이뤄진 생산 요소를 네트워크로 공동 생산하는 것이다. 제조 작업현장에서는 자동화 기술이 광범위하게 적용되면서 대규모 자동 생산 라인의 건설이 시급하다.

한편으로 제품이나 부품의 제조 공정은 많은 하위 공정을 포함하며 생산 라인의 다른 제조 장비는 다른 처리 작업에 책임이 있다. 특히 조립 라인의 경우 공동으로 처리작업을 완료하기 위해 순서가 지정된 작동지침이 적절한 시점에 관련 제조장비로 발행된다. 반면에 기계 구조와 처리 작업의 한계 때문에 하나의 로봇은 보통 복잡한 처리 작업(로봇이 협력하여 조립하는 것과 용접 등의 이중 작업)을 수행할 수 없다. 또한 가혹한 환경에서 일부 제조 시나리오는 종종 특정 제조 작업을 위한 여러 로봇의 공동 운용을 원격으로 제어해야 한다. 이러한 제조 시나리오는 제어실과 작업현장 장비 간 양방향 데이터 전송 및 제어 지시를 위해 정확한 데이터 전송 및 매우 짧은 대기 시간을 요구한다.

그러나 3G 및 4G 네트워크는 산업 자동화를 위한 높은 신뢰성과 짧은 대기시간의 시간 요구사항을 충족하기 어렵다. 위의 제조 시나리오를 실현하기 위해 다수의 소형 안테나가 있는 SDMA기반의 안테나 배치는 순응적으로 높은 방향 방사선 전송을 구현하고 특정방향으로 이득을 최적화할 수 있다. 안테나 배열은 다중 빔포밍 기술을 사용하여 공동 채널 간섭을 줄이고 링크 품질을 개선함으로써 전송 신뢰성을 개선한다. 또한 기기 통신(D2D) 기술 덕분에 기계 간 통신은 기지국을 통하지 않고 직접 통신하므로 통신 신뢰성은 보장하고 통신 지연 시간은 크게 줄일 수 있다.

(3) eMBB-based Smart Manufacturing application scenario

제조업에서 가상현실과 증강현실(특히 후자)은 점점 주목을 받고 있는 추세며 이는 가상 정보가 동일한 실제 환경에 중첩되고 두 가지 모두 서로 보완된다는 것을 의미한다.

우선 가상현실과 증강현실을 제품 설계 과정에서 활용할 수 있다. 설계한 가상 모델은 실제 장면과 상호 작용하고 반복되므로 설계를 완료하기 전에 제품 모델의 시뮬레이션, 분석 및 검토를 보다 잘 수행할 수 있다.

둘째로 제조 공정에서 가상 현실과 증강 현실의 기술로 운영 단계와 프로세스는 조립 작업자에게 직관적으로 제시되어 생산 효율을 높이고 오류를 줄일 수 있다. 또한 제조 장비의 고도의 통합 및 복잡성과 함께 유지 보수 및 수리가 점점 더 어려워지고 있으므로 가상 현실과 증강 현실의 도움으로 작업자는 실시간 유지 보수 제안을 받을 수 있다.

그러나 가상현실 및 증강현실에 기반한 제조 시나리오에서 전송되는 데이터는 막대한 양의 스트리밍 미디어 데이터에 속한다. 따라서 가상 현실 / 증강 현실과 제조 프로세스 간 원활한 연결을 위해 최신 3G 및 4G 기술보다 빠른 전송 속도와 대기 시간이 짧은 새로운 통신 기술이 필요하다.

위의 선진 제조 시나리오를 실현하기 위해 5G eMBB의 높은 주파수 특성은 4G 무선통신 네트워크보다 더 높은 대역폭과 빠른 전송 속도를 제공한다. 밀리미터파의 모든 주파수 대역에서 28GHz와 60GHz는 5G에서 가장 유망한 주파수 대역이다. 무선 통신의 최대 대역폭은 캐리어 주파수의 약 5%이므로 4G 무선 통신보다 10 배 빠른 전송 속도를 쉽게 달성 할 수 있다.

또한 클라우드 무선 액세스 네트워크(C-RAN)와 소프트웨어 정의 네트워크(SDN) 아키텍처에 기반한 5G 무선 통신은 제어부(C-Plane)와 데이터부(D-Plane) 간에 느슨하게 결합된 제어 모드를 제공하여 유효한 데이터의 전송 효율을 개선한다.

3) 기술 동향
가) 5G 주요기술[78]
(1) 5G 코어망

이동통신 코어망은 기존 3G는 WCDMA, 4G는 LTE와 같이 세대를 대표하는 네트워크 코어 기술 기반으로 발전해왔다. 5G 코어망은 두 가지 방식으로 구현될 수 있는데, 비단독 모드 (Non-Standalone, NSA) 방식과 단독 모드(Standalone, SA) 방식이다. 먼저 NSA 방식은 네트워크 가상화의 원리를 적용하여 LTE망과 5G망을 단일 네트워크처럼 활용하는 기술로 5G 과도기에 5G를 점진적으로 도입할 수 있도록 5G 초기 상용화를 위해 설계된 방식이다. 반면 에 SA 방식은 5G기반 새로운 기지국과 새로운 코어망을 구축하여 현재 4세대 LTE 시스템과 연동이 필요없이 곧바로 5G 성능을 제공하여 5G로의 빠른 전환을 이끌어낼 수 있다.

항목	비단독모드(NSA)	단독모드(SA)
용도	4G/5G 혼합 사용	5G 단독 사용
코어시스템	EPC(P-GW, S-GW) / LTE코어망	NG Core /5G 코어망
기지국	LTE eNB (기존 이동통신망 기지국으로 비 밀집지역의 4G/5G 공동활용)	5G NR (5G 전용 기지국)
장점	차세대 망으로의 안정적 전환	차세대 망으로의 빠른 전환
단점	환전 전환 시 까지 성능적 한계 보유	전국망 구축 시까지 일부 지역만 서비스가 제공되는 한계

[표 21] 비단독모드(NSA) vs. 단독모드(SA) 비교

NSA 방식은 기본적으로 하나 이상의 송수신 연결을 지원하는 단말기기가 하나 이상의 기지 국의 자원을 활용할 수 있는 기술로 Dual Connectivity(DC) 기술이라고 하며 이는 4세대 LTE 표준에서 제정되고 구현된 기술을 기반으로 한다. 4G의 용량 증대를 위해 원래 사용하던 주파수 대역 외에 할당된 추가 주파수 대역의 기지국과의 동시 연결을 위해 구현되었으며, 기 본적으로 원래 사용하는 주파수 대역보다 높은 주파수 대역 사용을 위해 커버리지가 작은 스 몰셀(small cell) 기지국 사용이 가능하다.

현재 우리나라 이동통신사업자에 의해 상용화된 NSA 방식은 네트워크 구성요소 중 무선 기 지국만 5G 표준을 준수하고 기존 LTE네트워크에 추가로 5G 3.5GHz 주파수 대역을 활용해 통신속도를 1~2Gbps 수준으로 높이는 효과는 있지만, 5G 성능 목표인 1ms(0.001초) 의 초저 지연 성능을 구현하는 데는 한계가 있다.

---

78) 5G 기술·산업 현황 및 향후 비전, KPC4IR, KAIST, 2020

SA 방식은 네트워크의 모든 구간을 5G 표준에 따라 구현하기 때문에 LTE망과 연동 구간이 필요없어, 5G 요구 성능이 전반적으로 달성가능하며 5G 핵심 기술 중 하나인 서비스별 성능의 최적화를 위한 네트워크 슬라이싱 기술도 가능하게 된다. NSA 방식 대비 2배 빠른 통신 접속 시간, 3배 높은 데이터 처리 효율이 예상되며 가상현실과 증강현실 등 대용량 실감미디어 전송 뿐만 아니라 자율주행 차량통신, 스마트팩토리 등 초저지연, 초고신뢰도를 요구하는 서비스들도 가능해져 진정한 5G 서비스의 구현이 시작된다고 볼 수 있다.

(2) 네트워크 슬라이싱

5G 사용 시나리오에 따르면, 초광대역 무선통신 서비스 (eMBB: enhanced Mobile Broadband), 고신뢰/초저지연 통신 서비스 (URLLC: Ultra Reliable & Low Latency Communications), 대규모 기기연결 기반 서비스(mMTC:Machine-Type Communications) 서비스 등 각기 다른 서비스 요구 성능에 따라 특화된 통신망이 필요하다. 기존에는 각 서비스 요구 성능에 따라 별도의 특화된 네트워크를 구축하여 서비스를 제공하였지만, 5G는 이러한 전혀 다른 성격의 서비스가 하나의 망에서 실현되어 망이용의 효율을 극대화하며, 상호간 융합 및 연동을 용이하게 하기 위해 하나의 통신망을 쪼개어 사용한다는 개념의 '네트워크슬라이싱(Network Slicing)'이 도입되었다. 슬라이싱 된 네트워크는 각각의 서비스에 서로 영향을 미치지 않으며 요구되는 서비스 성능을 구현할 수 있는데, 네트워크슬라이싱의 핵심 기술은 네트워크기능가상화 (Network Function Visualization, NFV) 기술과 소프트웨어정의네트워크 (Software Defined Network, SDN) 기술을 꼽을 수 있다.

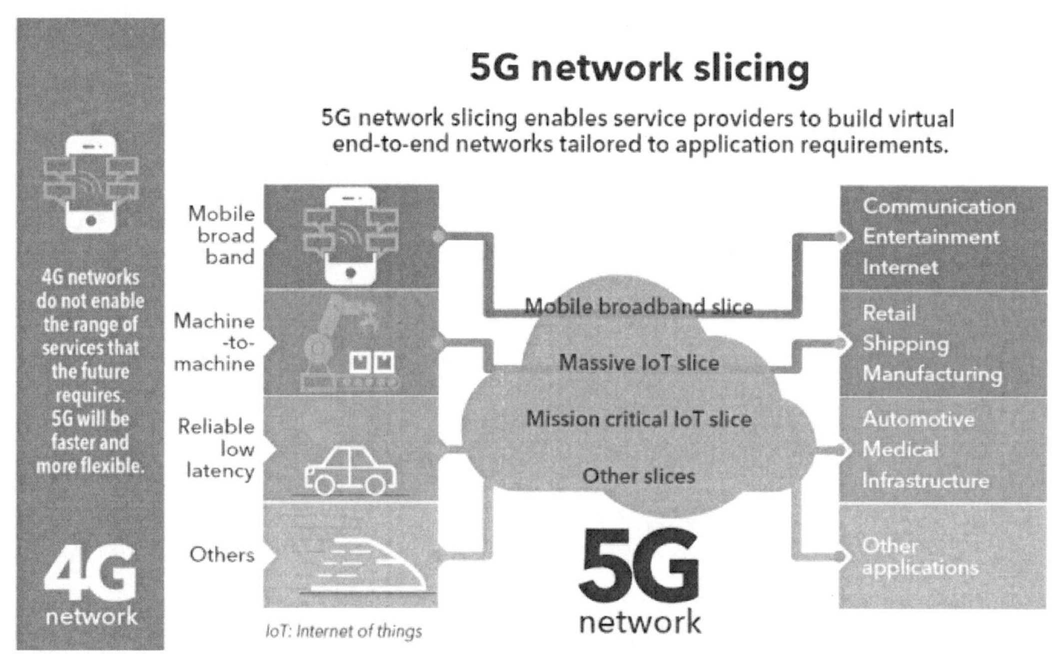

[그림 75] 5G 네트워크슬라이싱 개념도

(가) 네트워크 가상화(Network Function Visualization, NFV) 기술

네트워크 가상화는 이러한 SDN 기술을 기반으로 구현된다. 즉, 소프트웨어적으로 정의된 다양한 네트워크 기능을 가상화하여 클라우드 기반의 가상머신이나 컨테이너, 또는 범용 프로세서를 탑재한 하드웨어에서 구동하고 이를 통해 새로운 장비의 설치가 없어도 추가적인 네트워크 기능 설정 및 각각 다른 네트워크 기능을 가진 서브그룹으로의 이동이 가능하게 된다. 최근 국내 이동통사는 글로벌 IT기업들과 함께 5G 네트워크 가상화 구현을 위한 글로벌 협력체계를 구축하여 5G 신규 서비스 및 기능을 신속하게 상용화 할 수 있도록 노력하고 있다.

(나) 소프트웨어정의네트워크(Software Defined Network SDN) 기술

통신네트워크는 각각의 기능과 목적에 따른 다양한 장비들로 구성된다. 예를 들면 네트워크를 통해 전송되는 패킷의 경로를 위한 라우터, 서로 다른 네트워크 사이의 속도나 프로토콜 호환을 위한 게이트웨이, 그 외 스위치, 브리지 등 다양한 전용 장비등이 있다. 기존에는 이러한 장비들이 모두 하드웨어 기반으로 운용되었으나 소프트웨어 기술이 발전하면서 이제는 점차 소프트웨어 기반의 장비로 전환되고 이렇듯 소프트웨어적으로 각각의 기능과 목적을 세팅하고 장비의 운용을 유연하게 사용하는 기술을 소프트웨어정의네트워크 기술이라고 한다.

(3) 모바일 엣지 컴퓨팅(Mobile Edge Computing, MEC)

엣지컴퓨팅은 클라우드와 같이 중앙서버에 있는 컴퓨팅 파워를 이용하는 게 아닌 네트워크의 가장자리의 단말 장치로 사용자나 디바이스가 연결된 부분의 컴퓨팅 파워를 사용한다는 의미에서 정의 내려졌다. 다른 말로는 포그(Fog) 컴퓨팅이라고 부르기도 한다. 기존 네트워크의 경우 대용량, 고성능을 필요로 하는 기능에 대해 중앙집중식으로 처리하는 네트워크를 구성하였으나, 이는 대규모 인프라 투자비용, 처리용량의 과부하, 거점단위 트래픽 불균형, 데이터 통합 처리에 따른 지연율 및 보안 이슈 등을 해결하기가 어려웠다. 그러나, 최근 컴퓨팅 자원이 집적화되면서 분산 자원의 처리 성능이 높아지고, 5G 광대역 기반의 부가서비스 제공이 가능해지면서 분산처리 환경을 통한 서비스 구현이 실효성을 갖게 된 것이다.

MEC가 5G의 코어 기술로 주목받는 이유는 5G네트워크는 IoT 기기와 클라우드 간 막대한 데이터 전송을 담당하여야 하는데 특히 자율주행 차량통신과 같은 URLLC 시나리오타입 서비스의 경우 초저지연 성능이 매우 중요하다. 이러한 상황에서 MEC는 유선망을 거치지 않고 사용자와 가까운 위치에서 데이터 송수신을 처리하므로 물리적인 데이터 전송 구간이 단축되며 5G의 초저지연 성능을 극대화시켜줄 수 있다. 또한 중앙저장장치에 데이터를 전송할 필요가 없어 해킹의 위험도 낮춰줄 수 있다는 장점이 있다. MEC를 구현하기 위해서는 통신인프라를 제공하는 통신사업자, 네트워크 및 컴퓨팅장비를 제공하는 제조사, 가상 인프라를 기반으로 클라우드 서비스를 제공하는 클라우드 서비스 사업자(Cloud Service Provider: CPS) 의 협력적 참여가 필요하다.

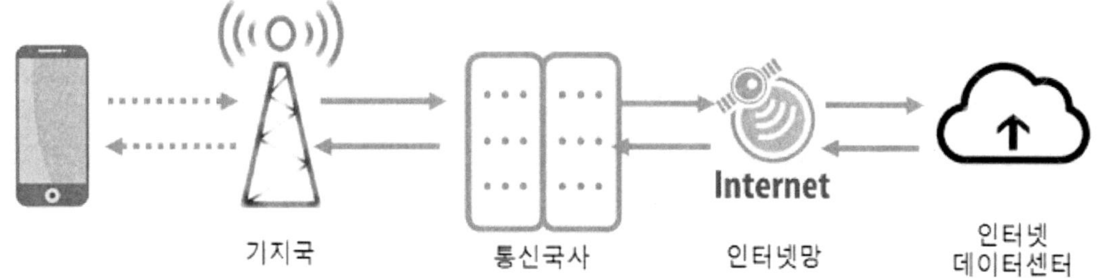

[그림 76] 일반 네트워크 전송방식

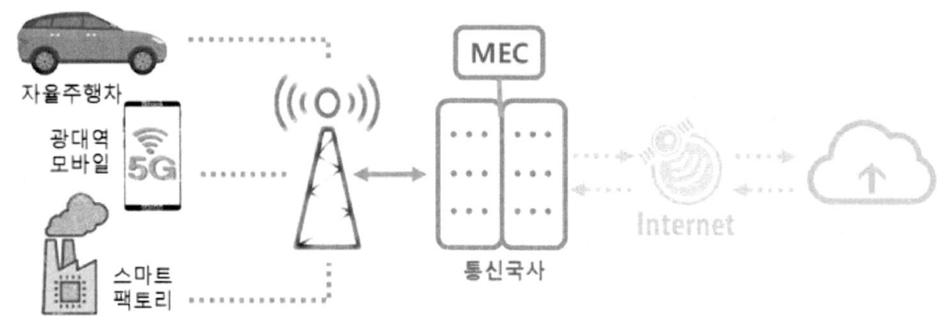

[그림 77] 5G-MEC 전송방식

(4) 빔포밍 기술

초고주파는 이전에 국제적으로 사용 빈도가 크지 않았었기 때문에 각 국가별로 광대역 확보가 상대적으로 용이하지만 물리적 특성상 낮은 주파수에 비해서 멀리까지 전파되지 못하고 장애물 등을 통과하는 투과력이 상대적으로 약한 특성이 있다.

이러한 초고주파의 물리적 특성을 극복하기 위해 수십 개 이상의 많은 안테나를 활용하는 빔포밍 (beamforming) 기술을 5G표준 기술로 도입하였다. 빔포밍 기술은 많은 수의 안테나에 실리는 신호를 각각 정밀하게 제어하여 특정 방향으로 에너지를 집중시키거나, 또는 반대로 특정 방향으로 에너지가 나가지 않도록 조절이 가능한 기술로서 전파의 에너지를 집중시켜 거리를 늘리고 빔(Beam) 간에는 간섭을 최소화 시킬 수가 있다.

안테나를 많이 사용할수록 빔의 모양이 예리(sharp)해져서 에너지를 더 집중 시킬 수 있으나 단말이 빠르게 이동하는 경우 이렇게 예리한 빔을 계속 정확하게 추적(tracking)해야 하는 것이 기술적 관건이 된다.

[그림 78] 빔포밍 기술 개념도

(5) Massive MIMO

수 많은 안테나 배열 (Massive Antenna Array)을 활용하여 같은 무선 자원을 여러 명이 동시에 사용하는 Massive MIMO(Multi-Input Multi-Output)도 5G 표준에 도입되었다.

4G에서도 MIMO 기술이 사용되었으나 적은 수의 안테나를 사용하여 빔이 예리하지 못해 사용자 구분에 한계가 있었고 1차원(1D) 안테나 배열을 사용하였기 때문에 자유도(degree of freedom)가 낮아 수평방향(horizontal) 사용자만 구분하는데 그쳤다.
그러나 5G에서는 수십 개 이상의 안테나를 2차원(2D)으로 배치해 수직-수평(horizontal & vertical) 방향 모두 사용자를 구분할 수 있어 더 많은 다중 사용자를 동시에 지원할 수 있는 규격을 제공한다.

[그림 79] Massive MIMO 기술 개념도

나) 6G[79]

과학기술정보통신부는 2020년 8월, 2030년 사이에 상용화가 예상되는 6세대 이동통신(6G) 관련 산업과 시장에서 주도적인 위치를 선점하기 위한 '6G 이동통신 R&D 추진전략'을 발표했다. 미국과 중국, 일본, 유럽 등 해외 주요국 역시 불확실한 향후 기술환경 변화에 따른 6G 기술과 글로벌 시장 선도를 위해 국가 주도의 6G R&D를 이미 착수하였으며, 미국은 특히 THz 고주파수 대역 기술 확보를 위한 프로젝트 착수 등 본격적인 6G R&D에 돌입하였다.

미국 방위고등연구계획국(Defense Advanced Research Projects Agency, DARPA) 은 5G 가 상용화도 되기 이전인 2018년 7월 6G 연구개발에 착수하였고 FCC는 5G 이후의 기술 개발을 위해 95GHz ~ 3THz 대역을 연구용으로 개방하였다.

중국의 경우 중국공업정보화부 IMT-2020(5G) 추진팀은 2020년부터 6G 연구개발을 본격적으로 시작하여 2030년 상용화를 목표로 제시하였고, 2019년 11월 국가 6G 기술 연구개발 추진 업무팀을 출범해 국가 주도의 6G R&D를 공식화하였다. 유럽의 경우 유럽연합집행위원회(EC)는 포괄적인 산업 전략을 위한 기본 구상에 6G 관련 내용을 포함하여 스마트 네트워크 및 서비스 분야의 연구와 혁신을 포함하는 전략적 유럽 파트너십 구축을 목표로 하고 있으며 6G에 새롭게 포함될 인공지능, 양자 컴퓨팅 등 새로운 표준을 도입하기 위한 논의를 시작하였다. 특히 핀란드 오울루 대학 (University of Oulu) 등 민간 연구기관의 연구도 활발하게 이루어지고 있는데, 오울루 대학은 이미 2018년 6G 관련 R&D를 위한 6G 개발 생태계인 6G Flagship15을 설립하고 핀란드의 주요 연구기관과 기업을 참여시켜 유럽의 6G R&D를 선도하고 있다.

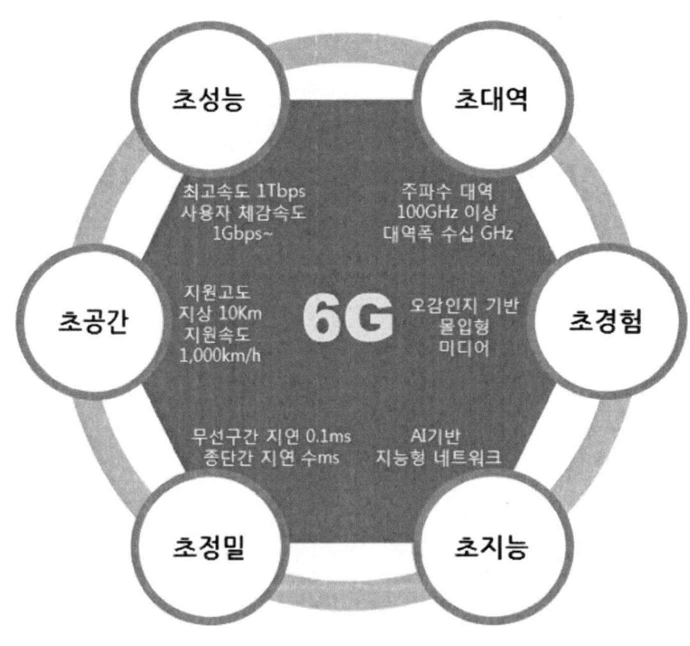

[그림 80] 6G 기술 성능 목표

---

79) 5G 기술·산업 현황 및 향후 비전, KPC4IR, KAIST, 2020

우리나라도 2019년 6G R&D 예비타당성 조사가 통과 하면서, 본격적인 6G 연구개발 전략이 수립되었다. 과학기술정보통신부가 발표한 6G 기술은 초고속 (Tbps급), 초저지연 (최소 5ms 급) 및 인공지능 기술이 결합된 초지능, 초정밀, 초대역, 초성능 등 6대 중점 기술을 포함하고 있으며, 2030년 상용화가 예상되는 6G 기술 및 시장 선점과 핵심 부품의 국산화를 위해 6G 핵심기술 개발, 국제표준 선도, 부품 및 장비 개발에 집중할 것으로 보인다. 이를 위해 과학기술정보통신부는 6개 중점 기술 성능 목표 달성을 위한 전략과제를 선정하고 2021년부터 8년 간 6G R&D를 위한 투자 계획을 수립하였다.

중점분야	전략과제	주요성과물
초성능	Tbps 무선통신	Tbps급 무선통신 기술
	Tbps 광통신	Tbps급 광통신 기술
초대역	THz RF 부품	고출력 저잡은 전력증폭기, Sub THz 트랜시버
	THz 주파수	대역별 전파모델 및 DB
초정밀	종단간 초정밀 네트워크	초저지연, 고정밀 패킷 포워딩 H/W 모듈
초공간	공간 이동통신	3D 이동체 프로토콜 SW
	공간 위성통신	위성/지상 통합 액세스 및 탑재체 기술
초지능	지능형 무선 액세스	자동화 및 지능형 시스템
	지능형 네트워크	
초신뢰	6G 품질 상시보장 보안 기술	6G 품질을 보장하는 내제화된 보안기술

[표 22] 6G 핵심기술개발 주요 내용

또한, 5G+ 전략산업 및 서비스를 통해 개발되어진 장비나 부품을 6G 환경에서도 활용할 수 있도록 고도화 시키는 연구개발도 지원될 예정이다. 6G 원천기술 개발을 위한 정부의 적극적 인 지원은 5G에 이어 6G에서도 조기 상용화 효과를 극대화하고, 원천기술의 국제표준특허 확 보를 통해 ICT 글로벌 리더십을 지속 확보하겠다는 목표를 달성하기 위함이다.

05

스마트팩토리 시장동향

5. 스마트팩토리 시장동향
가. 해외시장

글로벌 경제의 저성장 기조와 생산성 하락으로 인해 신성장 동력이 필요한 가운데 주요국 및 기업들의 4차산업혁명 대응 및 산업 경쟁력 강화를 위해 산업인터넷, 스마트팩토리에 대한 관심이 증가했다. 스마트팩토리의 세계시장규모는 2020년 2,845억 달러에서 2025년 4,165억 달러로 성장할 것으로 전망된다.

구분		2020	2021	2022	2023	2024	2025	CAGR ('20~'25)
공급산업	디바이스	87.0	92.8	99	105.6	115.7	123.5	6.7%
	ICT	197.7	213.9	231.4	250.3	270.8	293	8.2%
수요산업		284.5	306.7	330.4	355.9	386.5	416.5	7.8%

[표 23] 스마트팩토리 세계 시장규모 및 전망 (단위: 십억달러, %) [80]

마켓 앤 마켓(Markets & Markets)에 따르면 글로벌 스마트 팩토리(제조) 시장규모는 2022년까지 매년 9.3%씩 성장해 2054.2억 달러 시장 규모가 형성될 것으로 전망한바 있다. 특히 한국의 시장 규모는 2020년에는 78.3억 달러, 2022년까지는 127.6억 달러로 예상돼, 연간 12.2%의 높은 성장률로 아시아 지역에서 중국에 이어 두 번째로 빠른 성장 속도를 보일 것으로 예상되고 있다.

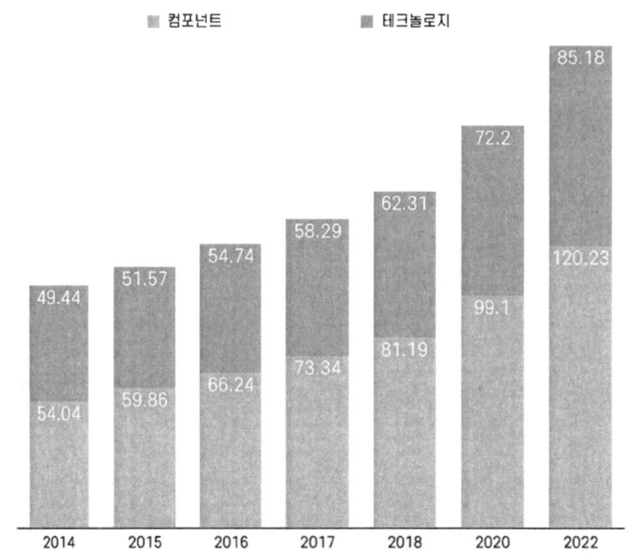

[그림 82] 글로벌 스마트제조시장규모 (단위: 억달러)

---

80) 스마트팩토리 중소,중견기업 기술로드맵 2017-2019, 중소기업청

지역별 스마트 제조 시장 현황을 분석하면 아시아 및 중동이 미주 및 유럽보다 높은 성장세를 나타낼 것으로 보인다. 아시아의 경우 세계 주요 기업들의 제조 공장들이 많이 위치하고 있기 때문에 이러한 기업들에 의한 스마트 제조 도입이 타 지역에 비해 빠를 것으로 예상된다. 중동의 경우 원유 수출 등으로 마련한 막대한 자금으로 자국의 제조업을 본격적으로 육성할 것으로 보이며 최신 설비를 갖춘 스마트 제조 도입이 이뤄질 것으로 전망된다.

특히 2020년부터는 중국이 미국을 능가하는 최대 시장으로 성장할 전망이며, 아시아·태평양(APAC)지역이 2015년 이후 최대 시장으로 자리 매김하고 있으며, 2024년 이후 절반에 가까운 규모에 도달할 것으로 전망하고 있다.[81]

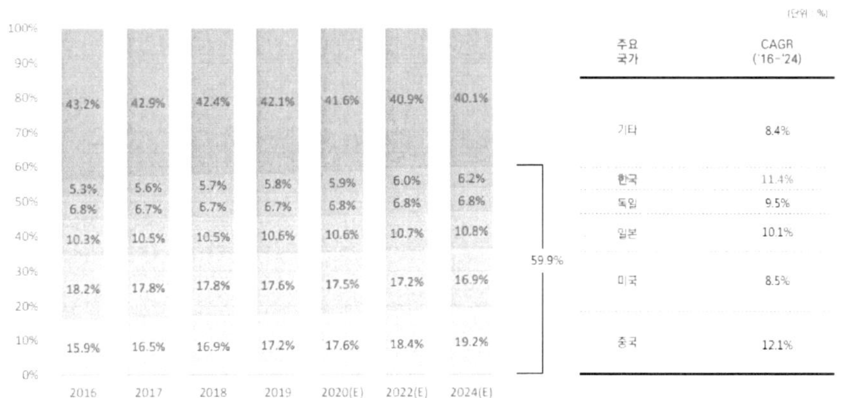

[그림 83] 스마트팩토리 시장 전망

Statista는 2019년도에 1,537억 달러 규모의 글로벌 스마트팩토리 시장이 9.6%의 고도성장을 통해 2024년 2,440억 달러 규모로 성장할 것으로 전망했다. [82]

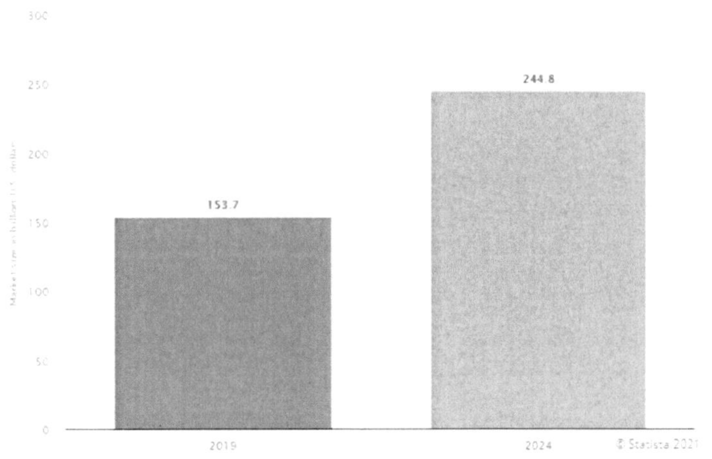

[그림 84] 스마트팩토리 글로벌 시장규모

---

81) 스마트팩토리 산업의 이해와 투자전망, KITIA, 2020
82) 2021년 2월 스마트팩토리 국내외 동향 리포트, 스마트제조혁신협회, 2021

나. 국내시장

스마트팩토리의 국내시장 규모는 2020년까지 78.3억 달러에서 2025년 139억 달러에 달할 전망이다.

구분	2020	2021	2022	2023	2024	2025	CAGR ('20~'25)
국내시장	78.3	87.8	98.5	110.5	123.9	139	12.2%

[표 24] 스마트팩토리의 국내 시장규모 및 전망

국내 스마트 제조 시장 중 특히 우리나라는 2022년 3만 개 보급·확산사업에 힘입어 중소·중견 기업 중심의 스마트 팩토리 구축으로 시장이 활황을 맞이하고 있으나, 아직까지는 소프트웨어 (SW) 위주로 보급 중이다. IoT와 CPS 등 스마트 제조 기술의 고도화를 지향하는 솔루션은 대기업을 중심으로 시범 도입되는 단계에 머물러 있고, 성공 레퍼런스가 부족한 상황으로 평가받고 있다. 한국은 제조업이 국민 총 생산에서 차지하는 부가가치 비중이 중국(31%) 다음으로 높게 조사되었다. 따라서 스마트팩토리를 적용할 경우 더욱 높은 부가가치를 창출할 수 있을 것으로 전망된다.

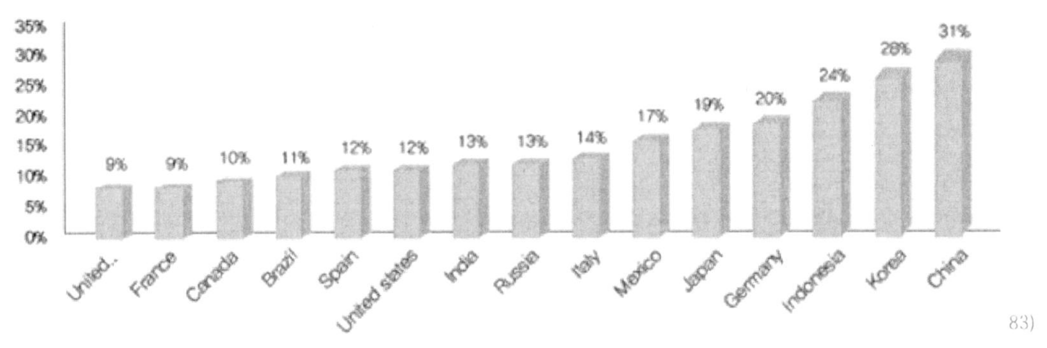

[그림 85] 제조업 부가가치 비중

'코로나19' 사태는 오히려 4차 산업혁명 기술의 **빠른** 발전을 가져왔고, 해당 기술과 직접적 연관을 맺고 있는 스마트 제조 솔루션 시장은 전망이 밝았다. 실제 업계 종사자들 76%가 올 한해 매출액이 유지 및 증가했다고 답했다. 직접적으로 "증가했다"는 답변만 30%에 달했다.

국내의 경우 미국이나 일본과 달리 GDP대비 제조업 비중이 30%를 상회하는 만큼, 스마트팩토리는 국내 경제에 있어 중요한 분야이다. 그러나 스마트 공장 관련 기술의 상대수준을 보면 한국은 미국, 유럽, 일본에 이어 4위이나, 3위인 일본과 큰 기술수준의 차이를 보이고 있어 경쟁력 제고를 위한 노력이 시급하다.84)

---

83) 스마트팩토리 중소,중견기업 기술로드맵 2017-2019, 중소기업청

MarketsandMarkets(2019)에 따르면, 한국의 스마트팩토리 시장 규모는 2018년 기준 약 80.6억 달러에 달하며, 2024년에는 1.9배 규모인 약 152.8억 달러 규모를 형성할 것으로 전망된다. 한국의 스마트팩토리 시장 연평균 성장률은 11.4%로 세계 시장에 비해 빠른 속도(세계 스마트팩토리 시장 연평균 성장률 9.8%)로 성장할 것으로 예측된다. 스마트팩토리 시장은 필드 디바이스 시장과 기술 요소 시장으로 구성된다. 필드 디바이스 시장은 PLM, MES와 같이 스마트팩토리 플랫폼에 사용되는 시스템들의 시장을 의미하며, 기술 요소 시장은 산업용 로봇, 센서, 머신비전, 3D 프린팅 등 요소 기술들에 대한 시장을 의미한다.[85]

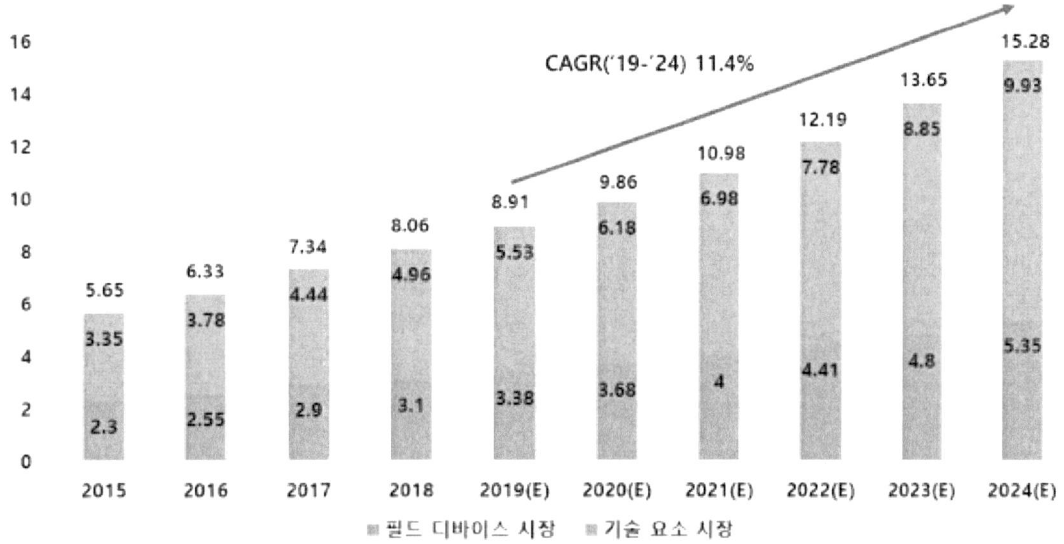

[그림 86] 한국 스마트팩토리 시장 전망 (단위: 10억 달러)

한국은 필드 디바이스보다는 기술 요소 시장의 비중이 더 크며, 2019년부터 2024년까지 필드 디바이스 시장의 CAGR은 9.6%, 기술 요소 시장의 CAGR은 12.4%로 기술 요소 시장의 높은 성장률에 힘입어 빠른 속도고 성장할 것으로 전망된다.

---

84) 글로벌 스마트팩토리시장, 2022년까지 매년 9.3%성장/ 뿌리산업
85) 스마트팩토리 솔루션, 한국 IR협의회, 2021.07.02

다. 분야별 시장
1) 스마트 센서[86]

글로벌 스마트 센서 시장은 2019년 371.2억 달러에서 연평균 14.3% 성장하여 2027년에 913.7억 달러로 성장할 전망이다. 스마트 센서는 기계 간 통신 및 분석과 같은 고급 IT 솔루션에 적용되며 공정에 중요한 온도 또는 압력 가속과 관련된 변동을 측정한다. 이러한 장치는 스마트 그리드, 스마트 시티 및 스마트 환경(산불 제어, 모니터링 및 지진 조기 감지)에서 구현된다.

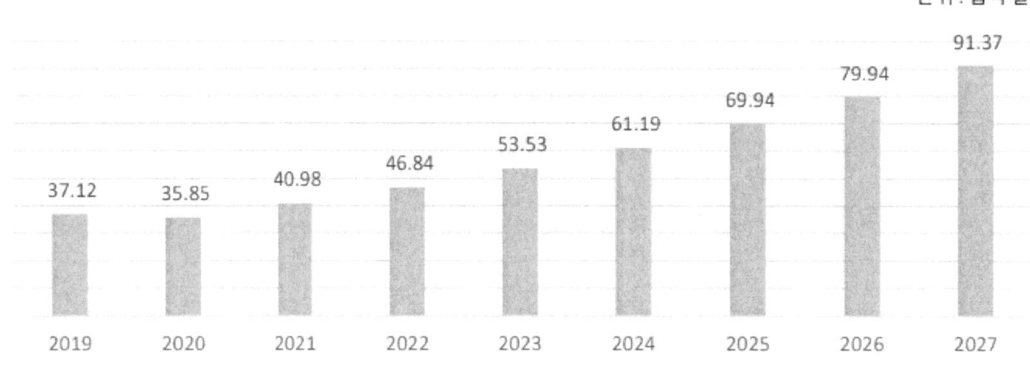

[그림 87] Global Smart Sensor Market

스마트 센서 산업은 현재 성장 단계에 있으며 시장 플레이어의 R&D 활동에 대한 높은 투자와 IoT에 대한 사회의 집중으로 인해 향후 상당한 성장을 기록할 것으로 예상된다. 스마트 센서 시장 성장을 이끄는 요인으로는 자동차 및 전자 제품에 대한 수요 증가와 스마트 시티 개발 등이 있다. Edison 재단에 따르면, 미국은 2015년에 6,500만 개의 스마트 미터를 설치했으며, 2016년에는 7천만 대의 설치 건수가 증가하여 전국 가구의 절반 이상에 이른다.

지역별 스마트 센서 시장 동향은 북미(미국, 캐나다 및 멕시코), 유럽(영국, 독일, 프랑스, 이탈리아 및 기타 유럽), 아시아 태평양(중국, 일본, 인도 및 아시아 태평양 지역), LAMEA(라틴 아메리카, 중동 및 아프리카)로 구분된다. 아시아 태평양 지역은 성장 가능성이 가장 큰 지역으로 이는 스마트폰 사용이 증가하고 주거, 상업 및 산업 분야에서 스마트 전자 기기의 수요가 증가하는 것에 기인한다.

자동차 부문의 스마트 센서에 대한 강력한 수요, 사물 인터넷 시장의 성장세, 스마트 시티 개발로 인한 스마트 센서 수요 증가와 같은 요인이 주 시장 성장 요인으로 작용하고 있으나, 장치에 스마트 센서를 통합하면 추가 전력 소요가 발생하며 장치의 수명이 줄어들기 때문에, 이러한 단점은 어느 정도 시장 성장을 방해할 것으로 예상된다. 또한 웨어러블 기기의 채택과 생물 의학 분야에서 다양한 혁신적인 애플리케이션이 증가하여 글로벌 시장에서 수익성 있는 시장 기회를 제공할 것으로 예상된다.

---

86) 유망시장 Issue Report 스마트센서, 연구개발특구진흥재단, 2021.08

　글로벌 스마트 센서 시장은 COVID-19 발발로 큰 악영향을 받아, 제조 가동률이 크게 감소하고 있으며, 여행 금지 및 시설 폐쇄로 인해 근로자들이 공장을 빠져 나갔고 이로 인해 2020년에는 스마트 센서 시장의 성장이 둔화되었다. 그러나 COVID-19가 스마트 센서 시장에 미치는 부정적인 영향은 단기간에 머무를 것으로 예상된다.

　글로벌 스마트 센서 시장 대비 3%의 점유율로 추정할 때 한국의 스마트 센서 시장은 2019년 1.11억 달러에서 2027년에 2.74억 달러로 성장할 것으로 예상된다.

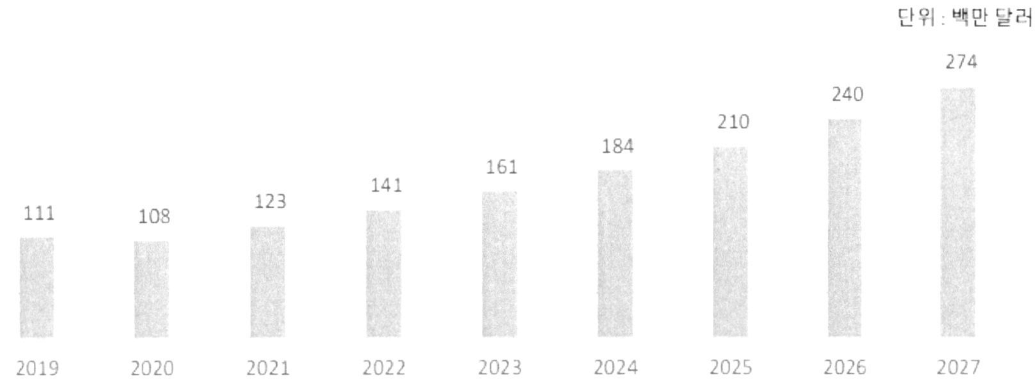

[그림 88] Korea Smart Sensor Market

　자율주행차 등 제조부문 외 다양한 서비스 영역에서 스마트화를 위해 시각센서 기반 시스템 도입이 확대되고 있다. 자율주행 시스템을 위해서는 첨단 운전자 보조시스템(ADAS) 등의 기술이 사업화되어야 하며 시각 기반 센서 기술이 핵심이다. 현재 서비스업에서도 스마트화 전환 가속, 이미지 및 영상센서를 기반으로 하는 시스템 도입이 확대되고 있다.

2) 산업용 IoT[87]

전 세계 산업용 IoT 시장은 2021년 767억 달러에서 연평균 성장률 6.7%로 증가하여, 2026년에는 1,061억 달러에 이를 것으로 전망된다.

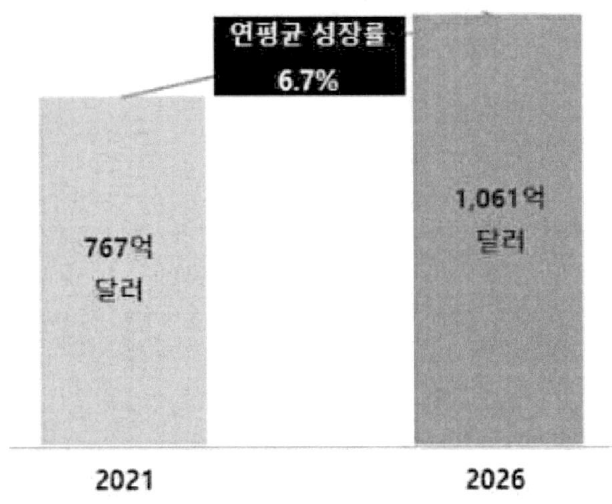

[그림 89] 글로벌 산업용 IoT 시장 규모 및 전망

전 세계 산업용 IoT 시장은 장치&기술에 따라 네트워킹 기술, 분산 제어 시스템(DCS), 산업용 로봇, 센서, 카메라, 무선 주파수 식별(RFID), 상태 모니터링, 스마트 미터, 수율 모니터링, 글로벌 포지셔닝 시스템/글로벌 위성 내비게이션 시스템, 전자선반 라벨(ESL), 인터페이스 보드, 스마트 비콘, 흐름&응용 프로그램 제어 장치, 지침&스티어링으로 분류할 수 있다.

네트워킹 기술은 2021년 162억 2,000만 달러에서 연평균 5.1%로 증가하여, 2026년에는 208억 3,000만 달러에 이를 것으로 전망되며, 분산 제어 시스템(DCS)은 2021년 106억 7,000만 달러에서 연평균 7.4%로 증가하여, 2026년에는 152억 5,000만 달러에 이를 것으로 전망된다. 산업용 로봇은 2021년 49억 1,000만 달러에서 연평균 5.4%로 증가하여, 2026년에는 64억 달러에 이를 것으로 전망되고, 센서는 2021년 32억 2,000만 달러에서 연평균 7.5%로 증가하여, 2026년에는 46억 3,000만 달러에 이를 것으로 전망된다. 카메라는 2021년 23억 6,000만 달러에서 연평균 7.0%로 증가하여, 2026년에는 33억 1,000만 달러에 이를 것으로 전망되고, 무선 주파수 식별(RFID)은 2021년 22억 6,000만 달러에서 연평균 5.9%로 증가하여, 2026년에는 30억 1,000만 달러에 이를 것으로 전망된다. 상태 모니터링은 2021년 16억 6,000만 달러에서 연평균 6.1%로 증가하여, 2026년에는 22억 3,000만 달러에 이를 것으로 전망되며, 스마트 미터는 2021년 12억 2,000만 달러에서 연평균 7.6%로 증가하여, 2026년에는 17억 6,000만 달러에 이를 것으로 전망된다. 다음으로 수율 모니터링은 2021년 7억 5,000만 달러에서 연평균 9.0%로 증가하여, 2026년에는 11억 5,000만 달러에 이를 것으로 전망되고, 글로벌 포지셔닝 시스템/글로벌 위성 내비게이션 시스템은 2021년 5억 3,000만 달러에서 연평균 8.9%로 증가하여, 2026년에는 8억 2,000만 달러에 이를 것으로 전망된다.

---

87) 산업용 IoT 시장, 연구개발특구진흥재단, 2021.10

전자선반 라벨(ESL)은 2021년 3억 8,000만 달러에서 연평균 8.8%로 증가하여, 2026년에는 5억 달러에 이를 것으로 전망되고, 인터페이스 보드는 2021년 3억 7,000만 달러에서 연평균 6.5%로 증가하여, 2026년에는 5억 달러에 이를 것으로 전망된다. 스마트 비콘은 2021년 3억 7,000만 달러에서 연평균 9.3%로 증가하여, 2026년에는 5억 7,000만 달러에 이를 것으로 전망되며, 흐름&응용 프로그램 제어 장치는 2021년 2억 9,000만 달러에서 연평균 7.4%로 증가하여, 2026년에는 4억 2,000만 달러에 이를 것으로 전망된다. 다음으로 지침&스티어링은 2021년 2억 3,000만 달러에서 연평균 8.6%로 증가하여, 2026년에는 3억 5,000만 달러에 이를 것으로 전망된다.

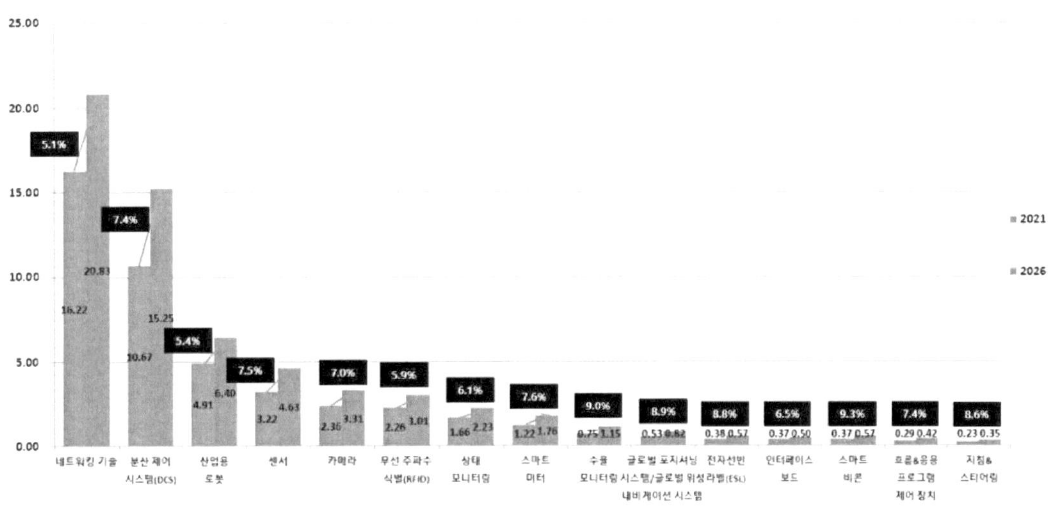

[그림 90] 글로벌 산업용 IoT 시장의 장치&기술별 시장 규모 및 전망 (단위: 십억 달러)

전 세계 산업용 IoT 시장은 연결 유형에 따라 유선, 무선으로 분류할 수 있다. 유선은 2021년 95억 9,000만 달러에서 연평균 성장률 5.0%로 증가하여, 2026년에는 122억 6,000만 달러에 이를 것으로 전망되고, 무선은 2021년 66억 4,000만 달러에서 연평균 성장률 5.3%로 증가하여, 2026년에는 85억 7,000만 달러에 이를 것으로 전망된다.

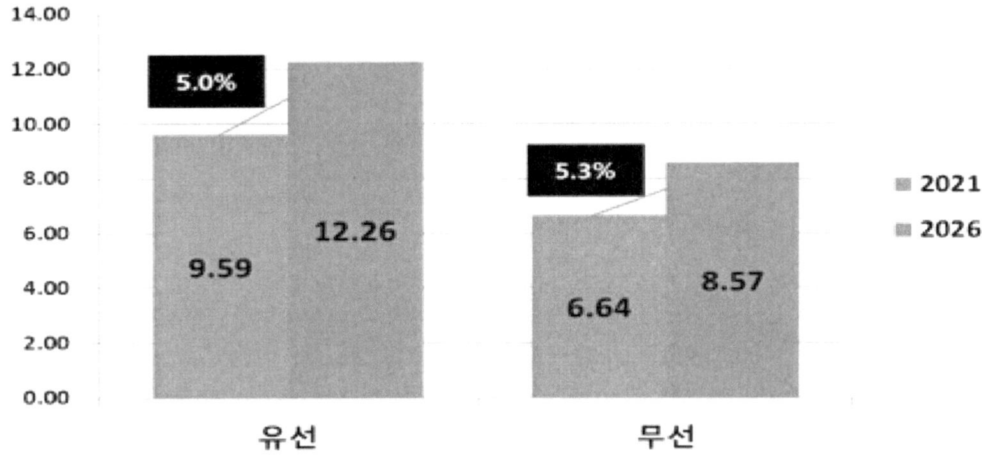

[그림 91] 글로벌 산업용 IoT 시장의 연결 유형별 시장 규모 및 전망 (단위: 십억 달러)

전 세계 산업용 IoT 시장은 소프트웨어에 따라 제조 실행 시스템(MES), 소매 관리 소프트웨어, 유통 관리 시스템, 감독 제어 및 데이터 수집(SCADA), 원격 환자 모니터링, 정전 관리 시스템, 농장 관리 시스템, 제품 수명주기 관리(PLM), 시각화 소프트웨어, 교통 관리 시스템으로 분류할 수 있다.

제조 실행 시스템(MES)은 2021년 81억 9,000만 달러에서 연평균 성장률 5.2%로 증가하여, 2026년에는 105억 7,000만 달러에 이를 것으로 전망되고, 소매 관리 소프트웨어는 2021년 56억 1,000만 달러에서 연평균 성장률 8.7%로 증가하여, 2026년에는 85억 2,000만 달러에 이를 것으로 전망된다. 유통 관리 시스템은 2021년 48억 9,000만 달러에서 연평균 성장률 8.9%로 증가하여, 2026년에는 74억 8,000만 달러에 이를 것으로 전망되며, 감독 제어 및 데이터 수집(SCADA)은 2021년 56억 2,000만 달러에서 연평균 성장률 5.4%로 증가하여, 2026년에는 73억 달러에 이를 것으로 전망된다. 원격 환자 모니터링은 2021년 28억 4,000만 달러에서 연평균 성장률 9.3%로 증가하여, 2026년에는 44억 1,000만 달러에 이를 것으로 전망되고, 정전 관리 시스템은 2021년 12억 2,000만 달러에서 연평균 성장률 7.6%로 증가하여, 2026년에는 17억 6,000만 달러에 이를 것으로 전망된다. 다음으로 농장 관리 시스템은 2021년 11억 달러에서 연평균 성장률 9.1%로 증가하여, 2026년에는 17억 달러에 이를 것으로 전망되고, 제품 수명주기 관리(PLM)는 2021년 9억 2,000만 달러에서 연평균 성장률 6.5%로 증가하여, 2026년에는 12억 5,000만 달러에 이를 것으로 전망된다. 시각화 소프트웨어는 2021년 5억 7,000만 달러에서 연평균 성장률 8.6%로 증가하여, 2026년에는 8억 6,000만 달러에 이를 것으로 전망되고, 마지막으로 교통 관리 시스템은 2021년 2억 9,000만 달러에서 연평균 성장률 9.6%로 증가하여, 2026년에는 4억 6,000만 달러에 이를 것으로 전망된다.

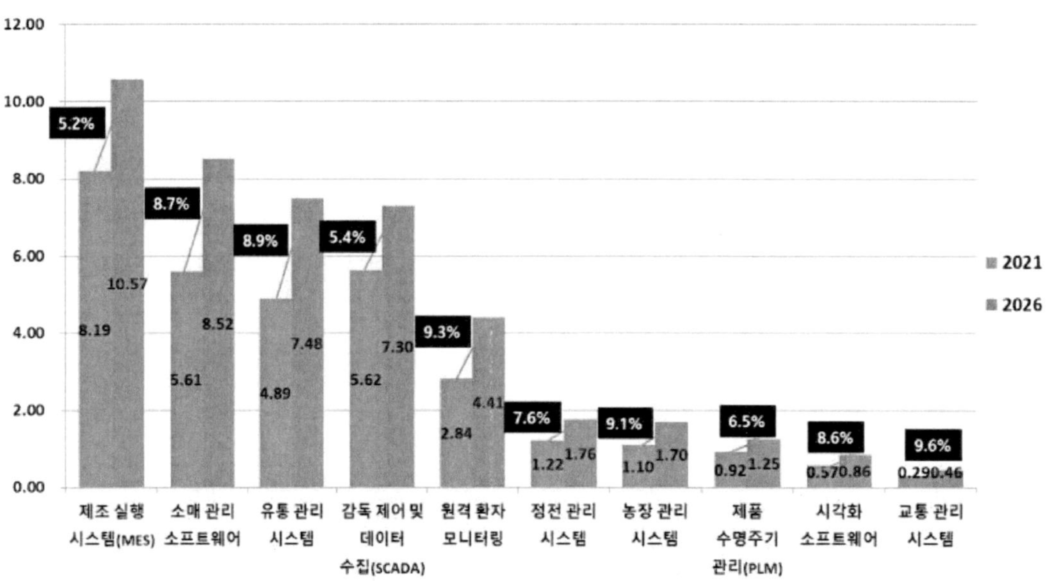

[그림 92] 글로벌 산업용 IoT 시장의 소프트웨어별 시장 규모 및 전망 (단위: 십억 달러)

전 세계 산업용 IoT 시장은 산업에 따라 제조업, 에너지, 소매업, 오일&가스, 헬스케어, 금속
&광업, 교통업, 농업으로 분류된다. 제조업은 2021년 279억 달러에서 연평균 성장률 7.3%로
증가하여, 2026년에는 397억 달러에 이를 것으로 전망되고, 에너지는 2021년 105억 달러에
서 연평균 성장률 9.0%로 증가하여, 2026년에는 161억 달러에 이를 것으로 전망된다. 다음으
로 소매업은 2021년 106억 달러에서 연평균 성장률 4.2%로 증가하여, 2026년에는 131억 달
러에 이를 것으로 전망되고, 오일&가스는 2021년 98억 달러에서 연평균 성장률 5.0%로 증가
하여, 2026년에는 125억 달러에 이를 것으로 전망된다. 헬스케어는 2021년 55억 달러에서 연
평균 성장률 9.3%로 증가하여, 2026년에는 86억 달러에 이를 것으로 전망되고, 금속&광업은
2021년 47억 달러에서 연평균 성장률 6.9%로 증가하여, 2026년에는 65억 달러에 이를 것으
로 전망된다. 교통업은 2021년 40억 달러에서 연평균 성장률 3.8%로 증가하여, 2026년에는
48억 달러에 이를 것으로 전망되고, 마지막으로 농업은 2021년 36억 달러에서 연평균 성장률
5.7%로 증가하여, 2026년에는 48억 달러에 이를 것으로 전망된다.

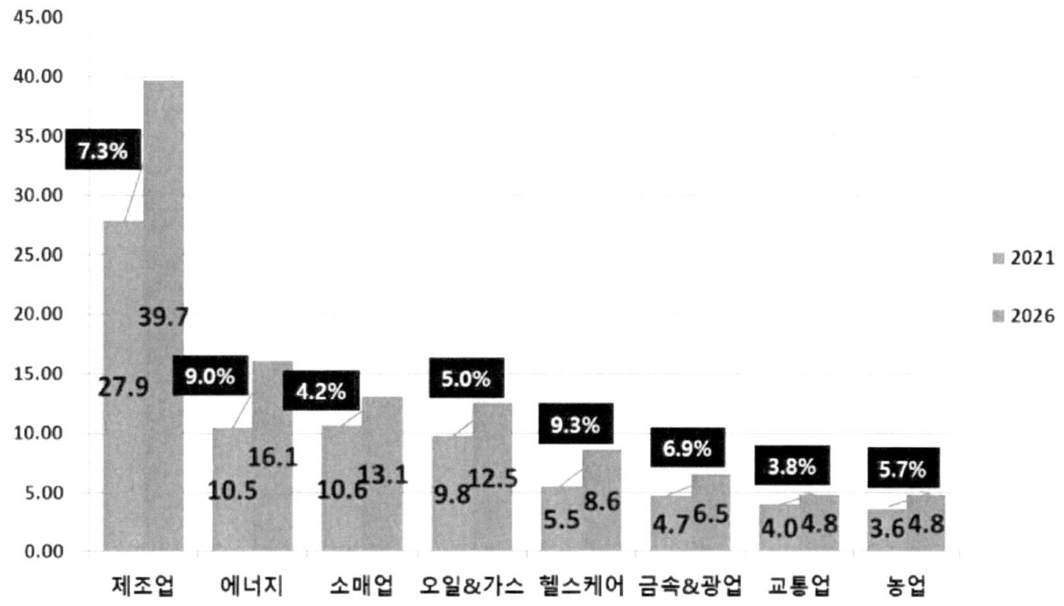

[그림 93] 글로벌 산업용 IoT 시장의 산업별 시장 규모 및 전망 (단위: 십억 달러)

전 세계 산업용 IoT 시장을 지역별로 살펴보면, 2020년을 기준으로 아시아-태평양 지역이
34%로 가장 높은 점유율을 나타냈다. 아시아-태평양 지역은 2021년 267억 달러에서 연평균
성장률 8.1%로 증가하여, 2026년에는 394억 달러에 이를 것으로 전망되고, 북아메리카 지역
은 2021년 247억 달러에서 연평균 성장률 6.0%로 증가하여, 2026년에는 330억 달러에 이를
것으로 전망된다. 유럽 지역은 2021년 177억 달러에서 연평균 성장률 5.6%로 증가하여,
2026년에는 232억 달러에 이를 것으로 전망되고, 그 외 지역은 2021년 76억 달러에서 연평
균 성장률 6.7%로 증가하여, 2026년에는 105억 달러에 이를 것으로 전망된다.

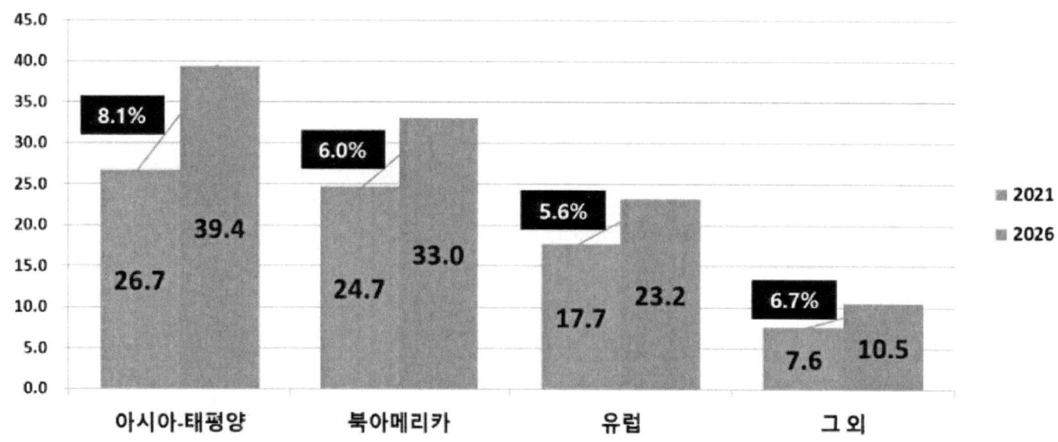

[그림 94] 글로벌 산업용 IoT 시장의 지역별 시장 규모 및 전망 (단위: 십억 달러)

3) 인공지능[88]

 인공지능산업의 글로벌 매출은 2020년 2,813억 달러(약 323조 원)에서 2023년 4,598억 달러(약 528조 원)로 성장할 전망이다. 인공지능 시장의 정의와 응용분야의 변화로 인공지능 시장에 대한 집계기준과 전망치는 기관마다 다르고, 같은 기관이라도 매년 예측치가 커지는 경향이 존재한다.

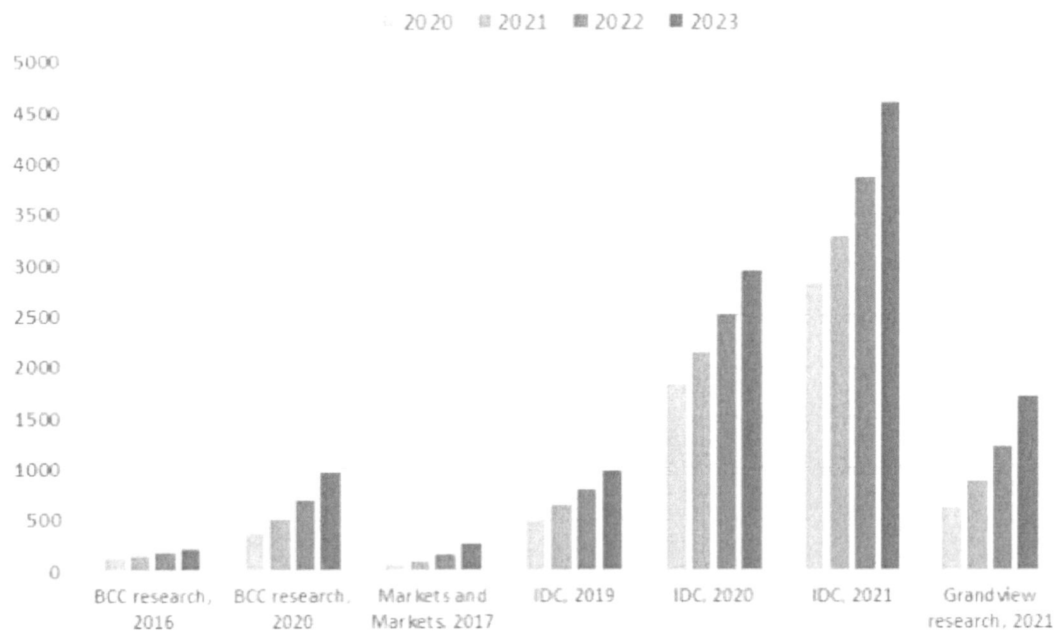

[그림 95] 조사기관별 2020~2023 글로벌 인공지능 시장전망 (단위: 억 달러)

 인공지능 소프트웨어는 전체 인공지능 시장 매출의 80%를 차지하고 있으며, 인공지능 소프트웨어 매출은 대부분 인공지능 솔루션의 매출이며 나머지는 AI 플랫폼에서 발생한다. 인공지능 하드웨어[89]의 시장규모는 작지만(약 5%) 가장 빠른 속도로 성장 하고 있다.(연평균 성장률 29.6% 예상) 하드웨어 분야의 주요 국가로는 미국, 중국, 일본, 서유럽 등이 있다.

 2020년 인공지능 시장의 전 세계 매출은 2,813억 달러(약 323조 원)로, 2023년까지 연평균 성장률(CAGR) 17.5%를 유지하여 총 매출은 4,598억 달러(약 528조 원)로 성장할 예상이다. 모든 기관에서 인공지능 시장의 연평균 성장률(CAGR)을 17%[90] 이상으로 예측하고 있으며, 평균적으로 20~30% 수준의 가파른 성장세를 보일 전망이다.

 인공지능 세부시장은 산업응용 5개 분야(챗봇·교육·영상데이터·헬스케어·로봇자동화)와 원천기술 3개 분야(AutoML[91]·설명가능 AI·학습용 데이터 생성) 총 8가지로 분류할 수 있다.

---

88) 인공지능산업 현황 및 주요국 육성 정책, 한국수출입은행, 2021.10.14
89) 부품(예: neural processing unit), 설계, 구조 등이 AI에 최적화된 서버, 스토리지 등의 하드웨어
90) CAGR가 17%인 경우 5년 뒤 시장규모가 약 2배가 되는 것으로 전망(20%는 약 4년, 30%는 2년 반)

인공지능 세부시장 중, 챗봇시장이 가장 규모가 크고 헬스케어와 영상데이터 분석(제조업·자율주행·안면인식 등)이 강세를 보이고 있다. 챗봇시장은 챗봇, 인공지능 스피커, 로보어드바이저를 포함한 인간-AI 상호작용 및 업무보조에 관련된 어플리케이션을 모두 포함하며 2024년에 566억 달러에 육박할 전망이다. 핵심 성장분야로는 AutoML·헬스케어·로봇자동화·교육 시장이 가파른 성장(CAGR 40% 이상)을 보이고 있으며, 챗봇시장 또한 높은 성장세를 이어나갈 전망이다. 에듀테크 분야에서 AI는 적용 초기단계이며 교육시장에서의 비중이 현재 약 3%에서 점차 높아짐에 따라 예측치를 훨씬 상회할 것으로 기대된다.

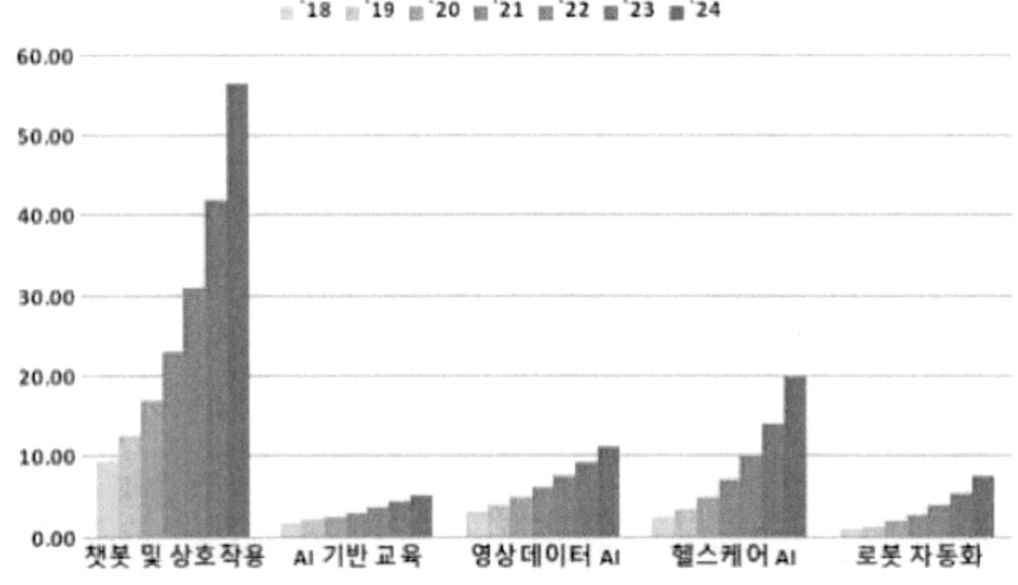

[그림 96] 산업응용분야 글로벌 전망 (단위: 십억 달러)

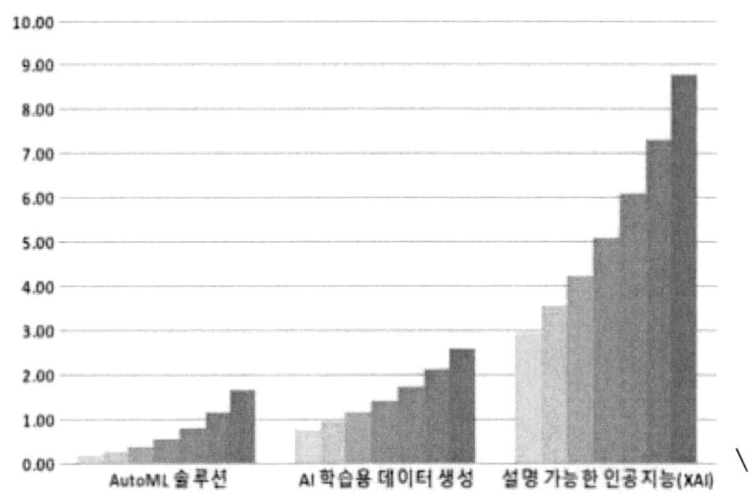

[그림 97] 원천 기술 분야 글로벌 전망 (단위: 십억 달러)

---

91) AutoML(Automated Machine Learning): 데이터를 기반으로 자동으로 인공지능 모형을 개발하는 인공지능 솔루션

인공지능 관련산업의 주요분야별 매출은 2018년도 기준 빅데이터 (1조 5039억 달러), 스마트의료기기(814억 달러), 스마트제조(394억 달러), 스마트시티(32.6억 달러) 순이며 광범위하게 자율주행차, 지능형로봇, 드론, IoT 등이 포함될 수 있다.

국내 인공지능 시장규모는 2020년 6,895억 원으로 추정되며 2023년 1조 원을 돌파할 전망이다. 국내 인공지능은 세계시장에서의 비중은 작으며 성장을 위해서는 추가적인 투자가 필요하다.

한국의 인공지능 분야 투자금액은 미·중 투자금액의 약 3% 수준이며 정부에서 노력을 기울이고 있으나 인공지능 시장의 성장을 위해서는 민간기업의 투자와 협력이 필요하다. 2018.01~2019.10 기간중 국내기업의 AI 분야 투자금액은 미국(약 42.9조원), 중국(약 29.6조원)에 비하여 매우 적은 715억원 수준(미·중 대비 각각 1.7%, 2.4%)이다.

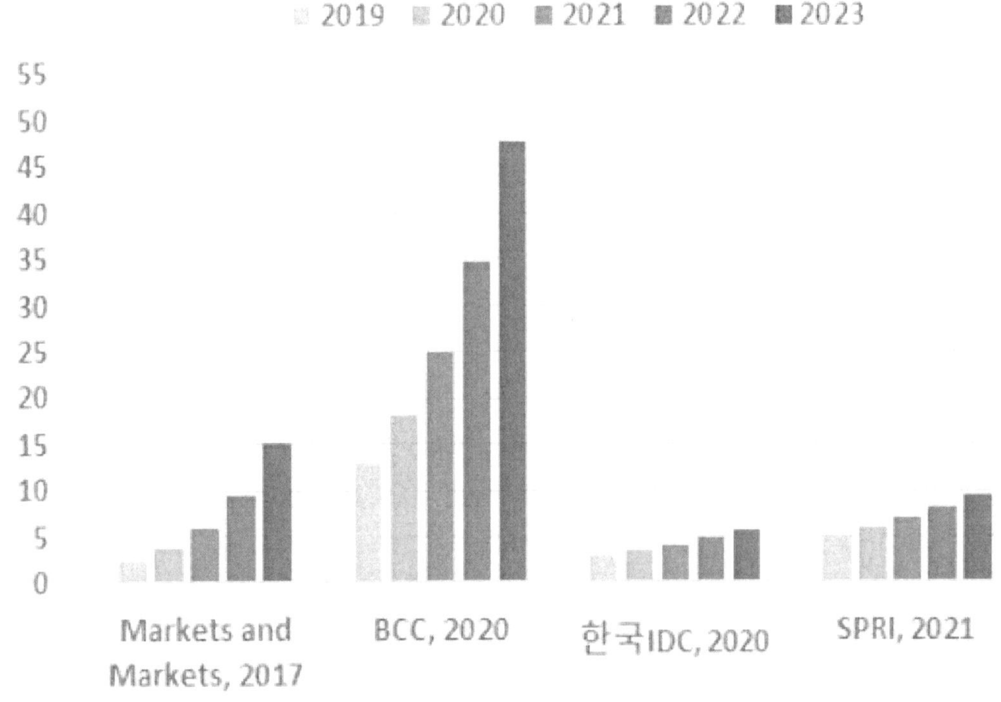

[그림 98] 조사기관별 2019~2023 국내 인공지능 시장전망 (단위: 억 달러)

소프트웨어정책연구소(SPRI)에서 매년 국내 인공지능 매출액을 집계하고 있는데, 약 16%의 성장률을 기준으로 2023년 1조 원을 돌파할 전망이다. 2018년~2020년 기준 소프트웨어가 가장 큰 매출 비중을 차지(약 62%)하고 있으며, 그 뒤로 서비스(약 35%), 하드웨어(약 3%) 순이며, 소프트웨어와 하드웨어의 비율이 점차 증가하는 추세다. 대부분 기관에서 CAGR(연평균 성장률)을 15% 이상으로 예측하였으며, 보고서에 따라 15%에서 많게는 58%까지 성장률을 전망하고 있다.

국내의 경우 교육, 학습용 데이터 생성, 로봇자동화의 시장규모가 크며, 글로벌 대비 챗봇, 헬스케어, 로봇자동화 분야가 빠르게 성장하고 있다. 국내에서는 AI 기반 교육서비스와 학습용 데이터 생성의 시장이 가장 큰 것으로 나타났으며 세계시장 대비 교육서비스, 로봇자동화, 학습용 데이터 생성이 높은 비중을 차지했다. 핵심성장 분야는 금융, 제조, 의료 등 산업의 높은 디지털화에 기인하여 챗봇(예: 로보어드바이저) · 헬스케어 · 로봇자동화 분야가 가파른 성장(CAGR 42% 이상) 중이다.

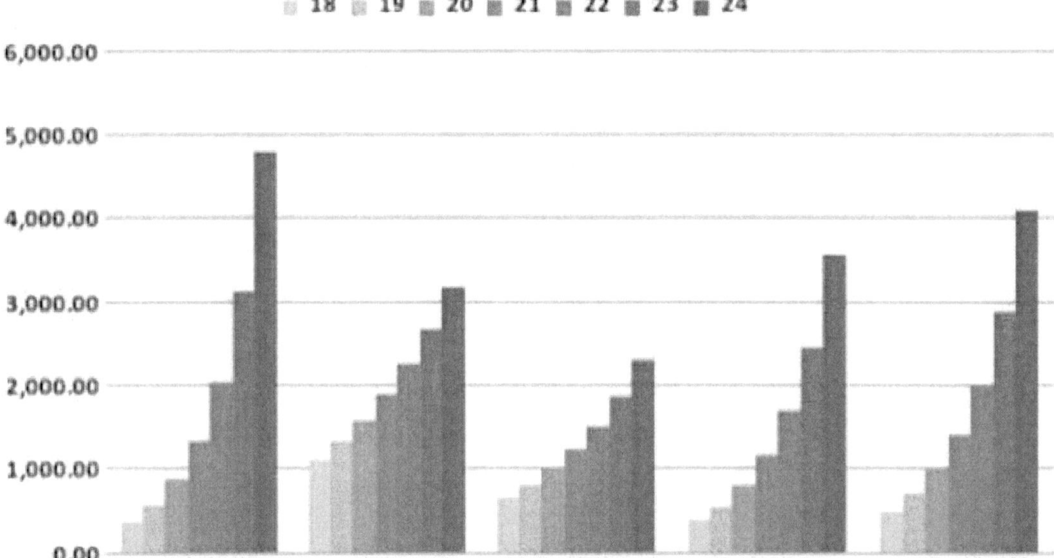

[그림 99] 산업응용분야 국내 전망 (단위: 억 원)

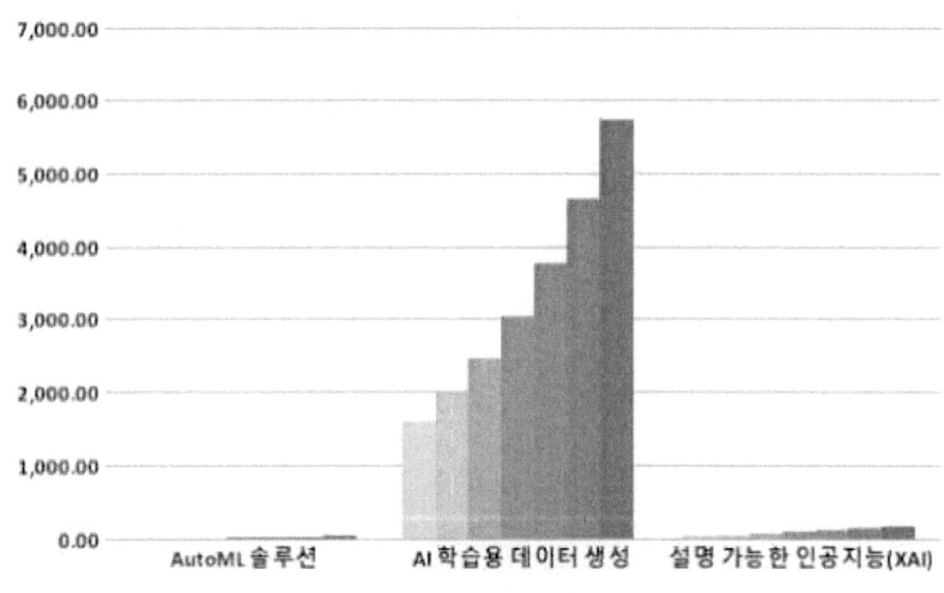

[그림 100] 원천기술분야 국내 전망 (단위: 억 원)

4) 머신 비전 시장[92]

전 세계 머신 비전 시장은 2021년 110억 달러에서 연평균 성장률 7.0%로 증가하여, 2026년
에는 155억 달러에 이를 것으로 전망된다.

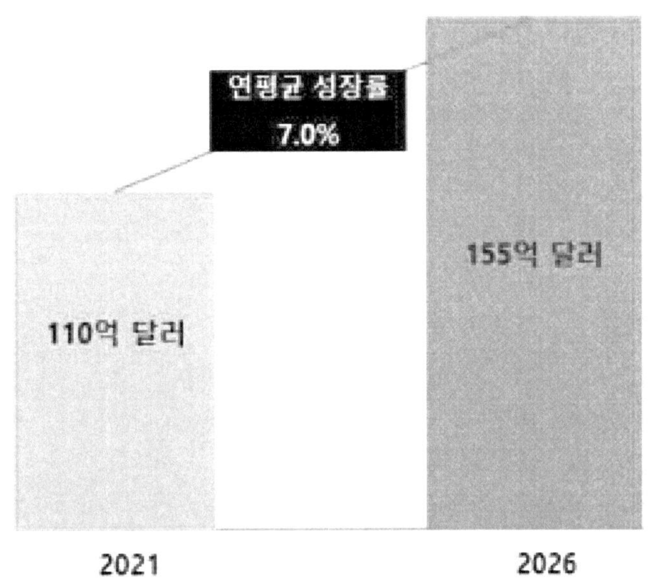

[그림 101\] 글로벌 머신 비전 시장 규모 및 전망

전 세계 머신 비전 시장은 구성요소에 따라 하드웨어, 소프트웨어로 분류된다. 하드웨어는
2021년 85억 2,100만 달러에서 연평균 성장률 6.0%로 증가하여, 2026년에는 113억 8,700만
달러에 이를 것으로 전망되며, 소프트웨어는 2021년 25억 700만 달러에서 연평균 성장률
10.3%로 증가하여, 2026년에는 40억 9,400만 달러에 이를 것으로 전망된다.

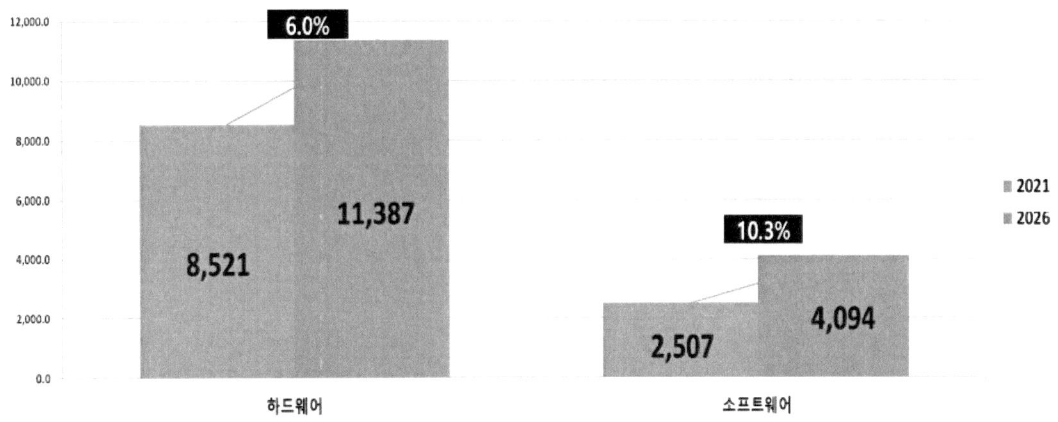

[그림 102] 글로벌 머신 비전 시장의 구성요소별 시장 규모 및 전망 (단위: 백만 달러)

---

92) 머신 비전 시장, 연구개발특구진흥재단, 2021.10

전 세계 머신 비전 시장은 하드웨어에 따라 카메라, 광학, 프레임 그래버, 프로세서, LED 조명, 기타로 분류할 수 있다. 카메라는 2021년 48억 7,800만 달러에서 연평균 성장률 7.1%로 증가하여, 2026년에는 68억 6,500만 달러에 이를 것으로 전망되며, 광학은 2021년 12억 9,100만 달러에서 연평균 성장률 4.9%로 증가하여, 2026년에는 16억 3,800만 달러에 이를 것으로 전망된다. 프레임 그래버는 2021년 6억 8,700만 달러에서 연평균 성장률 2.2%로 증가하여, 2026년에는 7억 6,700만 달러에 이를 것으로 전망되고, 프로세서는 2021년 7억 9,900만 달러에서 연평균 성장률 6.5%로 증가하여, 2026년에는 10억 9,300만 달러에 이를 것으로 전망된다. 다음으로, LED 조명은 2021년 6억 7,200만 달러에서 연평균 성장률 3.9%로 증가하여, 2026년에는 8억 1,400만 달러에 이를 것으로 전망되며, 기타는 2021년 1억 9,500만 달러에서 연평균 성장률 1.5%로 증가하여, 2026년에는 2억 1,000만 달러에 이를 것으로 전망된다.

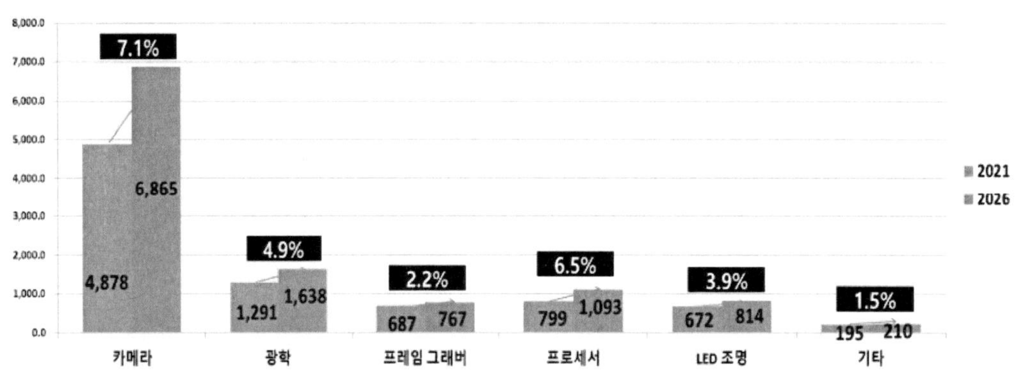

[그림 103] 글로벌 머신 비전 시장의 하드웨어별 시장 규모 및 전망 (단위: 백만 달러)

전 세계 머신 비전 시장은 소프트웨어에 따라 기존 소프트웨어, 딥 러닝 소프트웨어로 분류된다. 기존 소프트웨어는 2021년 23억 4,400만 달러에서 연평균 성장률 8.5%로 증가하여, 2026년에는 35억 2,100만 달러에 이를 것으로 전망되고, 딥 러닝 소프트웨어는 2021년 1억 6,300만 달러에서 연평균 성장률 28.6%로 증가하여, 2026년에는 5억 7,300만 달러에 이를 것으로 전망된다.

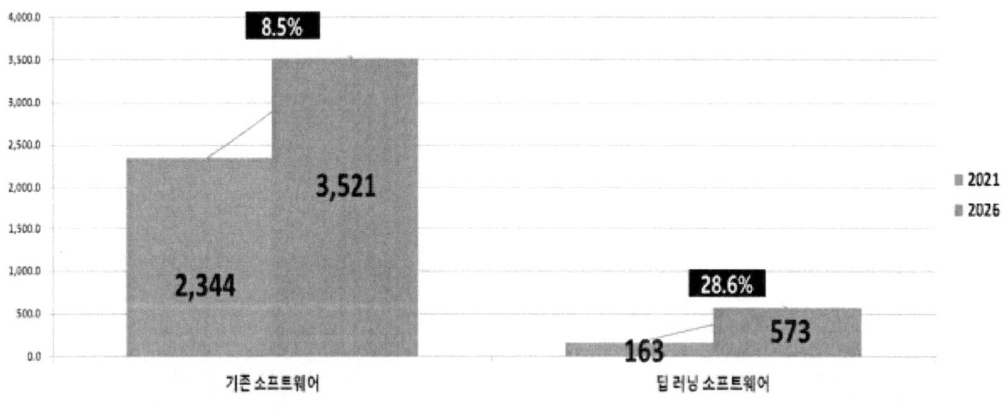

[그림 104] 글로벌 머신 비전 시장의 소프트웨어별 시장 규모 및 전망 (단위: 백만 달러)

전 세계 머신 비전 시장은 도입 구분에 따라 범용, 로봇 셀로 분류된다. 범용은 2021년 104억 6,600만 달러에서 연평균 성장률 6.8%로 증가하여, 2026년에는 145억 4,600만 달러에 이를 것으로 전망되고, 로봇 셀은 2021년 5억 6,200만 달러에서 연평균 성장률 10.7%로 증가하여, 2026년에는 9억 3,500만 달러에 이를 것으로 전망된다.

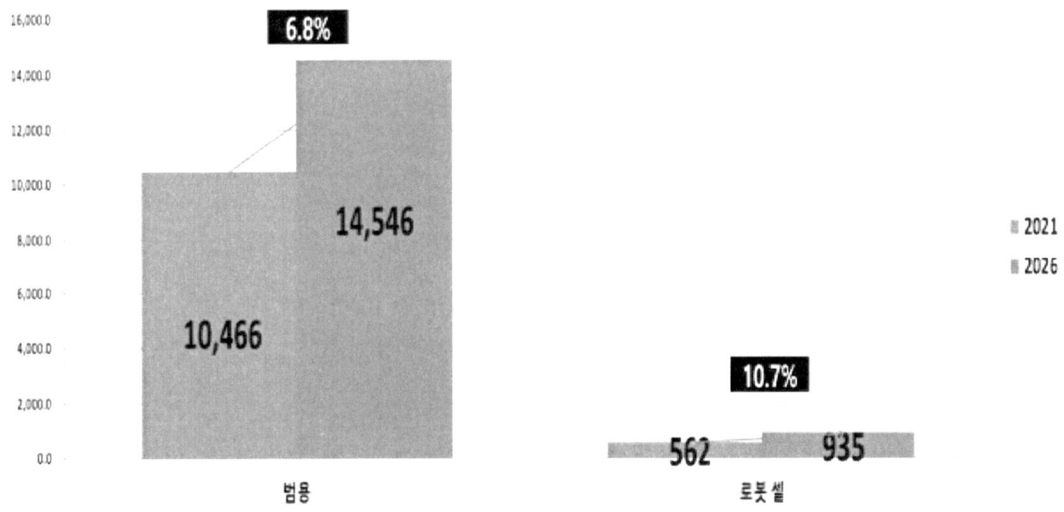

[그림 105] 글로벌 머신 비전 시장의 도입 구분별 시장 규모 및 전망 (단위: 백만 달러)

전 세계 머신 비전 시장은 제품에 따라 PC 기반, 스마트 카메라 기반으로 분류된다. PC 기반은 2021년 54억 6,200만 달러에서 연평균 성장률 4.4%로 증가하여, 2026년에는 70억 4,500만 달러에 이를 것으로 전망되고, 스마트 카메라 기반은 2021년 55억 6,600만 달러에서 연평균 성장률 7.8%로 증가하여, 2026년에는 84억 3,600만 달러에 이를 것으로 전망된다.

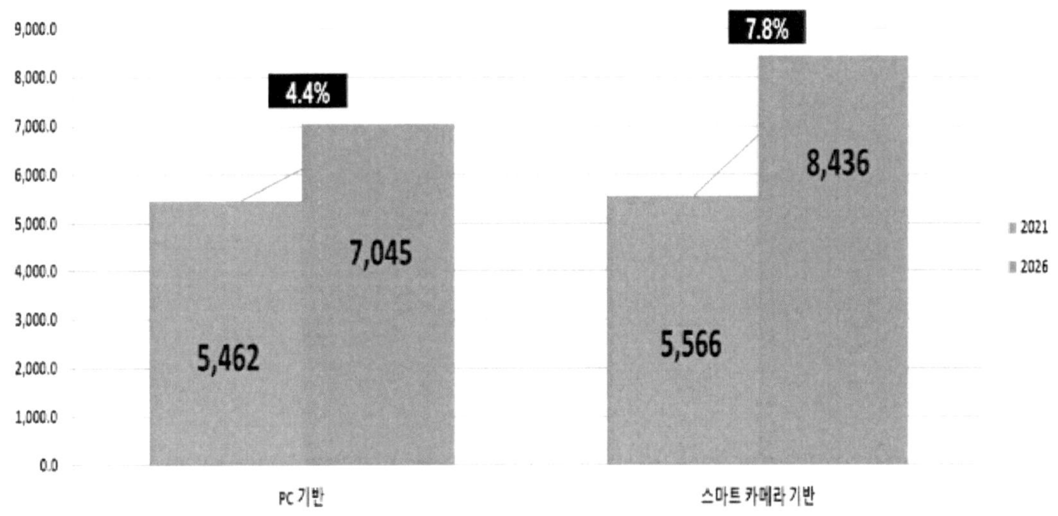

[그림 106] 글로벌 머신 비전 시장의 제품별 시장 규모 및 전망 (단위: 백만 달러)

전 세계 머신 비전 시장은 용도에 따라 품질 보증 및 검사, 위치 및 안내, 측정, ID, 예지 보전으로 분류된다. 품질 보증 및 검사는 2021년 47억 6,100만 달러에서 연평균 성장률 6.9%로 증가하여, 2026년에는 66억 5,100만 달러에 이를 것으로 전망되고, 위치 및 안내는 2021년 28억 2,400만 달러에서 연평균 성장률 7.5%로 증가하여, 2026년에는 40억 6,000만 달러에 이를 것으로 전망된다. 측정은 2021년 16억 7,300만 달러에서 연평균 성장률 5.4%로 증가하여, 2026년에는 21억 7,500만 달러에 이를 것으로 전망되며, ID는 2021년 16억 5,900만 달러에서 연평균 성장률 6.9%로 증가하여, 2026년에는 23억 1,200만 달러에 이를 것으로 전망된다. 마지막으로 1예지 보전은 2021년 1억 1,100만 달러에서 연평균 성장률 20.5%로 증가하여, 2026년에는 2억 8,200만 달러에 이를 것으로 전망된다.

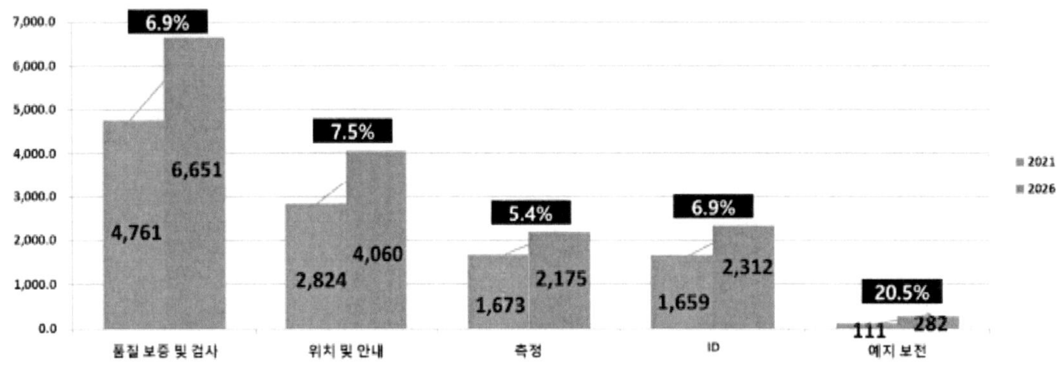

[그림 107] 글로벌 머신 비전 시장의 용도별 시장 규모 및 전망 (단위: 백만 달러)

전 세계 머신 비전 시장은 최종 사용자 산업에 따라 자동차, 가전, 전자 및 반도체, 인쇄, 금속, 목재 및 종이, 식품 및 포장, 고무 및 플라스틱, 의약품, 유리, 기계, 태양광 패널 제조, 섬유로 분류된다. 자동차는 2021년 14억 4,300만 달러에서 연평균 성장률 5.7%로 증가하여, 2026년에는 19억 700만 달러에 이를 것으로 전망되며, 가전은 2021년 13억 9,200만 달러에서 연평균 성장률 9.1%로 증가하여, 2026년에는 21억 5,300만 달러에 이를 것으로 전망된다. 전자 및 반도체는 2021년 12억 4,400만 달러에서 연평균 성장률 8.9%로 증가하여, 2026년에는 19억 600만 달러에 이를 것으로 전망되고, 인쇄는 2021년 6억 800만 달러에서 연평균 성장률 5.3%로 증가하여, 2026년에는 7억 8,900만 달러에 이를 것으로 전망된다. 금속은 2021년 5억 3,500만 달러에서 연평균 성장률 4.3%로 증가하여, 2026년에는 6억 6,000만 달러에 이를 것으로 전망되며, 목재 및 종이는 2021년 4억 4,300만 달러에서 연평균 성장률 5.0%로 증가하여, 2026년에는 5억 6,400만 달러에 이를 것으로 전망된다. 식품 및 포장은 2021년 14억 6,000만 달러에서 연평균 성장률 10.3%로 증가하여, 2026년에는 23억 8,900만 달러에 이를 것으로 전망되고, 고무 및 플라스틱은 2021년 4억 6,900만 달러에서 연평균 성장률 4.8%로 증가하여, 2026년에는 5억 9,400만 달러에 이를 것으로 전망된다. 의약품은 2021년 14억 1,100만 달러에서 연평균 성장률 5.1%로 증가하여, 2026년에는 18억 1,000만 달러에 이를 것으로 전망되며, 유리는 2021년 3억 9,800만 달러에서 연평균 성장률 5.2%로 증가하여, 2026년에는 5억 1,300만 달러에 이를 것으로 전망된다. 다음으로, 기계는 2021년 6억 5,400만 달러에서 연평균 성장률 6.1%로 증가하여, 2026년에는 8억 8,000만 달러에 이를 것으로 전망되며, 태양광 패널 제조는 2021년 5억 7,200만 달러에서 연평균 성장률 7.0%로 증가하여, 2026년에는 8억 400만 달러에 이를 것으로 전망된다. 마지막으로 섬유는 2021년 3억 9,800만 달러에서 연평균 성장률 5.2%로 증가하여, 2026년에는 5억 1,300만 달러에 이를 것으로 전망된다.

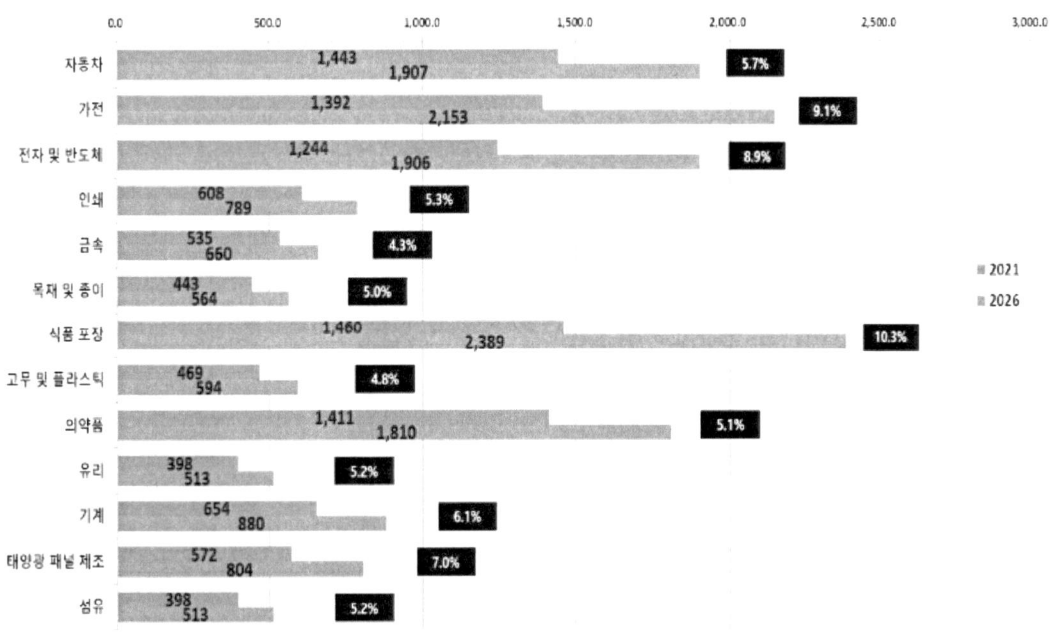

[그림 108] 글로벌 머신 비전 시장의 최종 사용자 산업별 시장 규모 및 전망
(단위: 백만 달러)

전 세계 머신 비전 시장은 최종 사용자에 따라 산업, 비산업으로 분류된다. 산업은 2019년 76억 7,339만 달러에서 연평균 성장률 7.30%로 증가하여, 2024년에는 109억 1,589만 달러에 이를 것으로 전망되며, 비산업은 2019년 24억 9,004만 달러에서 연평균 성장률 8.08%로 증가하여, 2024년에는 36억 7,169만 달러에 이를 것으로 전망된다.

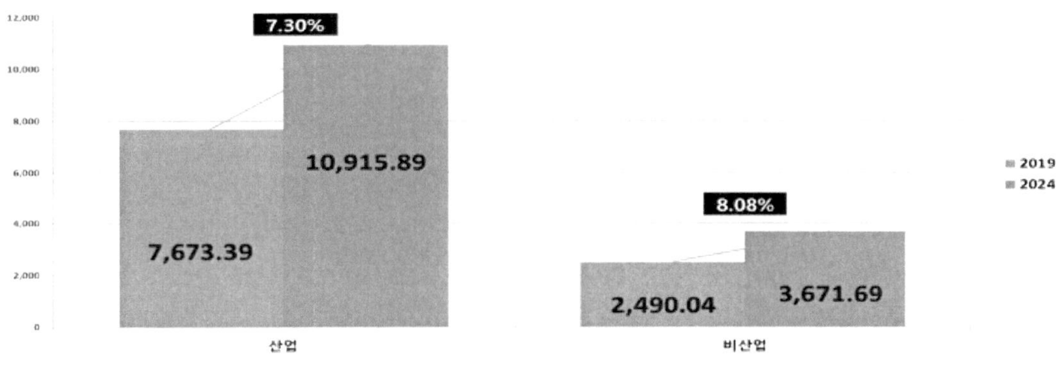

[그림 109] 글로벌 머신 비전 시장의 최종 사용자별 시장 규모 및 전망
(단위: 백만 달러)

전 세계 머신 비전 시장을 지역별로 살펴보면, 2020년을 기준으로 아시아-태평양 지역이 36.0%로 가장 높은 점유율을 나타내었다. 북아메리카 지역은 2021년 32억 7,700만 달러에서 연평균 성장률 7.0%로 증가하여, 2026년에는 45억 9,600만 달러에 이를 것으로 전망되며, 유럽 지역은 2021년 27억 4,000만 달러에서 연평균 성장률 5.9%로 증가하여, 2026년에는 36억 4,800만 달러에 이를 것으로 전망된다. 아시아-태평양 지역은 2021년 40억 5,300만 달러에서 연평균 성장률 8.1%로 증가하여, 2026년에는 59억 7,000만 달러에 이를 것으로 전망되며, 마지막으로 그 외 지역은 2021년 9억 5,700만 달러에서 연평균 성장률 5.8%로 증가하여, 2026년에는 12억 6,600만 달러에 이를 것으로 전망된다.

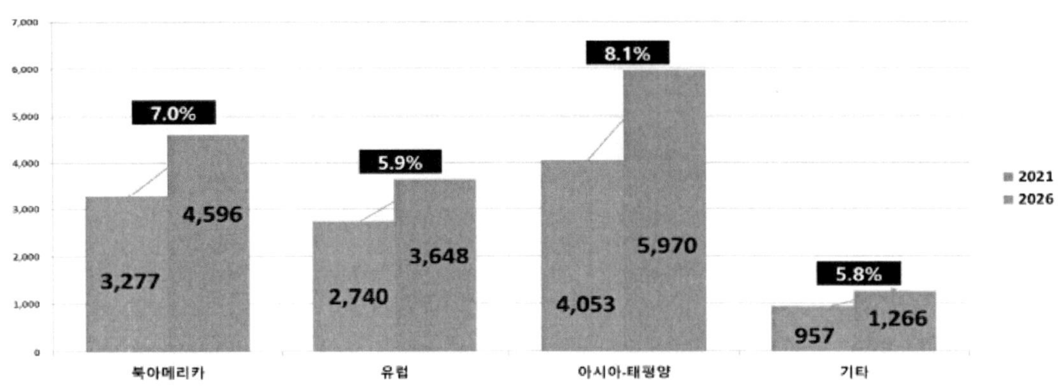

[그림 110] 글로벌 머신 비전 시장의 지역별 시장 규모 및 전망 (단위: 백만 달러)

우리나라 머신 비전 시장은 2021년 7억 2,200만 달러에서 연평균 성장률 6.3%로 증가하여, 2026년에는 9억 8,200만 달러에 이를 것으로 전망된다.

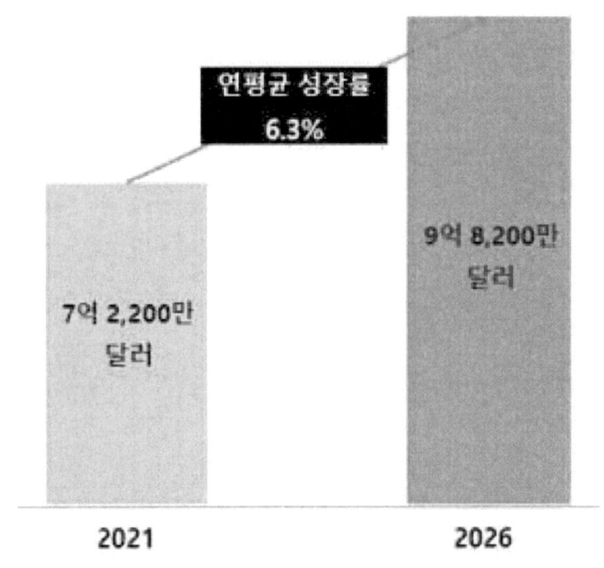

[그림 111] 우리나라 머신 비전 시장 규모 및 전망

5) 산업용 로봇 시장[93]

 전 세계 산업용 로봇 시장은 2021년 141억 1,600만 달러에서 연평균 성장률 15.4%로 증가
하여, 2026년에는 288억 6,500만 달러에 이를 것으로 전망된다.

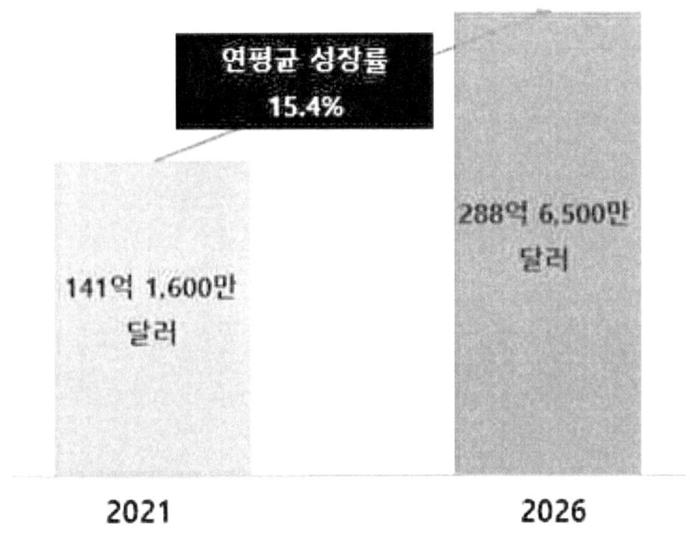

[그림 112] 글로벌 산업용 로봇 시장 규모 및 전망

 전 세계 산업용 로봇 시장은 유형에 따라 기존 로봇, 협동 로봇으로 분류된다. 기존 로봇은
2021년 129억 200만 달러에서 연평균 성장률 10.9%로 증가하여, 2026년에는 216억 4,800만
달러에 이를 것으로 전망되고, 협동 로봇은 2021년 12억 1,400만 달러에서 연평균 성장률
42.8%로 증가하여, 2026년에는 72억 1,600만 달러에 이를 것으로 전망된다.

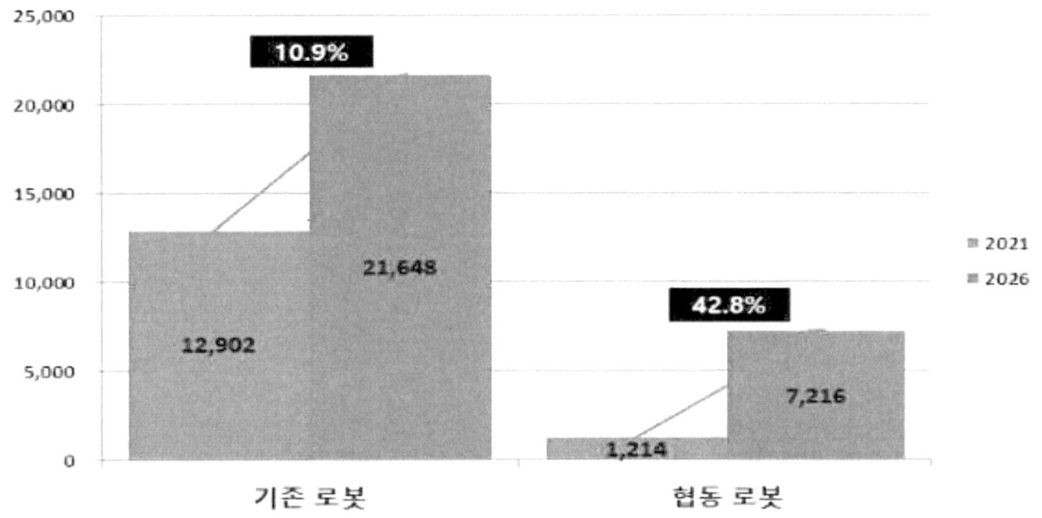

[그림 113] 글로벌 산업용 로봇 시장의 유형별 시장 규모 및 전망 (단위: 백만 달러)

---

93) 산업용 로봇 시장, 연구개발특구진흥재단, 2021.10

전 세계 산업용 로봇 시장은 제품에 따라 코봇, 원통 좌표 로봇, 병렬 및 델타로봇, 다관절 로봇, 스카라 로봇, 리니어 로봇으로 분류된다. 코봇은 2019년 4억 3,160만 달러에서 연평균 성장률 32.8%로 증가하여, 2024년에는 17억 8,300만 달러에 이를 것으로 전망되고, 원통 좌표 로봇은 2019년 21억 5,810만 달러에서 연평균 성장률 3.6%로 증가하여, 2024년에는 25억 8,170만 달러에 이를 것으로 전망된다. 병렬 및 델타 로봇은 2019년 30억 2,130만 달러에서 연평균 성장률 8.3%로 증가하여, 2024년에는 44억 9,340만 달러에 이를 것으로 전망되며, 다관절 로봇은 2019년 71억 2,170만 달러에서 연평균 성장률 14.7%로 증가하여, 2024년에는 141억 5,690만 달러에 이를 것으로 전망된다. 다음으로, 스카라 로봇은 2019년 56억 1,100만 달러에서 연평균 성장률 11.9%로 증가하여, 2024년에는 98억 2,790만 달러에 이를 것으로 전망되고, 마지막으로 리니어 로봇은 2019년 32억 3,710만 달러에서 연평균 성장률 11.1%로 증가하여, 2024년에는 54억 8,350만 달러에 이를 것으로 전망된다.

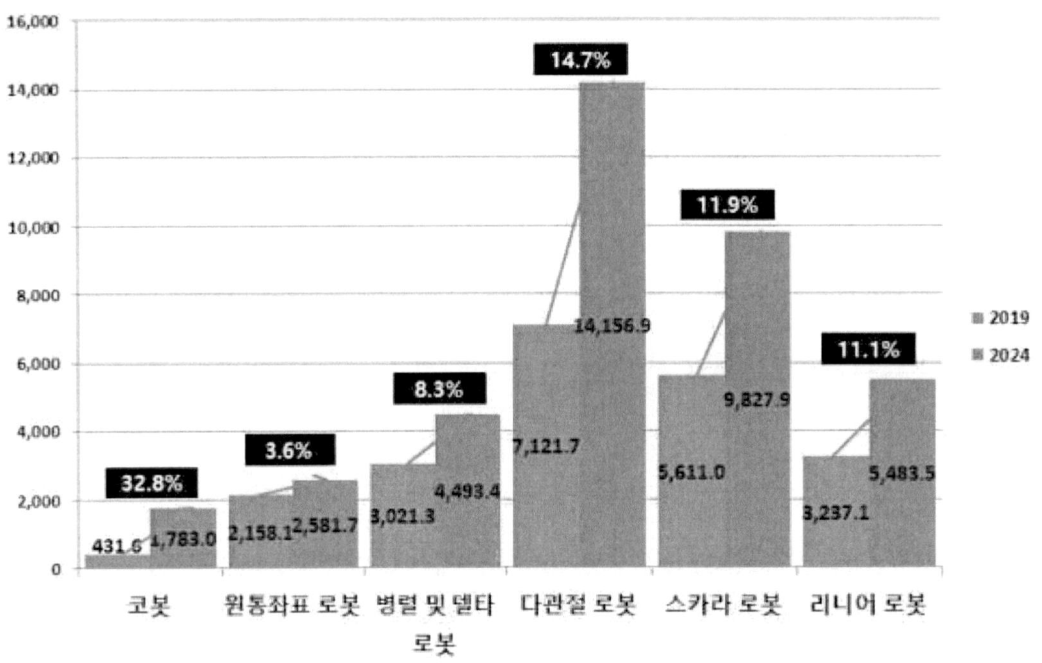

[그림 114] 글로벌 산업용 로봇 시장의 제품별 시장 규모 및 전망 (단위: 백만 달러)

전 세계 산업용 로봇 시장은 페이로드에 따라 16.00kg 이하, 16.01~60.00kg, 60.01~225.00kg, 225.00kg 초과로 분류된다. 16.00kg 이하는 2021년 79억 4,000만 달러에서 연평균 성장률 14.9%로 증가하여, 2026년에는 158억 7,500만 달러에 이를 것으로 전망되고, 16.01~60.00kg은 2021년 31억 5,800만 달러에서 연평균 성장률 17.3%로 증가하여, 2026년에는 70억 달러에 이를 것으로 전망되며, 60.01~225.00kg은 2021년 12억 8,200만 달러에서 연평균 성장률 15.8%로 증가하여, 2026년에는 26억 7,000만 달러에 이를 것으로 전망된다. 마지막으로 225.00kg 초과는 2021년 17억 3,500만 달러에서 연평균 성장률 13.9%로 증가하여, 2026년에는 33억 1,900만 달러에 이를 것으로 전망된다.

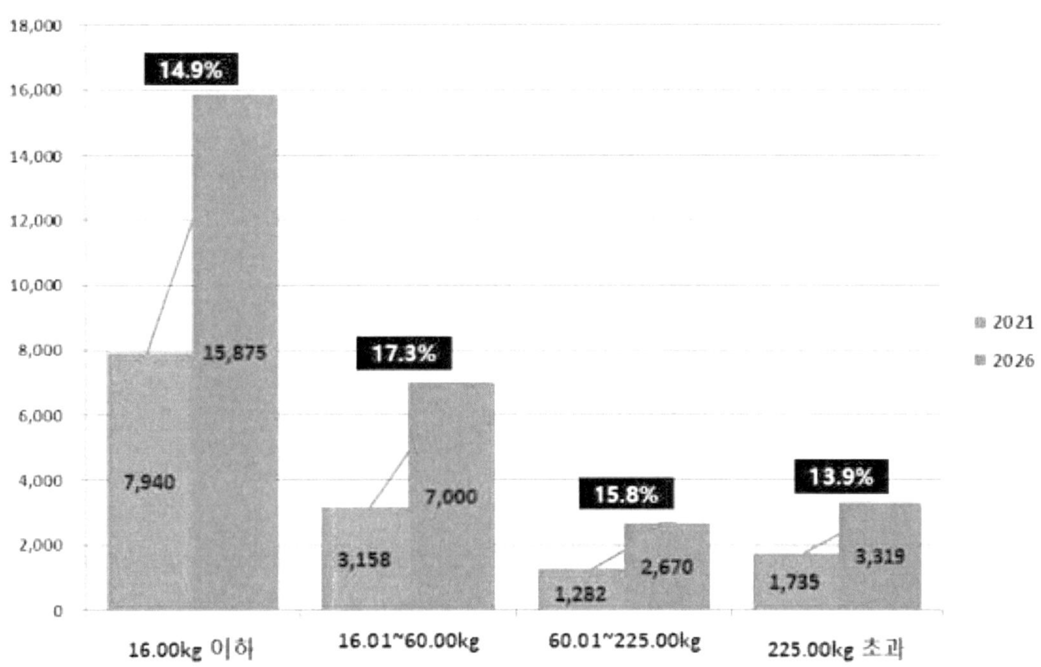

[그림 115] 글로벌 산업용 로봇 시장의 페이로드별 시장 규모 및 전망 (단위: 백만 달러)

전 세계 산업용 로봇 시장은 구성요소에 따라 로봇 암, 로봇 액세서리, 추가 하드웨어, 시스템 엔지니어링, 소프트웨어 및 프로그래밍으로 분류된다. 로봇 암은 2021년 129억 200만 달러에서 연평균 성장률 10.9%로 증가하여, 2026년에는 216억 4,800만 달러에 이를 것으로 전망되고, 로봇 액세서리는 2021년 120억 4,700만 달러에서 연평균 성장률 12.2%로 증가하여, 2026년에는 214억 5,800만 달러에 이를 것으로 전망된다. 추가 하드웨어는 2021년 88억 3,900만 달러에서 연평균 성장률 8.5%로 증가하여, 2026년에는 132억 8,300만 달러에 이를 것으로 전망되고, 시스템 엔지니어링은 2021년 37억 5,400만 달러에서 연평균 성장률 9.7%로 증가하여, 2026년에는 59억 6,000만 달러에 이를 것으로 전망된다. 마지막으로, 소프트웨어 및 프로그래밍은 2021년 34억 1,100만 달러에서 연평균 성장률 11.1%로 증가하여, 2026년에는 57억 7,000만 달러에 이를 것으로 전망된다.

전 세계 산업용 로봇 시장은 적용 분야에 따라 핸들링, 용접 및 납땜, 조립및 분해, 디스펜싱, 가공, 기타로 분류되고, 핸들링은 2021년을 기준으로 47%의 점유율을 차지하였으며, 그 뒤를 용접 및 납땜이 20%, 조립 및 분해가14%, 디스펜싱이 4%, 가공이 3%, 기타가 12%로 뒤따르고 있다.

핸들링은 2021년 65억 5,000만 달러에서 연평균 성장률 17.5%로 증가하여, 2026년에는 146억 7,100만 달러에 이를 것으로 전망되며, 용접 및 납땜은 2021년 29억 6,000만 달러에서 연평균 성장률 11.8%로 증가하여, 2026년에는 51억 8,000만 달러에 이를 것으로 전망된다. 조립 및 분해는 2021년 19억 6,400만 달러에서 연평균 성장률 14.9%로 증가하여, 2026년에는 39억 3,800만 달러에 이를 것으로 전망되고, 디스펜싱은 2021년 5억 6,200만 달러에서 연평균 성장률 16.0%로 증가하여, 2026년에는 11억 8,000만 달러에 이를 것으로 전망된

다. 다음으로 가공은 2021년 3억 7,700만 달러에서 연평균 성장률 22.4%로 증가하여, 2026
년에는 10억 3,700만 달러에 이를 것으로 전망되며, 마지막으로 기타는 2021년 17억 400만
달러에서 연평균 성장률 10.9%로 증가하여, 2026년에는 28억 5,700만 달러에 이를 것으로
전망된다.

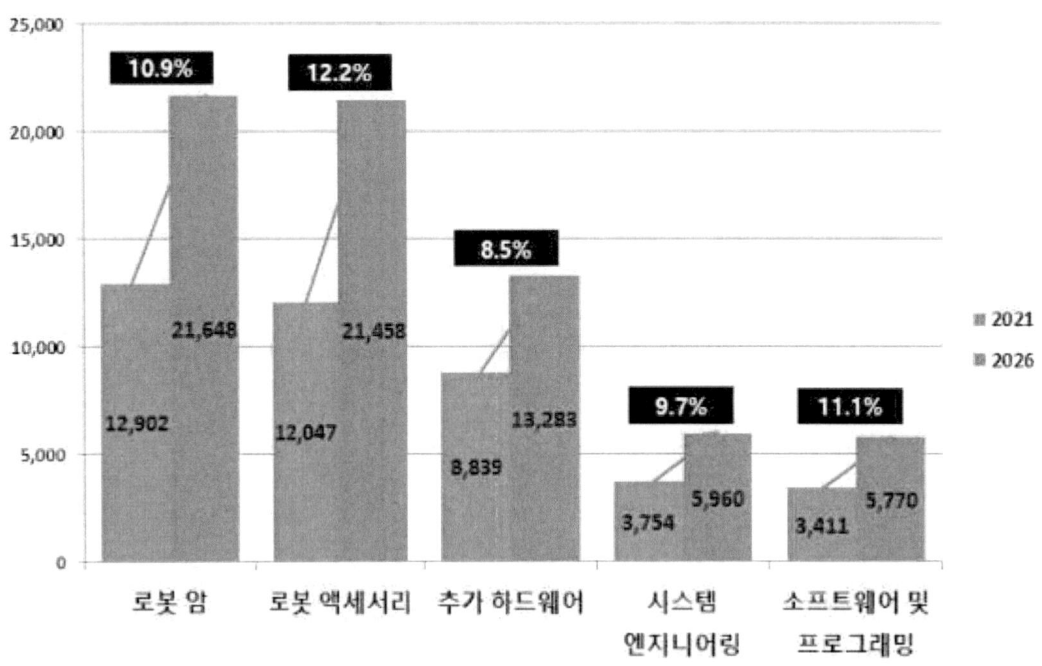

[그림 116] 글로벌 산업용 로봇 시장의 구성요소별 시장 규모 및 전망 (단위: 백만 달러)

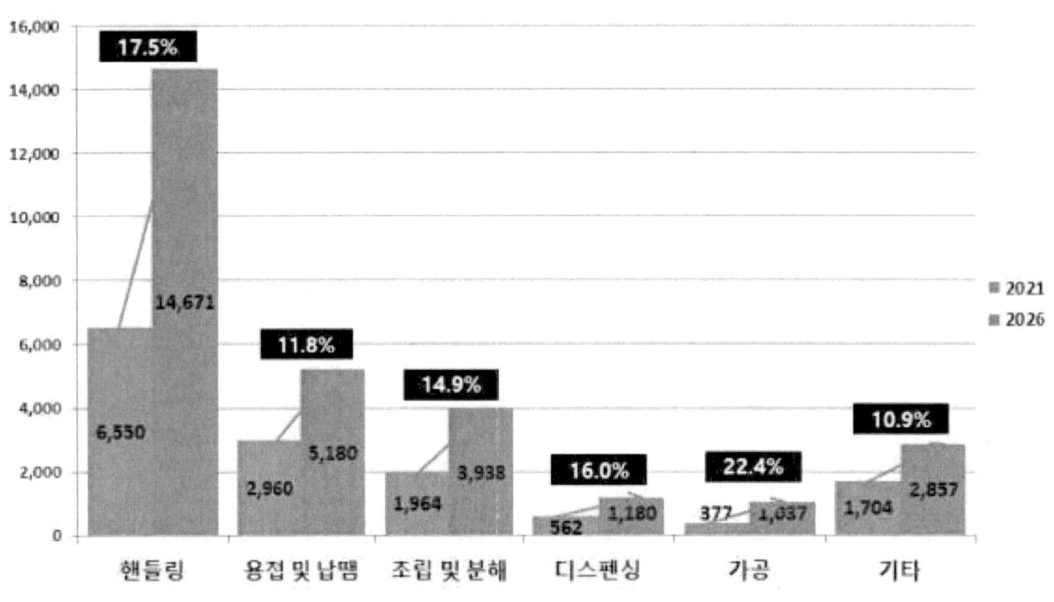

[그림 117] 글로벌 산업용 로봇 시장의 적용 분야별 시장 규모 및 전망 (단위: 백만 달러)

전 세계 산업용 로봇 시장은 산업에 따라 자동차, 전기 및 전자, 금속 및 기계, 플라스틱ㆍ고무ㆍ화학제품, 식품 및 음료, 정밀 공학 및 광학, 의약품 및 화장품, 기타로 분류된다. 자동차는 2021년 42억 6,700만 달러에서 연평균 성장률 14.5%로 증가하여, 2026년에는 83억 9,300만 달러에 이를 것으로 전망되고, 전기 및 전자는 2021년 33억 8,400만 달러에서 연평균 성장률 15.2%로 증가하여, 2026년에는 68억 6,600만 달러에 이를 것으로 전망된다. 금속 및 기계는 2021년 22억 2,700만 달러에서 연평균 성장률 16.3%로 증가하여, 2026년에는 47억 3,700만 달러에 이를 것으로 전망되고, 플라스틱ㆍ고무ㆍ화학제품은 2021년 10억 8,900만 달러에서 연평균 성장률 18.7%로 증가하여, 2026년에는 25억 6,600만 달러에 이를 것으로 전망된다. 식품 및 음료는 2021년 4억 6,500만 달러에서 연평균 성장률 22.7%로 증가하여, 2026년에는 12억 9,100만 달러에 이를 것으로 전망되며, 정밀 공학 및 광학은 2021년 3억 8,400만 달러에서 연평균 성장률 19.1%로 증가하여, 2026년에는 9억 2,200만 달러에 이를 것으로 전망된다. 의약품 및 화장품은 2021년 2억 8,500만 달러에서 연평균 성장률 20.1%로 증가하여, 2026년에는 7억 1,300만 달러에 이를 것으로 전망되며, 마지막으로 기타는 2021년 20억 1,400만 달러에서 연평균 성장률 10.9%로 증가하여, 2026년에는 33억 7,700만 달러에 이를 것으로 전망된다.

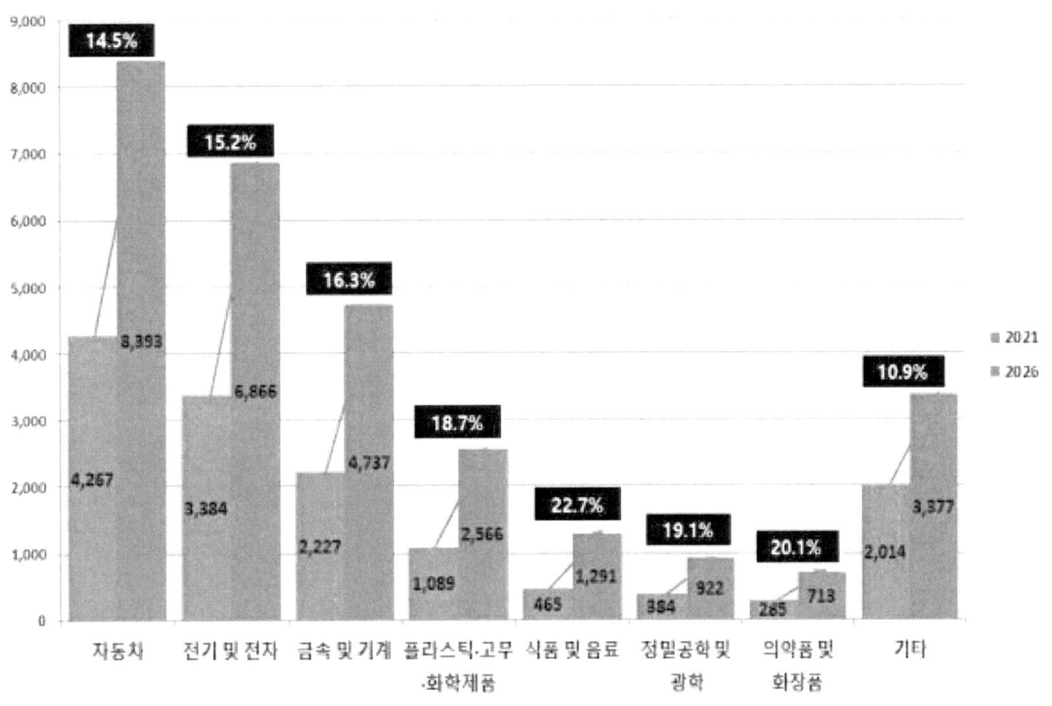

[그림 118] 글로벌 산업용 로봇 시장의 산업별 시장 규모 및 전망 (단위: 백만 달러)

전 세계 산업용 로봇 시장을 지역별로 살펴보면, 북아메리카, 라틴아메리카, 유럽-중동-아프리카, 아시아-태평양으로 분류된다. 북아메리카 지역은 2019년 38억 1,980만 달러에서 연평균 성장률 10.1%로 증가하여, 2024년에는 61억 9,310만 달러에 이를 것으로 전망되며, 라틴아메리카 지역은 2019년 6억 6,900만 달러에서 연평균 성장률 5.3%로 증가하여, 2024년에는 8억 6,550만 달러에 이를 것으로 전망된다. 유럽-중동-아프리카 지역은 2019년 41억 40만 달러에서 연평균 성장률 8.6%로 증가하여, 2024년에는 61억 8,230만 달러에 이를 것으로 전망되고, 아시아-태평양 지역은 2019년 129억 9,170만 달러에서 연평균 성장률 14.1%로 증가하여, 2024년에는 250억 8,550만 달러에 이를 것으로 전망된다.

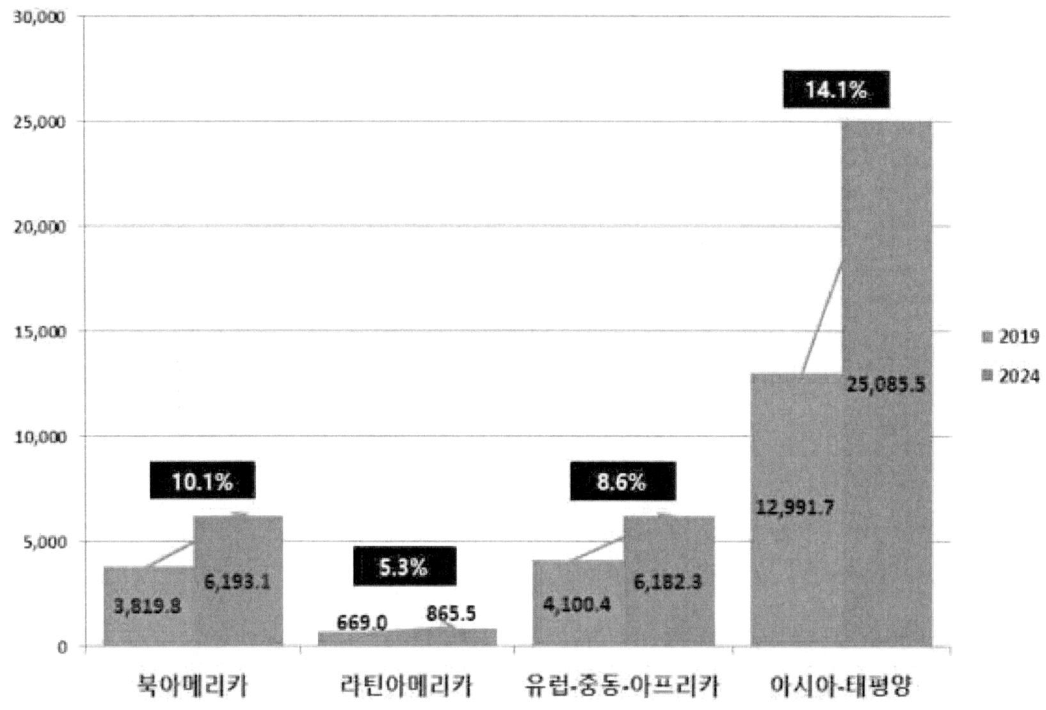

[그림 119] 글로벌 산업용 로봇 시장의 지역별 시장 규모 및 전망 (단위: 백만 달러)

우리나라의 산업용 로봇 시장 중 기존 로봇은 2021년 2만 7,615대에서 연평균 성장률 13.3%로 증가하여, 2026년에는 5만 1,512대에 이를 것으로 전망된다.

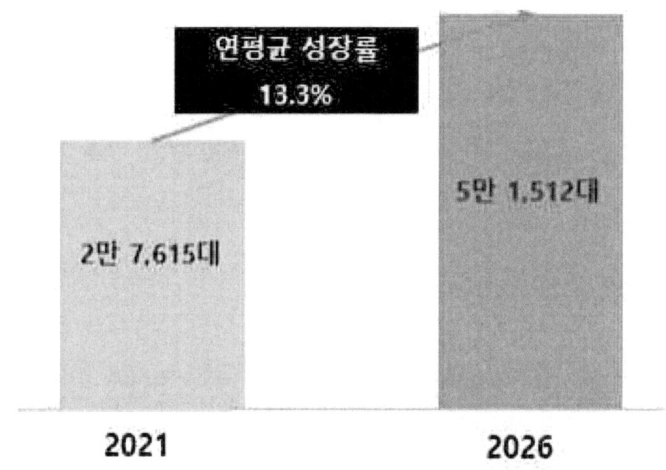

[그림 120] 우리나라 산업용 로봇 시장 중 기존 로봇의
시장 규모 및 전망

우리나라의 산업용 로봇 시장 중 협동 로봇은 2021년 1,921대에서 연평균 성장률 49.0%로 증가하여, 2026년에는 1만 4,115대에 이를 것으로 전망된다.

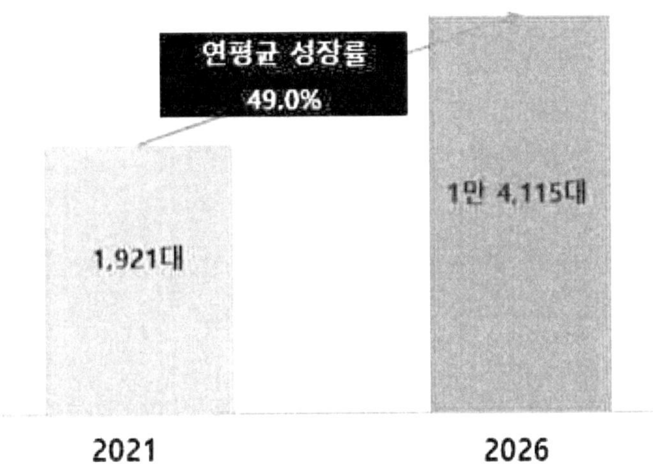

[그림 121] 우리나라 산업용 로봇 시장 중 협동 로봇의
시장 규모 및 전망

06

스마트팩토리 정책동향

6. 스마트팩토리 정책동향

가. 해외동향94)

1) 독일

독일은 기술력을 바탕으로 스마트제조혁신을 이루고자 첨단기술전략, 인더스트리 4.0, 플랫폼 인더스트리 4.0 등을 추진하고 있다.

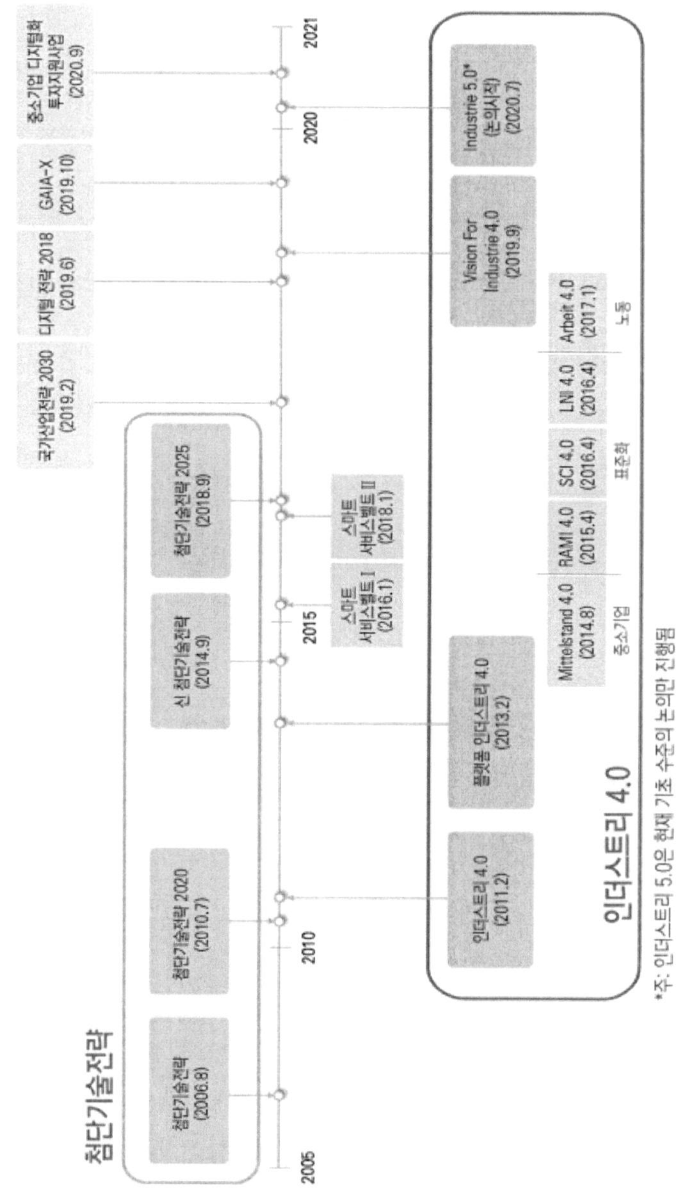

[그림 123] 독일의 스마트제조 관련 주요 정책 및 정부 활동 타임라인

---

94) 주요국 스마트제조혁신 정책 비교와 한국에의 시사점, 중소기업벤처부, 2022

가) 첨단기술전략(Hightech-Strategie für Deutschland)

과거 독일은 대표적인 수출주도의 산업 국가였으나, 세계시장에서 비용경쟁력으로는 더 이상 승산이 없다고 판단하고, 뛰어난 기술을 바탕으로 품질혁신을 추구하게 되었다. 이에 따라 기술경쟁력을 강화하기 위해 연구개발 프로세스 전반에 걸친 혁신을 주도하고, 이렇게 발굴된 신기술을 통해 사회경제적 가치창출에 기여하는 과정을 지원하는 정책을 추진하고 있다. 추진 초기에는 연방교육연구부(BMBF) 주관 하에 추진되었으나 이후에는 범부처 주관으로 확대되었다.

초창기 첨단기술전략의 핵심은 국가 전체 차원에서 기술혁신을 위한 혁신전략을 고안하고 학계와 경제계의 혁신 파트너십을 강조했다. 이를 위해 첨단기술을 실수요자 관점에서 재정의하고, 혁신전략의 5대 기본방향을 제시하였으며, 연방정부가 중점을 두고 연구해야 할 3가지 분야 및 17개 첨단기술을 제시했다.

연구개발 분야	기술
안전하고 건강한 삶	건강·의료 관련, 범죄 및 테러 대비 안전 관련, 식물·에너지·환경 관련
통신과 이동성이 확보된 삶	정보통신, 차량·교통, 항공, 우주, 해양, 서비스
범용기술	나노, 바이오마이크로시스템, 광학, 소재, 생산기술

[표 25] 첨단기술전략 2006의 연구개발 분야와 분야별 기술

① 첨단기술전략 2020

2010년 발표된 첨단기술전략 2020은, 이전에 발표된 첨단기술 전략의 방향성을 유지·계승하며, 사회적 대화를 통해 첨단기술을 실제로 활용할 수 있는 미래 프로젝트를 제시했다. 이를 위해 기존의 3개 연구개발 분야(안전하고 건강한 삶, 통신과 이동성이 확보된 삶, 범용기술)를 유지하되, 이를 5가지 요구영역으로 세분화하였고 이를 관통하는 핵심기술과 횡단적 주제들로 구성했다.

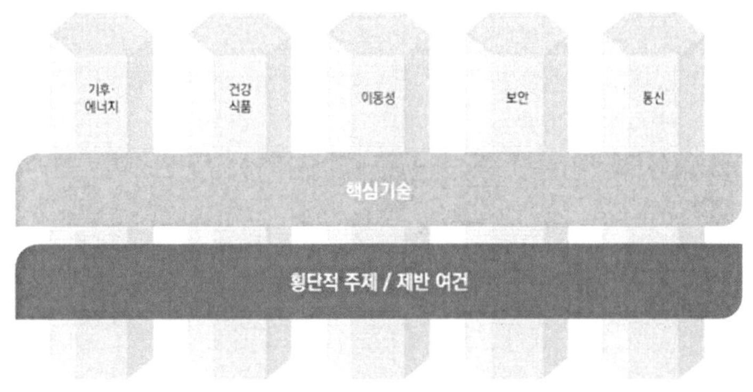

[그림 124] 첨단기술전략 2020의 5대 요구영역

또한 첨단기술을 실제로 경제·사회 전 영역에 적용하고자 11대 미래 프로젝트를 제시했다.

구분	프로젝트
1	탄소 중립적이며 에너지 효율적이고 기후변화에 적응하는 도시건설
2	지능형 에너지 공급체계로의 재편
3	석유 대체용 재생 가능한 에너지원의 개발
4	개인맞춤형 의료를 통해 질병의 효과적인 치료
5	최적화된 식단을 통한 건강 증진
6	고령자의 자기결정적인 삶 영위
7	2020년까지 독일에 100만대의 전기차 보급(지속가능한 교통 구축)
8	통신 네트워크의 효과적인 보안
9	에너지를 절약하는 효율적 인터넷 활용
10	글로벌 지식에 대한 디지털 접근 및 경험의 가능성 제고
11	미래 노동환경 (인더스트리 4.0)

[표 26] 첨단기술전략 2020의 11대 미래 프로젝트

② 신 첨단기술전략

2014년 발표된 신 첨단기술전략에서는 종합적 혁신사슬을 고려하여 기술의 발전이 복지와 삶의 질 상승에 기여하도록 경제 및 사회제도의 변화까지 포함했다. 신 첨단기술전략은 이전까지 제시된 목표를 계승·발전하여 크게 5가지 방향성을 제시했다. 이는 가치창출과 삶의 질 향성을 위한 미래 우선과제, 네트워킹과 정보·기술의 이전, 경제의 혁신동력 강화, 혁신친화적 여건 조성, 투명성과 참여다.

③ 첨단기술전략 2025

가장 최근인 2018년에 발표된 첨단기술전략 2025는 신 첨단기술전략의 포괄적 혁신전략을 기반으로 하여 기술혁신을 통해 대응해야 할 사회적 도전과제를 구체화했다. 이전까지의 첨단기술전략이 포괄적 범위의 혁신전략을 제시하였다면, 첨단기술전략 2025에서는 연구개발을 통해 사회혁신을 이루기 위한 구체적인 방법론을 제시했다. 이를 통해 2025년까지 연구개발투자를 GDP의 3.5%까지 끌어올린다는 목표를 제시하고 연구개발투자 확대를 추진하며 이를 달성하기 위한 12개 추진과제를 도출했다.

[그림 125] 첨단기술전략 2025의 3대 분야 및 12개 추진과제

나) 인더스트리 4.0

인더스트리 4.0은 산업의 경쟁구도를 근본적으로 변화시키는 기술의 도입에 따라 세계 1위라는 독일의 제조업 위상 약화를 경계함과 동시에 제조업 위상을 강화하기 위해 추진되었다. 인더스트리 4.0은 독일 스마트제조 및 디지털 전환의 핵심 정책으로, 2011년 1월 FU (Forschungsunion, 독일 연방정부 자문위원회)에 의해 발표되었으며, 2011년 4월 하노버 산업박람회(Hannover Messe)에서 이니셔티브가 발표되었다.

인더스트리 4.0은 공급자 측면(Supplier)과 시장 측면(Market)에서 독일을 선도적인 위치에 올려놓는 이중 전략(Dual strategy)으로 추진된다. 인더스트리 4.0 이중 전략의 목표는 개인별 맞춤형 제품의 대량생산(Mass Customization)이며, 이는 개인의 수요를 반영하여서 대량생산을 하는 다품종 대량생산을 의미한다. 개인별 맞춤형 제품의 대량생산 체계를 대비하기 위한 독일의 이중 전략은 기업이 가진 가치창출 네트워크(Value Network)의 수평적 통합, 제품 디자인 및 개발(Back-end)부터 서비스(Front-end)까지 모든 가치사슬을 통합(End-to-End), 제조 과정에서 활용되는 네트워크의 수직적 통합 같은 특징을 지닌다.

공급차 측면에서는 독일 제조업체들이 전 세계 제조시장의 선도적 위치를 차지하고, ICT 기술을 제조과정에 통합시킴으로써 지능형 제조기술의 선도 공급자가 되는 전략으로, 이러한 지능형 제조기술은 점점 개인적이고 복잡해지는 소비자들의 요구사항을 충족시키는 데에 활용이 가능하다.

다) 플랫폼 인더스트리 4.0

플랫폼 인더스트리 4.0은 인더스트리 4.0 추진 당시 지적되었던 문제점을 분석하고 개선하고자 하는 움직임에서 시작되었다. 출범 당시에는 산업과 플랫폼의 전체 기능을 조정하는 조정위원회(Steering Committee)가 중심을 잡고 독일 내 과학기술분야 교수진으로 이루어진 자문위원회가 대변인을 파견하여 의견을 행사했다. 조정위원회에 참여하는 기업들의 대표단이 있으며, 대표단은 BITKOM, VDMA, ZVEI 등 3개 협회의 사무국에서 지원하고 있으며, 산·학·연 전문가들의 토론을 통해 정책에 대한 가이드라인, 방향성, 유의사항 등을 제안하는 협의체인 워킹그룹(Working Group, WG)이 있으며 워킹그룹의 리더들도 조정위원회에 참여하고 있다.

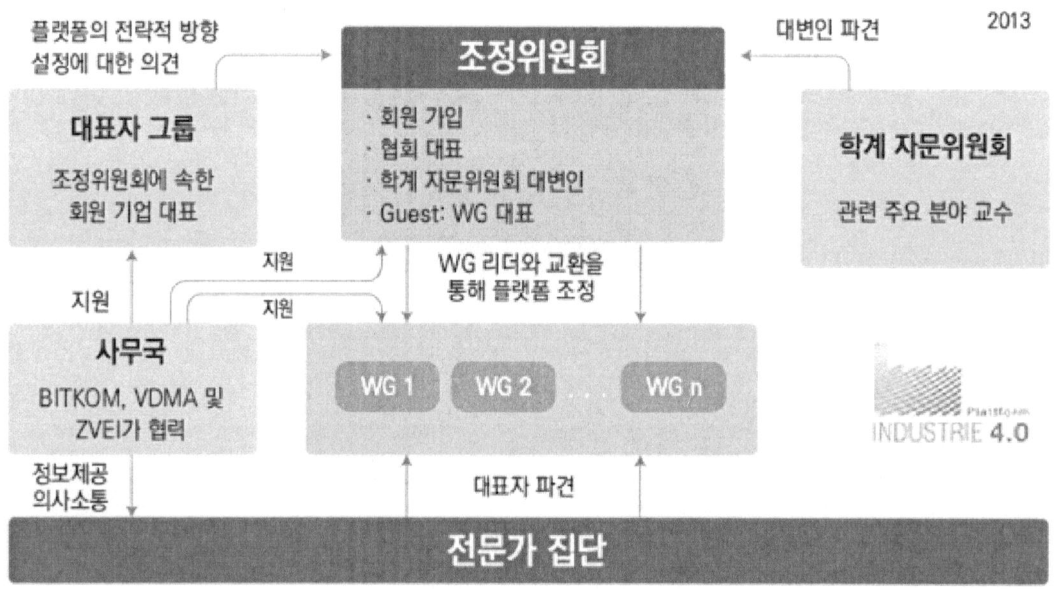

[그림 126] 플랫폼 인더스트리 4.0 초기 추진체계

이후 2015년에 인더스트리 4.0의 확대 및 확산을 추진하기 위하여, 연방경제에너지부(BMWi)와 교육연구부(BMBF) 등 정부 기관과 IG Metall등 노조를 포함한 플랫폼 인더스트리 4.0이 공식적으로 출범되었다.

구분	인더스트리 4.0 (2011~2013년)	플랫폼 인더스트리 4.0 (2013~2015년)
주체	3개 제조업 협회	경제에너지부 및 교육연구부
형태	연구 아젠다 중심 '첨단기술전략 2020 액션플랜'의 11개 프로젝트에 포함된 형태	정부기관의 책임 하에 산학연이 함께 참여하는 정부의 핵심추진과제
핵심추진 과제	인더스트리 4.0 개발 / 발전 및 적용전략 도출	5개 핵심주제별 실제 적용가능한 결과물 도출 (플랫폼 및 표준, 연구 및 혁신, 사이버 보안, 법/제도적 조건, 인력양성 및 교육)
워킹그룹	① Smart Factory ② Real Invironment ③ Economic Environment ④ Human Beings & Work ⑤ Technology Factor	① Architectures, Standards and Norms ② Technology and Application Scenarios ③ Security of Networked Systems ④ Legal Framework ⑤ Work, Education and Training ⑥ Digital Business Models in Industrie 4.0

[표 27] 기존 인더스트리 4.0과 플랫폼 인더스트리 4.0 비교

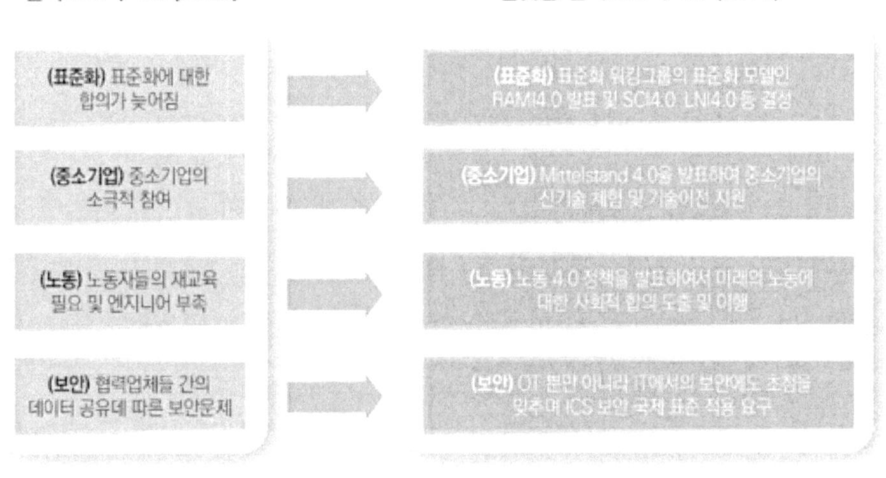

[그림 127] 인더스트리 4.0에서 플랫폼 인더스트리 4.0으로의 변화

새로 출범한 플랫폼 인더스트리 4.0은 제조공정의 디지털화, 표준화, 데이터 보안, 제도정비 및 인력육성을 핵심 추진내용으로 포함했다. 다만, 정부가 중심을 잡고 의견을 개진하며 지원하지만 의사결정에는 적극적으로 개입하지 않고 민간이 플랫폼을 주도적으로 이끌어 나가는 것을 지향한다.

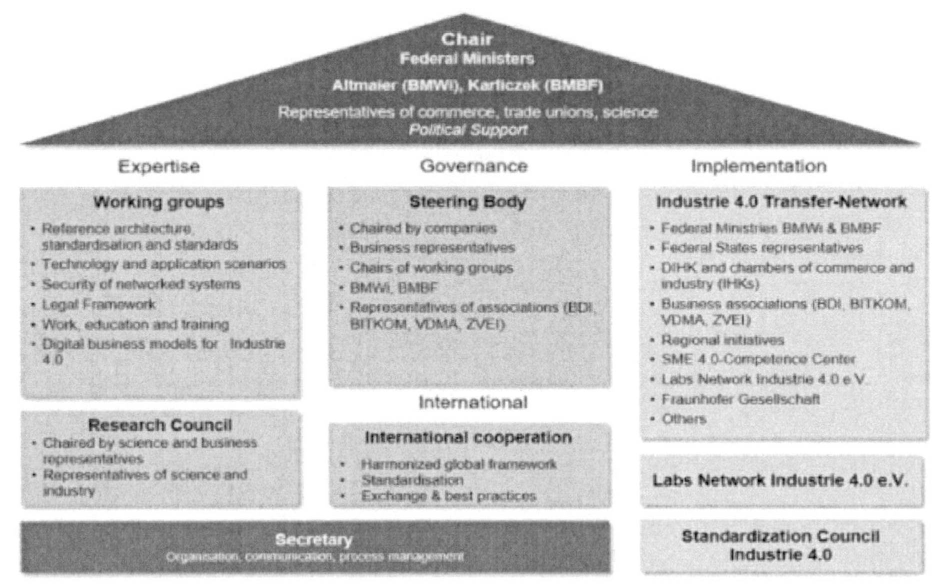

[그림 128] 2021년 플랫폼 인더스트리 4.0 조직도

라) 기타 스마트제조혁신 관련 전략 및 프로그램

① 스마트 서비스 벨트

ICT 기반의 스마트 서비스와 공장에서 제조 과정을 거친 제품을 연결시켜 제조업과 서비스업을 융합시킨 새로운 방식의 데이터-서비스 기반 비즈니스 모델을 만들고자 하는 전략으로, 스마트 서비스 벨트는 스마트 제품(제조업)과 스마트 서비스(서비스업)의 결합을 추구한다. 이러한 서비스 산업에서 디지털 기술의 적용은 중요성이 지속적으로 증가하고 있으며, 대표적으로 스마트 유지관리, 구독 비즈니스, 챗봇, 모바일 인프라, OT·IT 융합 등이 있다.

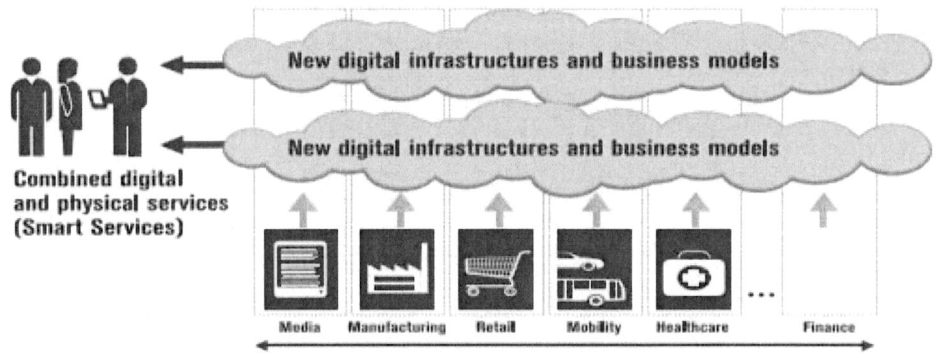

[그림 129] 스마트 서비스 예시

스마트 서비스를 구현하기 위해서 필요한 디지털 인프라는 제품들이 네트워크로 연결되는 물리적 플랫폼, 물리적 플랫폼에서 나오는 데이터들이 축적되는 소프트웨어 플랫폼, 데이터와 제품들이 스마트 서비스로 구현되는 서비스 플랫폼으로 구성된다.

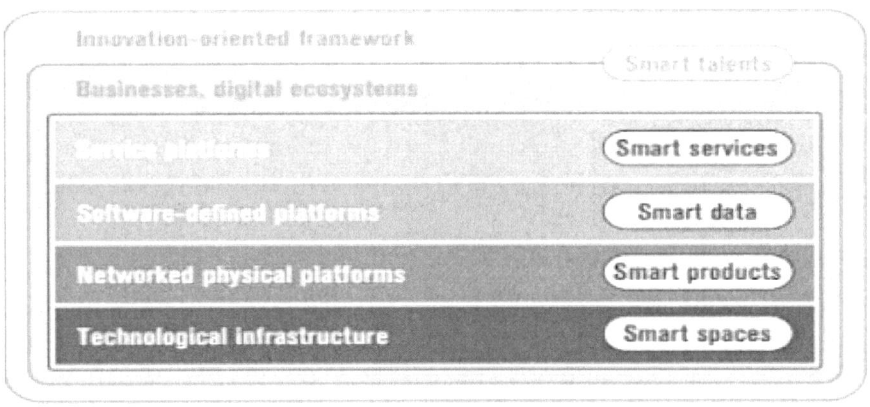

[그림 130] 스마트 서비스를 구현하기 위한 디지털 인프라

② 경제/산업을 위한 디지털 기술 사업(PAiCE)

 BMWi에서 2014년 8월에 발표한 디지털 아젠다와 관련된 전략을 구현하기 위하여 추진한 사업으로 혁신적 솔루션을 개발하려는 제조기업을 지원하는 것이 목적이다. BMBF에서 발의한 프로그램인 '제조기술연구', '5G산업 인터넷', '제조업에서 신뢰할 수 있는 무선통신' 및 국가적 차원의 지원 활동 결과물과 연계·통합을 목표로 실시한다.

③ 디지털 전략 2018(Digitalisierung gestalten)

 기존에 추진하던 디지털 전략을 기반으로 여러 번의 워크숍을 통해 2019년에 디지털 전략 2018을 발표했다. 디지털 전략 2018의 목적은 모든 사람의 삶의 질을 높이고 경제 및 환경 관련 잠재력을 펼치며 제품, 서비스 등 전 산업에서의 디지털화에 'Made in DE(독일)' 브랜드화를 추진하는 것이다. 이를 통해, 모든 국민이 디지털 전환의 영향을 체감하도록 하였으며 이를 위해 구체적인 대응책을 제시하였고, 데이터 보안 관련 이슈를 따로 다루지 않고 기본적인 전제조건으로 제시했다.

④ 인더스트리 5.0 (Industrie 5.0)

 인더스트리 4.0에 사회적 가치에 대한 고려를 더한 개념으로 EU 집행위원회에서 논의가 시작되었다. 유럽 내 기술연구기관 대표들이 참여하여 '5차 산업혁명 - 산업 종사자의 복지를 통한 사회적 목표'를 주제로 논의하고 관련된 개념, 기반기술, 과제 등을 정리했다. 기존의 인더스트리 4.0은 CPS 기반의 물리-가상환경 통합 등 인간, 기계, IoT기기의 연결하는 '기술' 중심으로 발전해왔지만, 인더스트리 5.0은 사회적·생태학적 '가치'를 제공하는 방향으로 발전할 필요가 있다고 주장하고 있다.

 인더스트리 5.0은 인더스트리 4.0을 대체하는 것이 아니라, 인간 중심, 생태학적, 사회적 이익과 같은 '가치'가 추가되는 연속된 관점에서 접근이 필요하다. 인더스트리 5.0의 실효성에 대해서는 아직 연구자들 가운데서도 이견이 많은 상황으로 해석에 유의할 필요가 있으며, 추진 과정을 지속적으로 검토할 필요가 있다. 아직 인더스트리 4.0이 종료된 것이 아니라 지속 추진 중이기 때문에 현 시점에서 5.0을 논하는 것은 시기상조라는 견해들이 존재하며, 인더스트리 4.0의 목표 또한 기술과 사회혁신의 동시추 구라는 점에서 5.0과의 차별성에 의문을 제기하는 견해도 존재한다.

2) 미국

미국의 스마트제조혁신 정책은 연방정부의 강력한 리더십을 바탕으로 성장하였으나, 정부의 역할 축소를 계기로 쇠퇴한 이후 재도약하기 위하여 다양한 정책이 제시되고 있다.

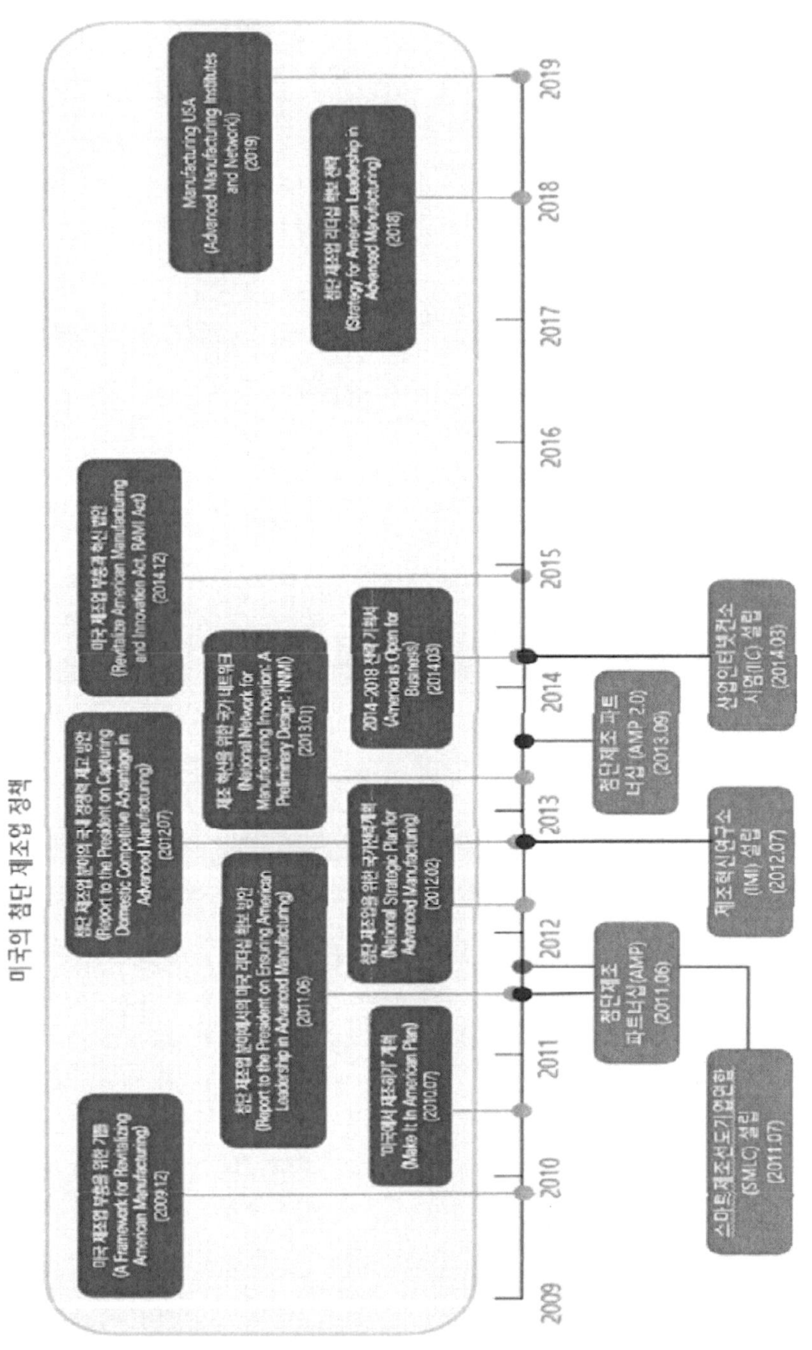

[그림 131] 미국의 스마트제조 관련 주요 정책 및 정부 활동 타임라인

가) 제조업 확장 파트너십(Manufacturing Extension Partnership, MEP)

  MEP는 미국 국립표준기술연구소가 운영하는 (중소)제조기업 대상의 기술 채택·활용을 지원하는 프로그램으로 1989년부터 추진되어 오고 있다. 미국 전역에 있는 51개의 센터가 핵심적 추진 주체로 지역의 제조기업을 지원한다. MEP 프로그램은 미국 중소제조업체의 신기술 개발과 활용이 제조산업 및 국가경쟁력 강화에 긍정적인 영향을 미친다는 전제 하에 추진되었으며, 초기에는 단기적 문제해결에 초점을 두었으나 2000년대 이후에는 통합적이고 전략적인 관점에서 기술지원 및 기술혁신 촉진으로 방향 선회했다.

  MEP 센터는 미국 지역의 중소 제조기업을 지원하는 역할 수행하며 기업들에게 기업들에 기술적·관리적 지원 서비스를 제공한다. NIST MEP는 2017년 국가 네트워크 전략 계획을 발표하며 네 가지 목표를 제시했다.

① Empower U.S. manufacturers(자국 제조기업 역량 강화)
  혁신적인 제조기술과 고급 기술 솔루션의 채택을 통해 숙련된 인력을 채용할 수 있도록 지원

② Champion manufacturing
  미국 경제에 있어 제조업 기반의 중요성을 홍보하고 국가안보 이익을 보호함으로써 제조업의 혁신에 대한 인식 조성과 인력 개발 파트너십 및 MEP 국가 네트워크에 대한 인식을 극대화

③ Leverage partnerships(파트너십 활용)
  국가, 지역, 연방정부의 파트너십을 활용하여 시장 침투도를 높이고, 제조기술 발전을 지원하는 확장된 서비스 제공 모델을 구축

④ Transform the network(네트워크 전환)
  학습 조직 플랫폼을 활용하여 효율성을 높이고, 탄력적이고 적응력이 뛰어난 미국의 제조 기반을 지원하여 국가 네트워크 구축

나) 주요 첨단제조정책

① 미국 제조업 부흥을 위한 프레임워크
  오바마 행정부는 美 제조업이 기술수준은 우수한 반면, 다른 경쟁국과 비교해 상업화 수준은 미흡하다고 판단하고, 미국 제조업의 부흥과 경쟁력 강화를 위한 정책 및 로드맵을 마련했다. 미국의 중장기 추진계획에 제조업 부흥이 포함되며, 주요 내용으로는 숙련된 노동자 육성, 신기술 창조 분야 투자, 안정적이고 효율적인 자본시장 육성 등의 7개 분야의 정책과제[95]를 제시했다.

② '미국에서 제조하기' 계획

---

95) 7개 분야 정책과제 : ① 근로자의 기술습득 기회 제공, ② 새로운 기술과 비즈니스에 대한 투자, ③안정적이고 효율적인 자본시장, ④ 지역사회의 근로자 지원, ⑤ 첨단 수송 인프라 투자, ⑥ 공정경쟁, ⑦ 제조업 중심의 비즈니스 분위기 개선

미국의 첨단제조정책은 新제조업으로의 전환, 신규 일자리 창출 등과 연계되어 추진된다. 이는 미국 내 기업들이 양질의 일자리를 확보하기 위한 환경을 조성하는 것을 목적으로 2010년 이후 미국 제조업 활성화법, 미국 특허 보호법 등 약 19개의 관련 법이 제정되었다.

③ 첨단제조분야에서의 미국 리더십 확보 방안

대통령 직속 과학기술자문위원회(PCAST)가 2011년 6월 발표한 '첨단제조분야에서의 미국 리더십 확보 방안'보고서에는 미국 제조업의 정책 방향에 대한 3가지 제안이 포함되어있다.

구분	주요 내용
첨단 제조업 지원방향	• 상무부, 국방부, 에너지부가 주도하고, 각 담당기관은 격년으로 대통령에게 보고서를 제출하며, 산학 이니셔티브를 통해 첨단 제조업에 대한 구상을 보완하여 연간 5억 달러를 투자하고 4년에 걸쳐 10억 달러로 지원 확대
세제 개선	• 법인소득세 한계세율을 OECD 회원국 수준으로 인하하고, R&D 세액공제를 영구화하고 공제율을 17%로 인상
연구·교육·훈련 지원	• 국립과학재단, 에너지부 과학국, 국립표준기술원의 예산을 향후 10년간 2배로 확충하고, GDP 대비 R&D 투자 비중을 3%로 늘리며, 과학·기술·공학·수학(STEM) 교육을 강화

[표 28] 첨단제조분야에서의 미국 리더십 확보 방안 제안사항

④ 첨단 제조 파트너십

2011년 6월, 대통령과학기술자문위원회(President's Council of Advisors on Science and Technology, PCAST)의 권고로 제조업 육성을 위한 '첨단 제조 파트너십(Advanced Manufacturing Partnership, 이하 AMP)' 프로그램을 발표했다. 이는 정부, 학계, 산업계 간 협력의 장을 조성하여 신기술에 대한 투자 촉진 및 미국 내 첨단 제조업을 재활성화시킬 수 있는 정책과 파트너십을 강화하는 것을 주요 목적으로 3개의 중점 항목(혁신역량 제고(Enabling innovation), 인재 육성 프로그램 확보(Securing the talent pipeline), 사업 환경 개선(Improving the business climate))을 골자로 한 16개의 정책을 발표하고 권고하고 있다.

2011년에 발표된 AMP(첨단 제조업 파트너십) 프로그램 발표를 기반으로 세부 정책인 'AMP 2.0'('12.2월)을 발표하였으며, 이후 'Revitalize American Manufacturing Act'로 법제화했다. 제조 부문의 회복추세를 감안하여 AMP의 2단계를 2013년 9월에 개정(AMP 2.0)하고 2014년에 시범적으로 3개의 주요 기술에 대한 국가 제조기술 전략을 수립했다.

주요 내용	세부 전략
1. 혁신역량 향상	(1) 국가 차원 첨단 제조업 전략 수립
	(2) 주요 기술 R&D 자금 증액
	(3) 제조업 혁신 인스티튜트 국가 네트워크 수립
	(4) 첨단 제조업 연구 분야의 대학-산업의 협력 강화 장려
	(5) 첨단 제조업 기술 사업화 우호 환경 조성
	(6) 첨단 제조업 국가 포털 설립
2. 첨단 제조업 인재 활용	(7) 제조업에 대한 인식 개선
	(8) 자국 내 전문가 집단 활용
	(9) 교육 투자
	(10) 파트너십 강화를 통한 자격증 및 면허 발급
	(11) 대학의 첨단 제조업 프로그램 개선`
	(12) 제조업 펠로우십, 인턴십 실시
3. 사업환경 개선	(13) 세제 개선
	(14) 제조업 관련 규제 스마트화
	(15) 무역정책 개선
	(16) 에너지 정책 개선

[표 29] 첨단 제조업 경쟁우위 확보를 위한 전략

⑤ 국가 첨단 제조업 전략 계획

첨단 제조업이 고품질의 일자리를 창출하고 기술혁신의 핵심 자원임을 감안하여 국가과학기술위원회(NSTC) 기술분과위원회가 첨단 제조업 R&D를 지원하고자 수립했으며, 자국 내 첨단 제조업 현황 분석을 통해 중소기업 중심의 제조기업 생산기술 혁신 R&D 격차 완화, 투자 촉진을 위한 정부 역량·기능의 효과적인 사용 등이 목표다.

⑥ 제조 혁신을 위한 국가 네트워크

1) 제조혁신네트워크(NNMI) 구축

2013년 대학 및 국가 연구소 중심의 연구와 실제 기업의 생산기술 간의 격차를 해소하기 위해 백악관 국가과학기술위원회(NSTC)와 AMNPO(Advanced Manufacturing National Program Office)에 의해 NNMI 프로그램 초안을 구성했다. NNMI는 제조업 혁신을 위해 각 연구기관의 네트워크(Institutes for Manufacturing Innovation, IMI)를 구축하고, 이들의 활동 및 선정 기준 등의 내용을 포함했으며, NNMI 프로그램은 초기 15개의 지역 제조혁신 연구소(IMI)를 구축하는 것을 시작으로 이후 10년 내 45개 기관까지 늘리는 것을 최종 목표로 하고 있다.

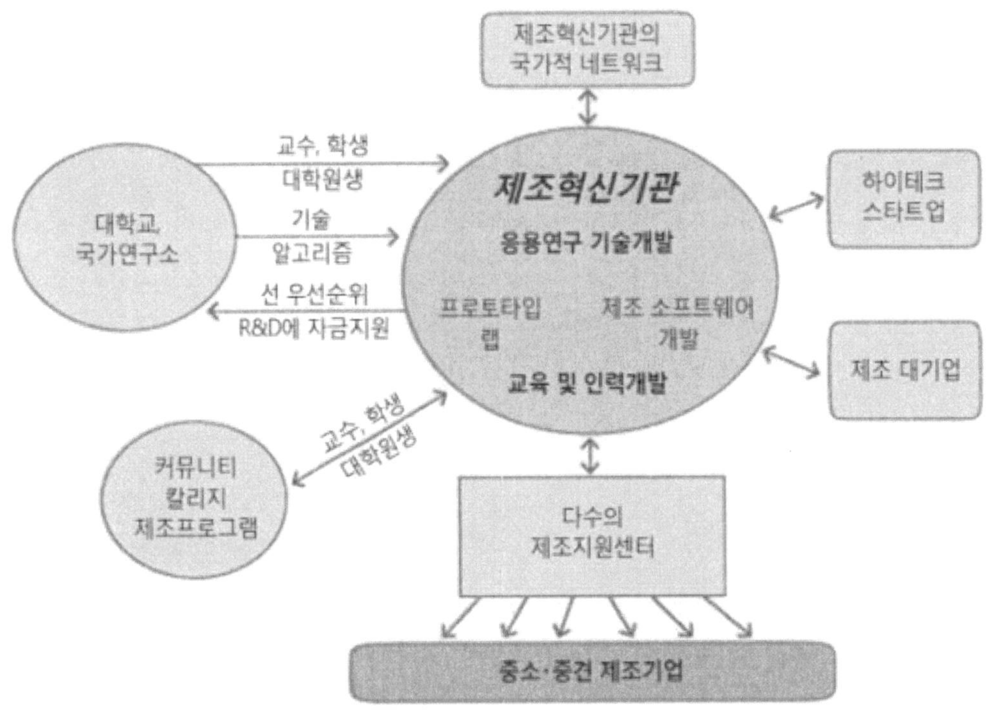

[그림 132] 미국 제조혁신네트워크 모델

2) 미국 제조업 부흥과 혁신 법안

 NNMI(제조혁신네트워크)를 구축하는데 필요한 예산 등에 대한 정부 자금 투자, 기업 지원내용, 추진 방안 등 세부 내용을 담고 있는 법안(RAMI)으로, NNMI를 구축하는데 필요한 예산 등에 대한 정부 지원 방안을 규정하고 있으며, 정권과 관계없이 지속적으로 추진하기 위한 내용을 포함하고 있다. 제조혁신연구소(IMI)를 미국 전역에 구축·네트워크화하여서 대규모의 자금을 투입하는 것이 핵심이다.

3) Manufacturing USA

 '죽음의 계곡(Death Valley)'으로 불리는 상업화 이전 단계의 R&D 활동을 지원하는 공공·민간 파트너십 프로그램으로, 미국 제조산업의 경쟁력을 높이는 한편, 지속가능하고 강력한 국가 제조 기술개발과 관련된 인프라를 구축하고 촉진하기 위해 산업계, 학계, 정부 기관의 파트너들 간 연결을 시도하며, INI의 주관으로 산업, 학계(대학 및 연구기관), 연방 연구소, 지방 및 주 정부를 연계해 혁신생태계를 형성하기 위해 제정되었다.

⑦ 첨단 제조업 리더십 확보 전략

 미국 내 첨단 제조업 혁신과 경쟁력을 위한 기술력과 지식을 갖춘 내부(자국) 인력이 부족하다는 인식으로 기술 프로그램 훈련, 교육 등 전문 인력양성을 세부 목적에 포함했으며, 신제조 기술개발 및 이전, 제조 인력 교육훈련 및 연결, 제고 공급망 역량 등 총 3개의 목표를 설정하고 총 33개 세부내용으로 구성되었다.

⑧ 제조업 확장 파트너십(MEP) 재확대

 MEP 프로그램은 500명 이하 중소제조업체를 지원하는 국가 네트워크로 미국 제조업의 기술 역량과 제조공정의 향상, 제품의 혁신 촉진을 주요 목적으로 하며 기술 이전, 중소기업 지원인력 파견, 제조업체 지원 프로그램 등의 활동을 수행한다.

 트럼프 행정부에서는 MEP 프로그램의 점진적인 폐지 및 연방 지원 중단을 임기 동안 추진하였으나, 미국 의회는 오히려 회계예산을 1억 5천만 달러로 증액하여 책정했다. 현 바이든 행정부 또한 MEP 프로그램을 확대하는 기조를 유지하고 있는 가운데, '혁신, 동맹, 견제'의 3개 요소를 기본 축으로 하는 산업정책을 추진하고 있다.

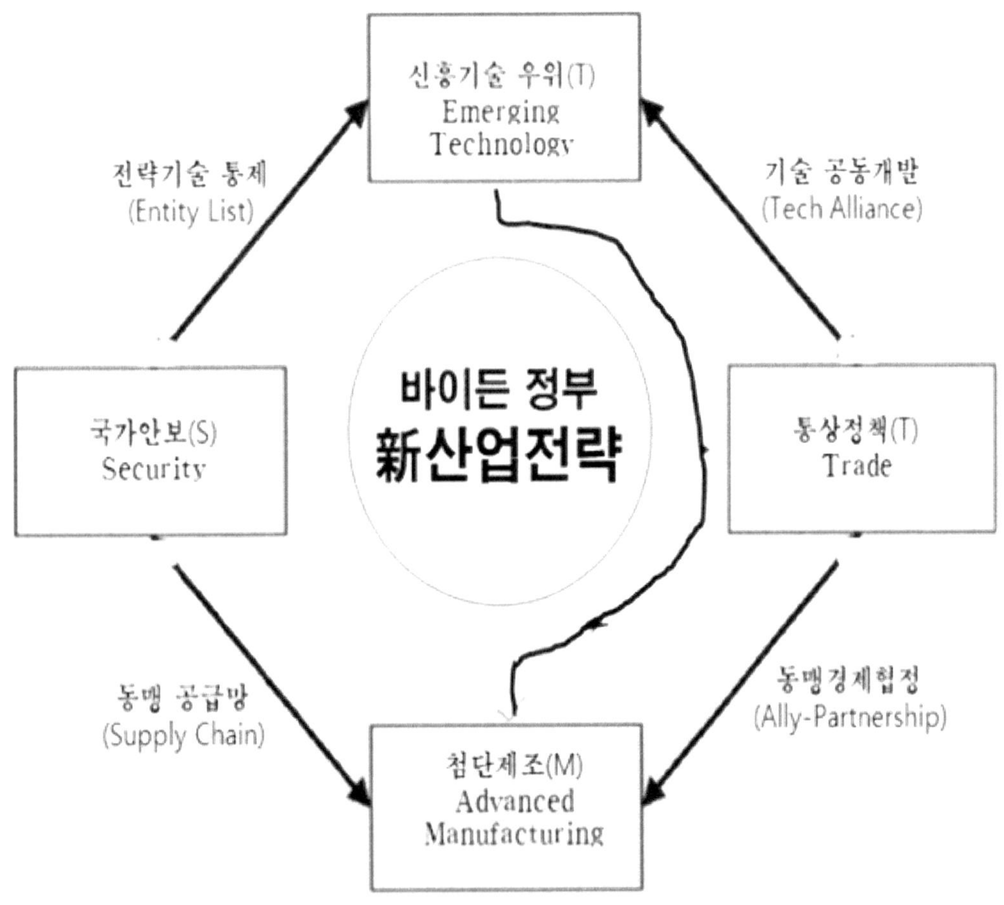

[그림 133] 바이든 행정부의 신산업정책의 구조 : ST2MT

⑨ '바이 아메리칸(Buy American)' 강화 및 Made in America 행정명령(Executive Order 14005) 서명

 바이든 대통령은 'Made in America 행정명령(E.O. 14005)'에 서명('21.1.25)하며, 연 6천억 달러 규모의 예산을 투입해 미국 내 제조 및 고용 창출을 추진하고 있다. 공약으로 제조업 재건, 공급망 개선, 기후변화 대응에 관한 내용을 담은 바이 아메리칸 플랜(Buy American Plan)을 발표하였으며, 후속조치로 바이 아메리칸을 추진하고 있다.

트럼프 행정부 시기에 약 12개의 바이 아메리칸 관련 행정명령이 시행되었으며, 이후 출범한 바이든 행정부는 기존의 기조를 유지하면서도 구체적인 내용을 제시하는 등 더 강력해진 내용을 포함했다. 행정명령의 궁극적인 목표는 해외 조달 비중을 제한하고 자국 내 조달의 비중을 높여 제조업 공급망을 미국 중심으로 재편하는 것이다.

⑩ 미국 제조업의 리쇼어링을 위한 (한시적) 세제 혜택 제도 고려
 ITIF(美 정보기술혁신재단)는 자국 기업의 제조(생산) 시설 리쇼어링(본국회귀)에 대한 일시적인 세제 혜택(Tax Incentive) 제공의 필요성을 제기했다. 이에 정보기술혁신재단(ITIF)은 노동부에서 지정한 LSA(노동잉여지역)로 이전하는 기업에게 세제 혜택을 제공하는 대안을 제시했다.

 세제 혜택을 통해 LSA 지역으로의 리쇼어링을 유도하여 경기 침체 지역을 지원하고 미국 내 공급망의 안전성을 제고하는 한편, 중국 생산 및 제조시설 감축으로 중국 견제 및 경쟁 우위 확보를 추진하고 있다.

⑪ 미국 일자리 계획 및 제조업 국내 생산 확보
 전기차 기술의 개척자인 미국임에도 배터리 및 차량의 제조 경쟁에서 뒤쳐져 있음을 언급하며, 일자리 계획을 통한 전기차 관련 제조 리더십의 재확립을 도모하고 있다. 특히 자국 내 제조 기반의 전기차 중요성 인식 및 배터리 등 부품의 국내 생산·제조 확보를 통한 공급망 경쟁력 강화, 고임금의 일자리 창출을 추진하고 있다.

3) 일본

 일본 내각부는 매해 국가성장전략을 수립·발표하고 있으며, 성장전략 관련 부처에서는 이를 실현하기 위한 주요 실행계획을 수립하여 발표·추진하는 구조다.

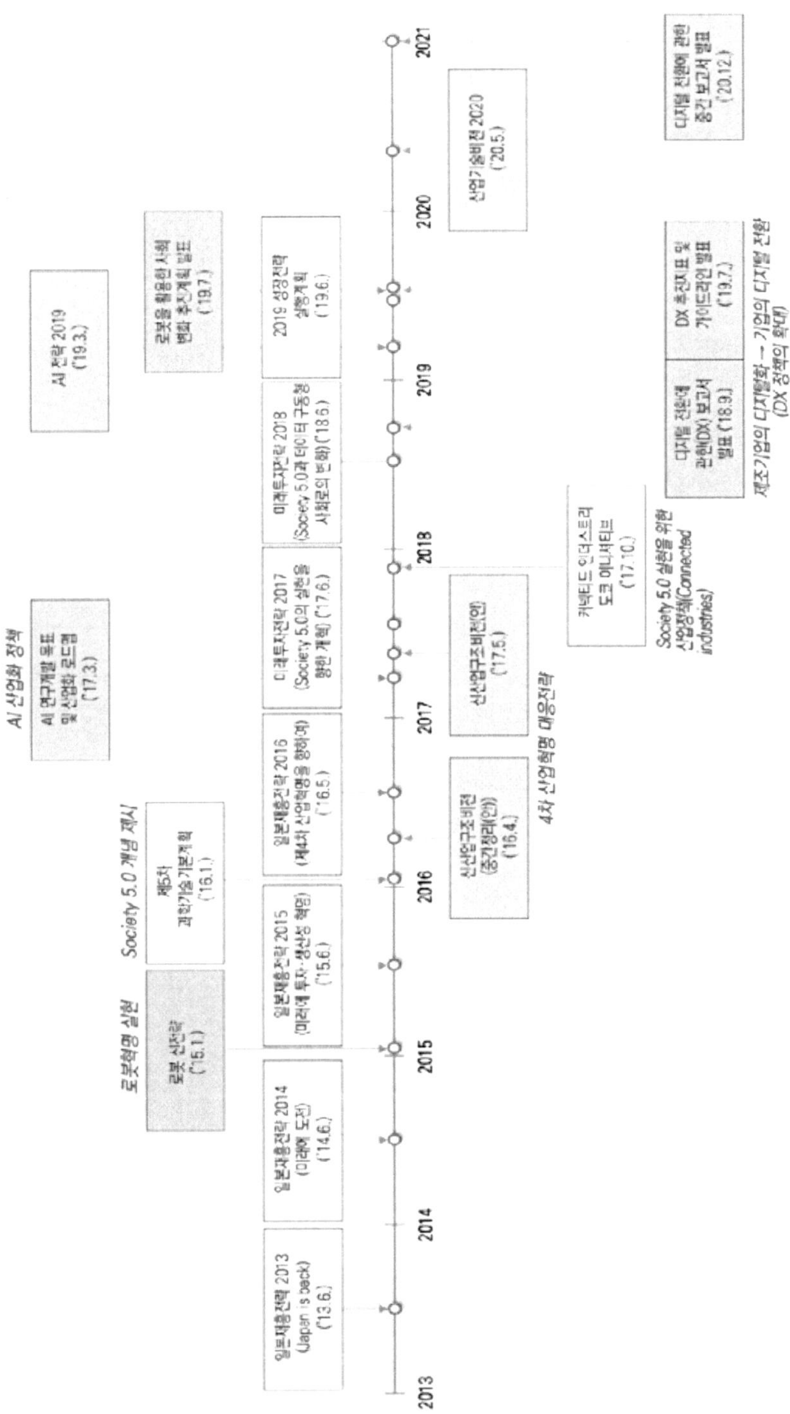

[그림 134] 일본의 스마트제조 관련 주요 정책 및 정부 활동 타임라인

가) 국가성장전략

 일본은 매년 범국가 차원의 성장전략인 일본재흥전략, 미래투자전략 등을 통하여 차세대 전략분야를 선정하고, 구체적인 목표를 제시하고 있다. 특히 일본재흥전략 2013(日本再興戰略: JAPAN is BACK)은 신성장전략(2010), 일본재생전략(2012)에 이은 세 번째 성장전략의 구체적인 정책으로, 기존과 달리 문제점 해결을 위한 세부전략96)을 제시했다. 스마트제조와 관련해서는 일본재흥전략 내 과학기술·ICT 관련 7개 과제 중 전략적 혁신 창조 프로그램(Cross-ministerial Strategic Innovation Promotion Program, SIP) 및 혁신적 연구개발지원 프로그램(Impulsing Paradigm Change through Disruptive Technologies Program)을 추진 중이다.

 일본재흥전략 2016은 인구감소와 인력부족에 대응한 ① 생산력 혁신전략, ② 유망 신성장 시장 창출전략, ③ 4차 산업혁명 대응 인재육성전략으로 구성되어있다. 특히 스마트제조와 관련하여, 세계 최첨단 스마트팩토리(Smart Factory, SF) 실현 등을 제시한다.

 미래투자전략 2017(부제: 'Society 5.0의 실현을 향한 개혁')은 Society 5.0의 실현을 위한 5대 신성장 전략 분야 선정 및 육성을 위한 추진계획으로 구성되어있다. 일본은 앞서 2016년 1월 제5차 과학기술기본계획(2016~2020)을 통해 일본이 지향해야 할 새로운 사회상으로 'Society 5.0' 개념을 제시했다. Society 5.0은 수렵사회, 농경사회, 공업사회, 정보화 사회 뒤를 이어 IoT, 인공지능, 로봇 등이 초래할 제5의 물결을 의미한다.

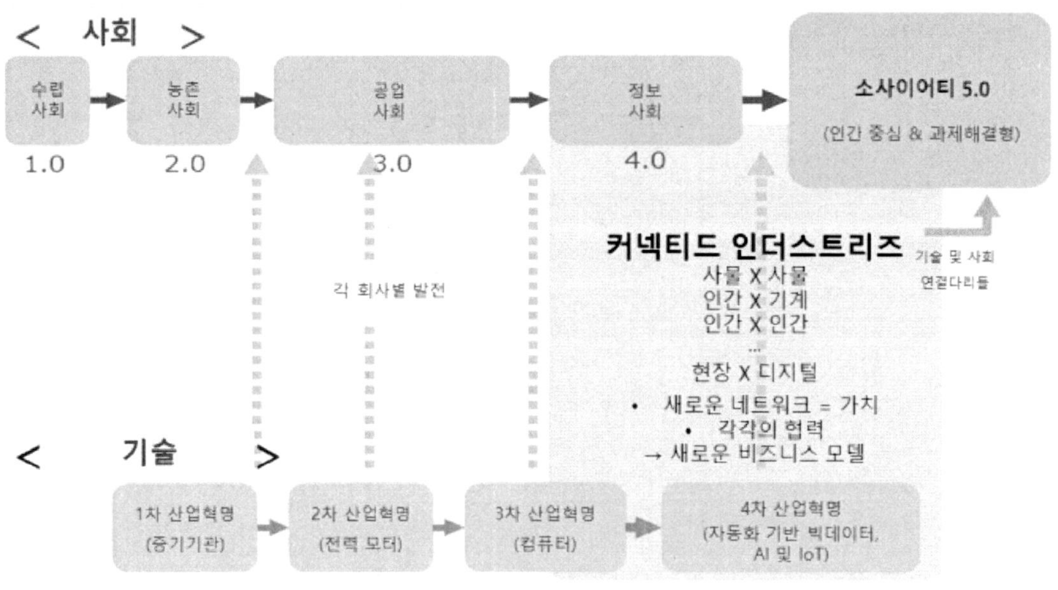

[그림 135] Connected Industries와 Society 5.0의 이해

---

96) (6대 전략) ① 긴급구조 개혁프로그램(산업의 신진대사 촉진), ② 고용제도 개혁 및 인재력 강화,
   ③ 과학기술 혁신 추진, ④ 세계 최고 수준의 IT사회 실현, ⑤ 입지 경쟁력 강화, ⑥ 중소기업 및
   소규모 사업자의 혁신

일본 경제산업성은 2017년 3월 최초로 제시한 Connected Industries의 구현을 위한 Connected Industries 도쿄 이니셔티브 2017을 발표('17.10월)했다. Connected Industries는 사물과 사물, 인간과 기계·시스템, 기업과 기업, 인간과 인간, 생산과 소비 등 다양한 연결을 통해 새로운 부가가치를 창출하는 산업사회를 의미한다. 경제산업성은 Society 5.0을 전 산업영역에서 구현하기 위한 전략으로 Connected Industries를 제시하고, 산업 전반의 생산성 향상, 신산업 창출 및 저출산·고령화 등의 사회문제 해결을 추구한다. Connected Industries 도쿄 이니셔티브 2017은 ① 자율주행·모빌리티 서비스, ② 바이오·소재, ③ 스마트 라이프, ④ 플랜트·인프라 보안, ⑤ 모노즈쿠리·로보틱스의 5개 중점 분야와 각 분야별 정책자원 집중 투입 계획으로 구성된다.

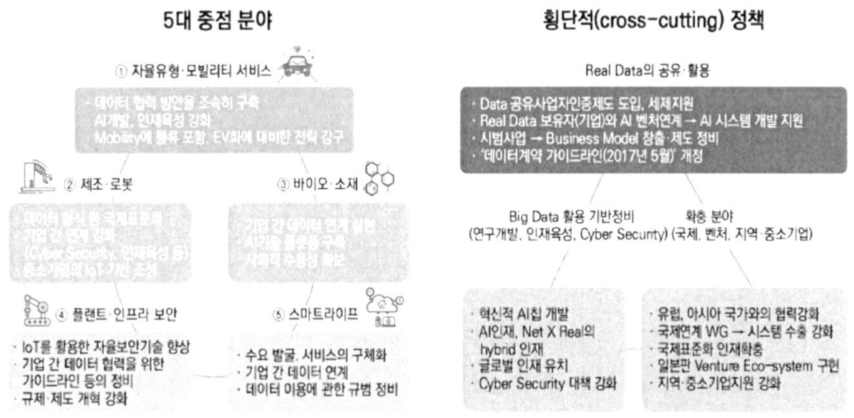

[그림 136] Connected Industries의 양대 정책

신산업구조비전 2017(부제: 개개인의, 세계의 과제를 해결하는 일본의 미래)은 4차 산업혁명에 대한 일본의 전략으로 4대 핵심 전략분야와 중장기 계획으로 구성된다. 특히, 4차 산업혁명 관련 기존 제조업의 변화와 새로운 비즈니스 모델 발굴을 일본재흥과 미래 신산업 창출을 위한 핵심 과제로 제시하고 있다. 4대 전략분야로 교통이동, 제조생산, 보건의료 및 일상생활 분야를 선정하고, 중장기 계획 수립했으며, 제조생산 분야에서는 단기적(~2018년)으로는 현장 데이터 양산화를 추진하되, 중기(~2020년) 및 장기(2020년~)에는 최적화된 공급망 구축까지 목표로 제시했다.

구분	단기(~2018년)	중기(~2020년)	장기(2020년~)
목표	• 제조분야 계산과학 고도화 및 생산 현장 데이터 양산화	• 최적화된 공급망 구축 • 현장개선모델 등 국제 표준화	• 글로벌 최적화된 공급망 • 현장개선모델 국제표준화
계획	• 제조 흐름에 맞는 현장데이터 확보 • 독일과 협력(하노버선언 이행)	• 전국 데이터연계 플랫폼 구축 • 데이터 국제표준화 국제 협력	• 민간 스마트 공급망 확대 • 시작품 제작비용 1/20으로 단축

[표 30] 신산업구조비전의 4대 전략분야 중 제조생산 분야 계획

미래투자전략 2018(부제: 'Society 5.0과 데이터 구동형 사회로의 변화')에서는 미래 사회 변화를 ① 생활·산업, ② 경제활동 기반, ③ 행정·인프라, ④ 지역·커뮤니티·중소기업, ⑤ 인재로 구분하고, 11개 플래그십 프로젝트[97]를 제안했다. 특히 '데이터 구동형 사회'를 전면에 내세우며, 디지털 기술 혁신에 따라 산업 현장에서 수집된 방대한 리얼 데이터를 활용해 경제사회의 발전을 도모하겠다는 의지를 표명했다. 스마트제조와 관련하여서는 차세대 산업 시스템 분야 중 하나로 설명하며, 디지털 기술, 로봇, IoT를 제조 및 서비스 현장에 적용, 데이터 공유·연계 기반 구축, 공급망 고도화, 디지털 인재 육성 등을 제시했다.

일본 내각부는 '미래투자회의'를 통해 「성장전략 실행계획(2020, 2021)」을 의결하고, '소사이어티 5.0 실현'을 위한 추진전략과 그 시책을 발표했다. 2020년 성장전략 실행계획은 코로나19의 확산 대응을 포함하여 8대 분야에 대한 계획을 제시하였으나, 일본 성장전략 단위에서 스마트제조에 대한 정부 전략은 파악하기 어렵다. 2021년 성장전략 실행계획은 첨단기술을 둘러싼 미중 대립 상황에서 기술 유출 방지를 위한 규제 강화, 코로나19로 타격 받은 기업 재생 도모를 위한 법제도 검토, 탈탄소를 위한 인프라 정비 등을 포함한다.

또한 '디지털 강인화 사회' 실현을 위한 신전략인 「세계 최첨단 디지털 국가 창조 선언·민관 데이터 활용 추진 기본계획(이하 IT 신전략)」을 제정했다. 이는 IT 신전략의 핵심은 경제 재생을 위한 데이터 이·활용, 접촉 기회 감소 및 편리성 향상을 위한 디지털 정부이며, 세계 최첨단 디지털 국가 창조 선언과 민관 데이터 활용 추진 기본계획으로 구성된다.

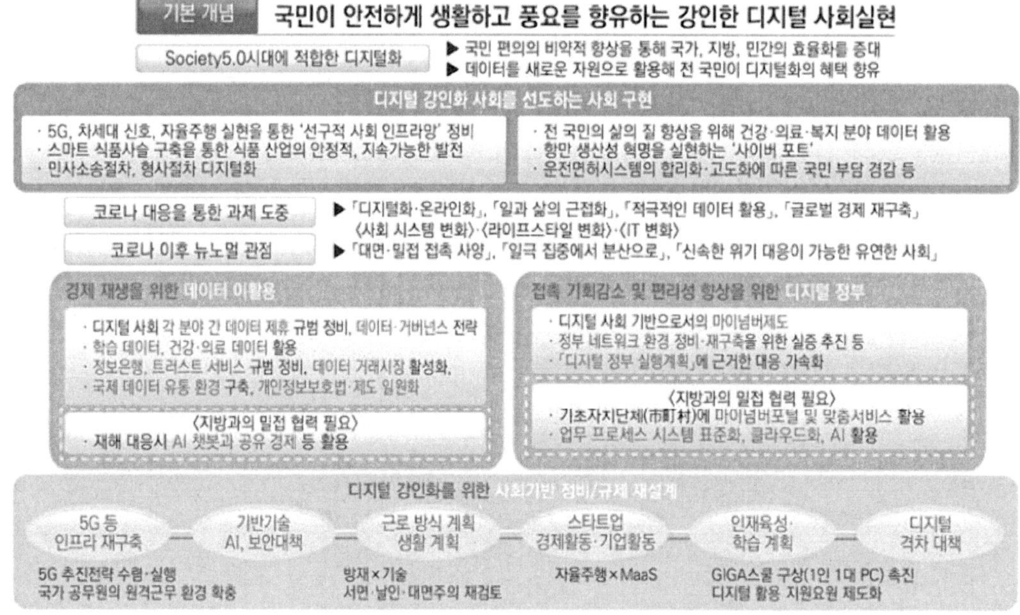

[그림 137] 디지털 강인화 사회에서의 IT 신전략의 전체상

97) ① 이동성, ② 헬스케어, ③ 산업, ④ 에너지, ⑤ 핀테크·블록체인, ⑥디지털정부, ⑦ 인프라, ⑧ 농림수산업, ⑨ 지역, ⑩ 중소기업, ⑪ 관광·스포츠·문화예술

나) 로봇정책

 일본 정부는 서비스와 제조업 부문의 생산성을 향상시키고 기업의 일손 부족 문제를 해결하기 위하여 로봇 산업에 관심을 갖기 시작했다. 2015년 2월에는 로봇 산업 경쟁력을 강화하고, 로봇을 중심으로 하는 4차 산업혁명 대응 전략인 「로봇 신(新)전략」을 발표했다. 「로봇 신전략」에서는 로봇을 디지털 및 네트워크 기술, 첨단 센서 및 인공지능을 활용하여 작업을 실행하는 시스템으로 폭넓게 정의했다.

구분	주요 내용
로봇 창출력 강화	• 강력한 추진 주체로 산·학·관으로 구성된 '로봇혁명 이니셔티브 협의체(RRI)' 설립 • 프로젝트의 니즈(needs)·시즈(seeds)의 매칭과 국제표준 획득, 보안대응, 국제협력 등을 추진 • 새로운 로봇 기술 실증 실험을 위한 환경정비 및 인재 육성 실시 • 데이터 중심 사회에서 활약될 로봇을 위한 핵심기술(AI, 센싱·인식, 구동·제어)에 대한 연구개발 강화 및 미들웨어(로봇 OS) 등의 소프트웨어와 인터페이스, 통신 등의 기기 간 연결에 대한 규격화·표준화 동시 추진
로봇의 활용·보급	• 5개 대표 분야(제조, 서비스, 간호·의료, 인프라·재난대응·건설, 농림수산업·식품산업) 선정 • 2020년까지 실현할 각 분야별 전략목표(KPI)와 이를 달성하기 위한 액션플랜을 결정하고, 정책 자원을 집중 투입 • 로봇 활용 확대를 위한 규제·제도 개혁 추진
세계가 주목할 로봇 혁명 전개·발전	• 로봇이 서로 연결되어 데이터를 자율적으로 축적·활용하는 것을 전제로 한 비즈니스를 추진할 수 있는 규칙과 국제표준 획득

[표 31] 로봇 신전략 주요 내용

 이후 경쟁국들이 로봇 시장에서의 점유율을 빠르게 높여오자, 산업 환경 변화에 대응하기 위해 2019년 7월 「로봇을 활용한 사회변화 추진계획」을 수립·발표함. 이를 통해 SI 기업 육성, 산학협력 강화를 통한 인재 육성 및 기술 고도화, 오픈 이노베이션 등에 집중하며 중장기 기술 이슈에 대응하기 위한 산업계와 대학 등 교육기관이 긴밀히 협력하여 기초 및 응용 연구를 수행하고, 이를 위해 2020회계연도('20.4월~'21.3월)에 새롭게 시작된 '혁신 로봇 연구 개발 인프라 구축 사업'을 추진함.

다) AI 정책

일본 정부의 국가적 비전이 'Society 5.0 구현'으로 정립되면서 혁신전략도 '로봇기술을 활용한 생산성 혁명'에서 'AI를 통한 사회문제 해결 및 기술진보'로 구체화되었다.

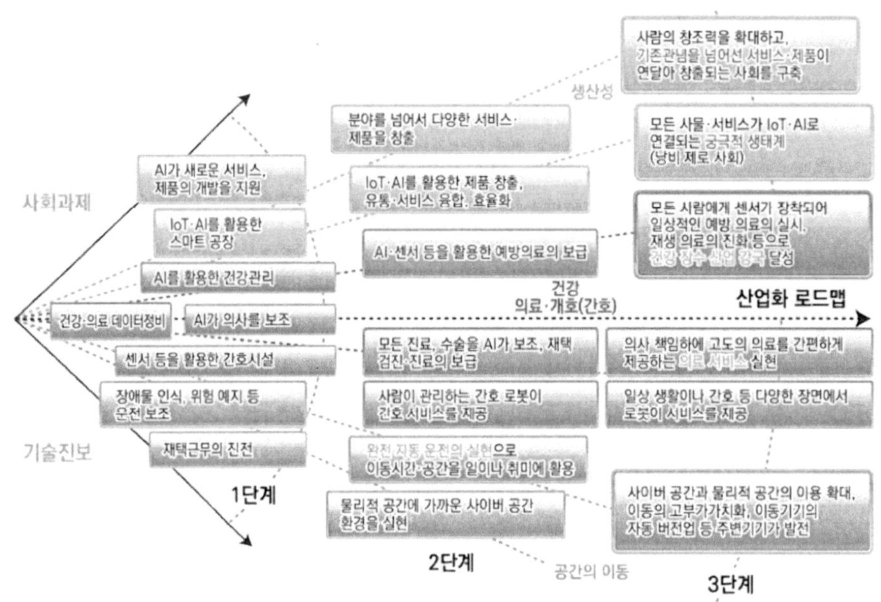

[그림 138] 사회과제 및 기술진보를 고려한 산업화 로드맵

특히, '생산성' 분야는 ① 생산시스템, ② 서비스 산업, ③ 맞춤형 생산 분야에서의 3단계 로드맵을 제시했다.

[그림 139] 생산성 분야의 AI 기술 산업화 로드맵

라) 디지털 전환(DX) 지원 정책

 스마트제조와 관련하여 초기에는 제조 기업의 디지털화에 집중하였으나, 점차 데이터 정책을 강화하고, 기업의 비즈니스 생태계 조성으로 확대하는 추세를 보이고 있다. 경제산업성은 특히 일본 제조기업의 문제점으로 꼽히고 있는 디지털 전환(DX)에 집중하고 있다.

 코로나19 확산 이후, 경제산업성은 디지털 혁신 가속화를 위한 연구회를 설치('20.8월)하고, 코로나19 확산으로 급변한 환경 속에서 일본 기업의 DX가속화 방안을 논의 및 DX 보고서 2(DXレポト2)를 발표했다.

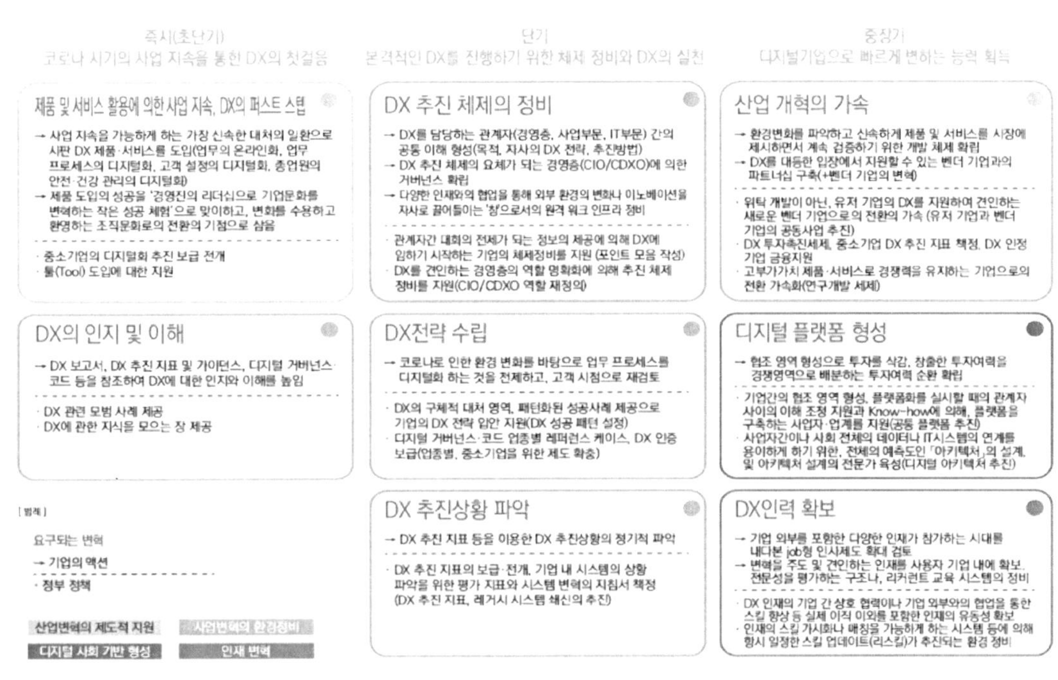

[그림 140] DX 보고서 2 주요 내용 요약

 경제산업성과 정보처리기구는 도쿄증권거래소와 공동으로 매년 'DX종목(DX銘柄)'을 선정하여 발표(2020~)하고, 기업의 DX에 대한 관심도 제고 및 기업의 전환노력을 지원하고 있다. 또한 디지털 사회 구현의 핵심인 'DX를 지원하는 회사(벤더기업)' 육성 정책 마련을 위해 디지털 산업 창조 연구회(デジタル産業の創出に向けた研究会)를 발족했다.

마) 중소기업 지원 정책

'일본재흥전략 2016' 발표 이후, 경제산업성 주도로 '스마트제조(Smart Manufacturing)' 정책 하에서 중소기업의 스마트팩토리화를 지원하는 정책이 시작되었다.

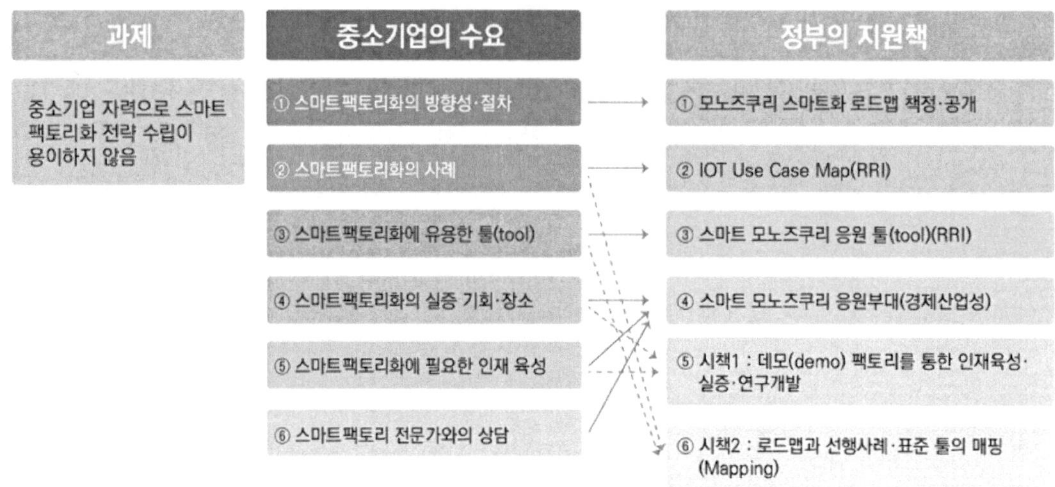

[그림 141] 일본정부의 중소기업 스마트팩토리화 지원체계

구체적으로, 스마트팩토리화를 위한 중소기업 지원책은 2018년 11월 경제산업성이 발표한 「중견·중소 기업에 대한 지원 시책」을 통하여 추진하고 있으며, 주요 지원 사업으로 홍보·네트워크 구축지원, 전문가 파견, IoT 투자 세제 및 금융 지원, 네트워크 형성 지원 사업 등을 실시하고 있다.

4) 중국

중국의 스마트제조 정책은 중앙부처인 국무원을 중심으로 하여 담당 하위 부처와 지방정부 간의 협업으로 추진되고 있다.

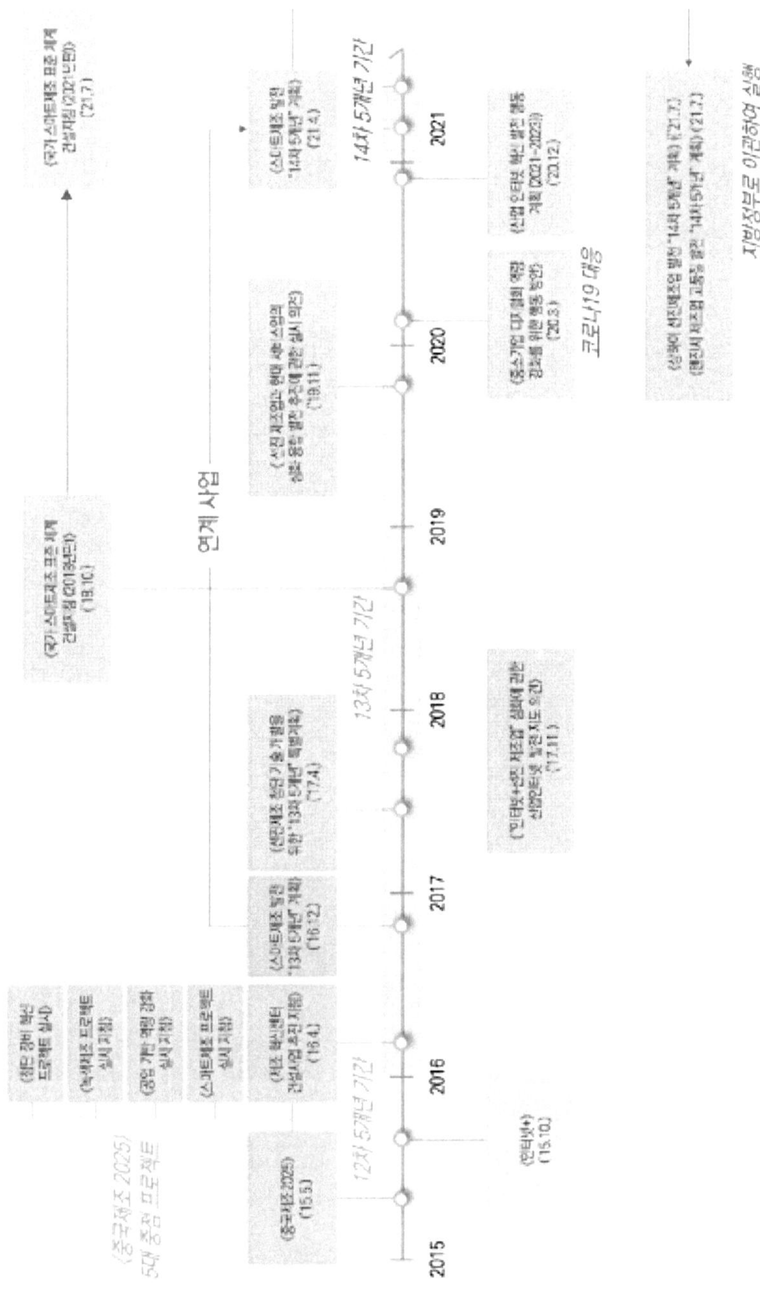

[그림 142] 중국의 스마트제조 관련 주요 정책 및 정부 활동 타임라인

가) 중국제조2025

중국제조2025는 산업 전반의 고도화를 목표로 향후 30년간의 제조업 발전을 위한 정책·지원 계획으로 국무원에서 주관·운영하며, 3단계 전략, 10대 핵심사업 및 5대 중점 프로젝트를 제시한다.

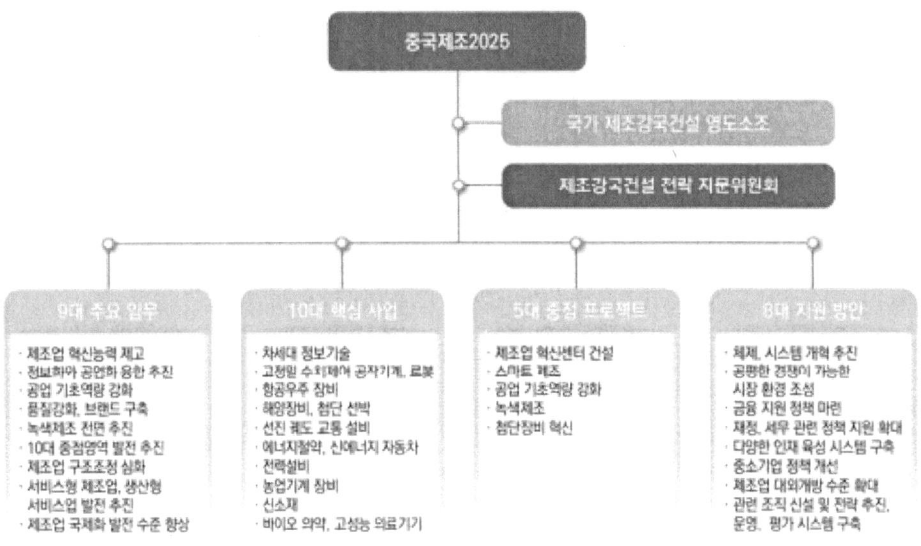

[그림 143] 중국제조2025 추진체계

중국은 향후 중국의 성장 동력이 될 10개 분야를 선정하였으며, 각 핵심 분야의 경쟁력을 향상시키기 위한 이행 전략을 2~3개로 세분화하여 제안했다.

10대 핵심 산업분야	세부 내용
차세대 정보기술	• 집적회로 및 전용 설비 설계, 국산 마이크로칩 응용, 고밀도 패키징 및 3D 마이크로 패키징 기술 등의 개발 역량 강화 • 초고속 인터넷, 5G 이동통신 기술, 초고속 대용량 스마트 광신호 전송 기술, 대용량 클라우드, 스마트 단말기, 네트워크 안전 향상 등 정보통신 설비 및 기술 발전·공업용 소프트웨어의 산업화, 안전 검증 시스템 완비
고정밀 수치제어 및 로봇	• 고정밀 수치제어 공작기계, 서보모터, 베어링, 래스터 등 주요 부품 및 핵심 응용소프트웨어 개발 • 로봇 본체, 감속기, 서보모터, 제어기, 센서 등 로봇 관련 핵심 부품 연구 강화 및 각 산업 분야에 적극 활용

[표 32] 10대 핵심 산업분야별 주요 발전계획

10대 핵심 산업분야	세부 내용
항공우주장비	• 대형항공기, 간선 항공기, 헬기, 무인기 등 항공 설비 관련 기술개발 강화 • 탑재 로켓, 신형 위성, 유인 우주기술 등 우주 설비 개발 및 공간기술 응용
해양장비 및 첨단기술 선박	• 해양 탐사, 자원 개발·이용, 해상작업 설비 등 핵심 시스템 및 전용 설비 개발 • 크루즈, LNG 선박 등 첨단 선박기술의 글로벌 경쟁력 제고
선진 궤도교통 설비	• 신소재·신기술·신공법의 응용 가속화 및 안전보장, 에너지 절약, 환경보호, 스마트화 기술의 시스템화 추진 • 제품의 경량화, 모듈화, 시스템화 연구 및 활용
에너지 절약 및 신에너지 자동차	• 전기자동차, 연료전지 동력 자동차, 저탄소 자동차 생산 지원 • 고효율 내연기관, 첨단 변속기, 경량화 소재, 스마트 제어 등 핵심기술의 정보화 및 스마트화 추진
전력 설비	• 고효율 석탄 전력 정화 설비, 수력 및 원자력 발전, 중형가스터빈 등의 제조 수준 향상 • 신재생에너지, 에너지저장, 스마트 그리드 송배전 등 설비 발전 추진
농업기계 장비	• 농작물의 생산과정 전반에 사용되는 선진 농기구 설비 중점 발전 • 대형 트랙터, 콤바인 등 첨단 농업 설비 및 핵심부품 기술 개발 강화
신소재	• 특수금속, 고성능 구조재료, 기능성 고분자재료 등 신소재 개발 강화 • 금속의 정련, 응고, 기상증착, 고효율 합성 등 신소재 화학제조기술 연구
바이오의약 및 고성능 의료기기	• 중대질병 치료약품, 바이오기술 응용 신의약품 및 항체 의약품 등 의료약물 개발 • 영상 설비, 의료용 로봇 등 고성능 의료기기 혁신역량 및 산업화 수준 제고 • 3D 바이오프린터, 다기능 줄기세포 등 첨단 의료기술 응용 확대

[표 33] 10대 핵심 산업분야별 주요 발전계획

중국은 이를 통해 중국 내 제조역량 및 인프라 강화를 위하여 스마트제조를 포함한 5대 중점 프로젝트를 제시한다.

① 제조업 혁신센터 구축

첫 번째 프로젝트인 「제조업 혁신센터 구축」은 제조업 관련 민간기업, 연구기관, 대학 등 혁신 주체들이 협력하는 센터 구축을 지원한다. 2020년까지 총 16개의 국가단위 제조업 혁신센터를 구축 완료하여 운영 중이며, 최근 5G 중·고주파기기 혁신센터, 국가 유리신소재 혁신센터, 국가 첨단 스마트가전 혁신센터, 국가 스마트 음성 혁신센터 등 4개의 국가 제조업 혁신센터 조성안을 비준했다.

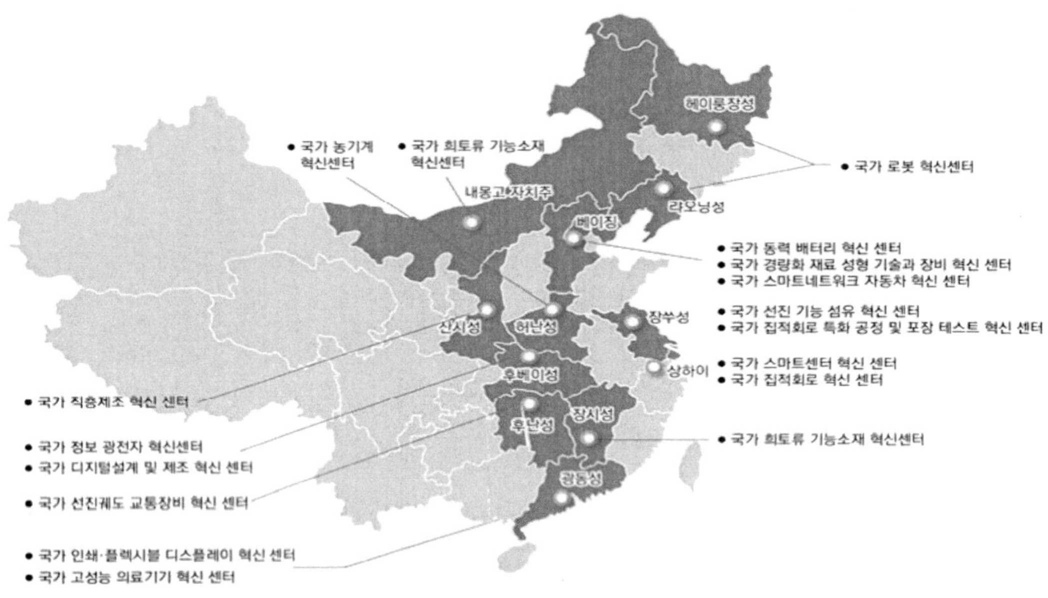

[그림 144] 국가 단위 제조업 혁신센터 구축 현황

② 스마트제조

두 번째 중점 프로젝트인 「스마트제조」는 스마트제조를 통한 자국 제조업 경쟁력 강화를 목표로 《스마트제조 프로젝트 실시 지침(智能制造工程实施指南)(2016-2020)》에 따라 추진중이다. 2016~2020년에 진행된 1기에서는 디지털제조와 스마트제조의 시범 시연을 통해 대중화 하며, 주요 전통제조 분야의 스마트화를 추진했다. 2021년~2025년에 수행되는 2기에서는 제조업 전 영역의 스마트제조 시스템을 구축하고 핵심 기술과 장비, 스마트제조 표준, 산업인터넷, 정보 보안, 핵심 소프트웨어 산업 발전 지원을 목표로 제시했다. 다만 스마트제조 발전 "14차 5개년" 계획(2021-2025)은 이전과 달리 《중국제조2025》 연관 정책으로 명시하지 않고, 《중화인민공화국 국민경제와 사회발전을 위한 제14차 5개년 계획과 2035년 비전 개요》를 실현하기 위한 계획의 일환으로 발표했다.

③ 공업기조역량강화

《공업 기반 역량 강화 프로젝트 실시 지침(2016-2020)》에 따라 기술개발 사업을 통한 주요부품 및 자재 생산기술 경쟁력 강화를 목표로 하며, 중국 국무원 산하의 과학기술부 주관으로 추진하고 있다. 2016~2020년에 진행된 1기에서는 제조업 핵심부품 및 핵심자재의 40% 이상을 내수 공급을 가능하게 하며 우주장비, 통신장비, 발전·송전설비, CNC 장비, 가전 산업의 기초 소자와 핵심자재 생산 공정의 일반화를 목표로 했다.

2021~2025년에 진행되는 2기에서는 핵심부품 및 핵심자재의 70% 이상을 내수 공급 하며, 80종 이상의 첨단 기술을 글로벌 선도 수준으로 제고하는 것을 목표로 추진중이다. "제조 기본기술 및 주요 부품" 연간 프로젝트 지침은 2018년부터 매년 중국 과학기술부를 통해 공개되고 있으며, 제조업 발전에 필요한 기술을 기초기술, 공통기술, 응용 및 시범기술로 나누어 분류하고, 각 기술들에 대한 연구내용과 평가지수를 공개한다.

④ 녹색제조

국가 제조업의 지속가능성을 위해 친환경에 대한 관심이 커지고 있으며 이에 따라 중국은 《중국제조2025》의 5대 프로젝트 중 하나를 녹색제조로 선정하고, 세부 내용으로 생산 공정의 친환경화, 에너지 절약, 재제조 산업 육성, 친환경 표준체계 확립 등을 강조하고 있다. 2016~2020년에 진행된 1기에서는 1,000여개의 친환경 시범공장과 100여개의 시범 단지 건설, 중화학 공업 에너지 자원 소모 전환점 마련, 주요 산업 및 업종의 오염물 배출 20% 감소했다. 2021~2025년에 진해되는 2기에서는 제조업의 녹색 발전 및 주요 녹색 제품 단위 소비의 글로벌 선도 수준 달성, 녹색제조체계 기초 건설을 목표로 추진한다.

⑤ 첨단장비 혁신

《첨단 장비 혁신 프로젝트 실시 지침(2016-2020)》을 통해 각 기간별 장비 혁신에 대한 가이드라인을 제공하였으며, 세부 분야에 대한 세부 행동 계획들을 제안한다.

나) 스마트제조 발전 13차 5개년 계획(2016~2020)

글로벌 제조업 변화 흐름에 맞추어 중국의 13차 5개년 기간(2016~2020)과 《중국제조2025》의 1단계 기간(~2025) 동안 국가 제조업의 스마트화를 달성하기 위한 정책으로, 제조업의 초고도화 뿐만 아니라 지역, 분야, 기업의 발전 불균형 해소도 정책 목표로 포함하고 있다.

구체적 목표	내용
스마트제조 기술 및 장비 혁신	• 스마트제조 핵심 장비 및 기술 연구개발을 통해 경쟁력을 강화하고 중국 스마트제조 장비 국산화비율 50% 이상 달성 • 전 분야 핵심 공통 기술 우선 개발 • 중국 내 핵심 지원 소프트웨어 시장 국산화비율 30% 달성
발전 기반 강화	• 스마트제조 표준체계 완성 • 200개 이상의 스마트제조 표준 개정 • 제조 산업을 위한 산업인터넷 및 정보 보안 시스템 구축

[표 34] 스마트제조 발전 13차 5개년 계획의 구체적 목표

구체적 목표	내용
스마트제조 생태계 구축	• 10억 위안 이상의 수익을 내는 경쟁력 있는 시스템 솔루션 개발 기업 육성(40개 이상) • 스마트제조 인재팀 구성 및 운영
중점 분야 발전 성과 도출	• 기업 현장에서 사용 가능한 디지털 R&D 설계 툴 보급(70% 이상) • 핵심공정 수치 제어율 50% 달성 • 스마트공장 보급률 20% 달성 → 제품 제조 주기, 제품 불량률 대폭 감소 효과

[표 35] 스마트제조 발전 13차 5개년 계획의 구체적 목표

다) 스마트제조 발전 14차 5개년 계획(2021~2025)

《국민 경제와 사회 발전을 위한 14차 5개년 계획》의 일환으로, 《스마트제조 발전 "13차 5개년" 계획》과 연속성을 가지며, 2025년까지의 구체적인 단기목표 및 2035년까지의 장기 목표를 설정했다.

① 연구개발 및 인프라

구체적 목표	내용
핵심기술 연구 강화	• 설계, 생산, 관리, 서비스 등 제조공정, 설계 시뮬레이션, 하이브리드 모델링 등 기초기술과 적층제조, 초정밀 가공, 센서 등 스마트제조 핵심 기술 연구개발 강화
시스템 통합기술 혁신 가속화	• 장비, 작업 현장, 공장 등 생산 프로세스 관련 데이터 모델을 구축하고 이를 기반으로 하는 플랫폼, 도메인, 비즈니스 간 상호 작용과 협업 최적화를 위한 기술 개발 및 지원
혁신 네트워크 구축 가속화	• 핵심 프로세스, 공작기계, 디지털 트윈과 같은 핵심 영역의 제조 혁신 센터를 구축하고 공통 기술에 대한 연구개발 수행, 테스트 플랫폼 구축을 통한 제조 장비 및 시스템 보급 실시

[표 36] 스마트제조 발전 14차 5개년 계획 - 연구개발 및 인프라

② 스마트공장 및 디지털화 지원

구체적 목표	내용
시범 공장 건설	• 다양한 혁신 요소를 포함한 디지털화, 네트워크화, 스마트화 시범 공장을 구축하고 공급사슬 내 상하 벤더들의 통합 혁신을 위한 공급망 협업 플랫폼 구축
디지털화 및 네트워크화 발전	• 장비제조, 전자정보, 원자재, 소비재 등 각 세분화된 산업의 특성과 애로사항 해결을 지원할 수 있는 스마트제조 로드맵 수립, 단계별 디지털화·네트워크화 지원
지역 제조업 디지털화 촉진	• 지역별 특성을 반영한 스마트제조 발전 경로를 탐색하고 핵심 기술 혁신, 수요 공급 매칭, 인재 교육 분야 지역 간 협력 촉진

[표 37] 스마트제조 발전 14차 5개년 계획 - 스마트공장 및 디지털화 지원

③ 제조 장비 및 솔루션

구체적 목표	내용
스마트제조 장비 개발	• 공정 상 인식, 제어, 의사 결정 등 대외 의존이 높고 국내 기술의 한계가 명확한 분야의 기술 및 장비 혁신을 위해 대학-연구원 공동 연구를 실시
산업 소프트웨어 제품 협력개발	• 소프트웨어 회사-장비 제조 회사-사용자-과학 연구기관이 협력하여 제품 라이프 사이클 및 전체 제조 프로세스의 핵심 소프트웨어 개발 추진
시스템 솔루션 개발	• 공급자-수요자의 상호 작용을 강화하여 현장 최적화 솔루션 개발, 중소기업의 특성과 요구사항을 적극 반영한 가볍고 유지 관리가 쉽고 비용이 저렴한 솔루션 개발

[표 38] 스마트제조 발전 14차 5개년 계획 - 제조 장비 및 솔루션

④ 스마트제조 보안

구체적 목표	내용
표준화 작업 심화 추진	• 글로벌 최고 수준의 스마트제조 및 산업 응용 표준체계 구축
정보 인프라 개선	• 산업인터넷, 사물인터넷, 5G 및 기가비트 광 네트워크와 같은 새로운 네트워크 인프라의 대규모 지원 가속화
보안 강화	• 스마트제조의 보안 요구사항에 중점을 두고 네트워크, 정보 및 기능 보안 체계 구축, 암호 기술의 역량 강화 및 활용 촉진

[표 39] 스마트제조 발전 14차 5개년 계획 - 제조 장비 및 솔루션

라) 지방정부의 제조업 관련 14차 5개년 계획

스마트제조 핵심 지역 중 하나인 상하이와 저장성은 지역단위의 계획인《선진 제조업 발전 "14차 5개년" 계획》을 발표하고, 2025년까지의 발전 목표를 제시했다.《상하이 선진 제조업 발전 "14차 5개년" 계획》은 경제밀도, 혁신 농도, 브랜드 가시성, 디지털 전환 분야의 18가지 지표를 제시하였으며 3개의 선도 산업, 6개의 중점 산업[98]을 선정하여 "3+6" 신산업 체계 구축을 추진한다. 저장성은《저장성 글로벌 선진 제조업 기지 건설을 위한 "14차 5개년" 계획》을 통해 국내 제조업 규모와 제조혁신 투자 부문 1위 유지를 목표로, 글로벌 스마트제조 핵심 기지로의 도약을 위한 기술, 산업 및 비즈니스, 친환경 부문의 목표[99]를 제시했다.

베이징시 인민정부(北京市人民政府)는 14차 5개년 규획 기간 '베이징 스마트제조', '베이징 서비스' 실현을 위한 고정밀 첨단산업 발전계획과 구체적인 목표, 과제 등을 발표했다. 이외에도 톈진시, 푸젠성, 허베이성 등도《제조업 고품질 발전 "14차 5개년" 계획》을 발표했다.

마) 중소기업 디지털화 역량 강화를 위한 행동 방안

중국 공업정보화부는 코로나19로 인해 기업 운영에 치명적 영향을 받은 중소 제조기업을 대상으로 디지털 혁신을 통한 극복 방안을 제시하고 지원하는《중소기업 디지털화 역량 강화를 위한 행동 방안》을 발표했다. 이를 통해 코로나19 위기상황에서 디지털 역량 강화를 통해 중소기업의 위기 대응 능력을 제고하고, 지속가능한 발전이 가능하도록 중소기업에 적합한 통합 디지털 플랫폼, 시스템 솔루션, 제품·서비스 홍보, 네트워크 인프라 등의 지원을 추진한다.

바) 국가 스마트제조 표준체계 건설 지침(2021)

스마트제조 관련 표준 제정과 관련하여, 중국 공업정보화부는 2018년 공개한《국가 스마트제조 표준체계 건설 지침(2018)》을 보완하고, 정책기조 변화(13.5 → 14.5)와 산업 트렌드 변화에 맞추어 새로운《국가 스마트제조 표준체계 건설 지침(2021)》을 공개했다. 스마트제조 표준체계는 A 기반공통, B 핵심기술, C 산업응용 단계로 나누어 체계화를 진행한다. 기반공통은 범용성, 안전성, 신뢰성, 검사, 평가, 근로자능력을 포함하고, 핵심기술은 스마트장비, 스마트공장, 스마트공급망*, 스마트서비스, 스마트 구현기술, 산업 네트워크 등 스마트제조 관련 모든 분야를 포함한다. 산업응용은 선박 및 해양공정 장비, 건축자재, 석유화학, 방직의류, 철강, 궤도교통, 항공우주, 자동차, 비철금속, 전자정보, 전력장비, 기타로 분류된다.

---

98) (3대 선도산업) 집적회로, 바이오의약, 인공지능 (6대 중점산업) 전자정보, 생명건강, 자동차, 첨단장비, 선진소재, 패션소비재
99) (신흥산업) 차세대 정보기술, 바이오의약 및 고성능 의료기기, 신소재, 첨단장비, 친환경 에너지 (선도산업) 자동차, 친환경 석유화학, 현대 방직, 스마트홈

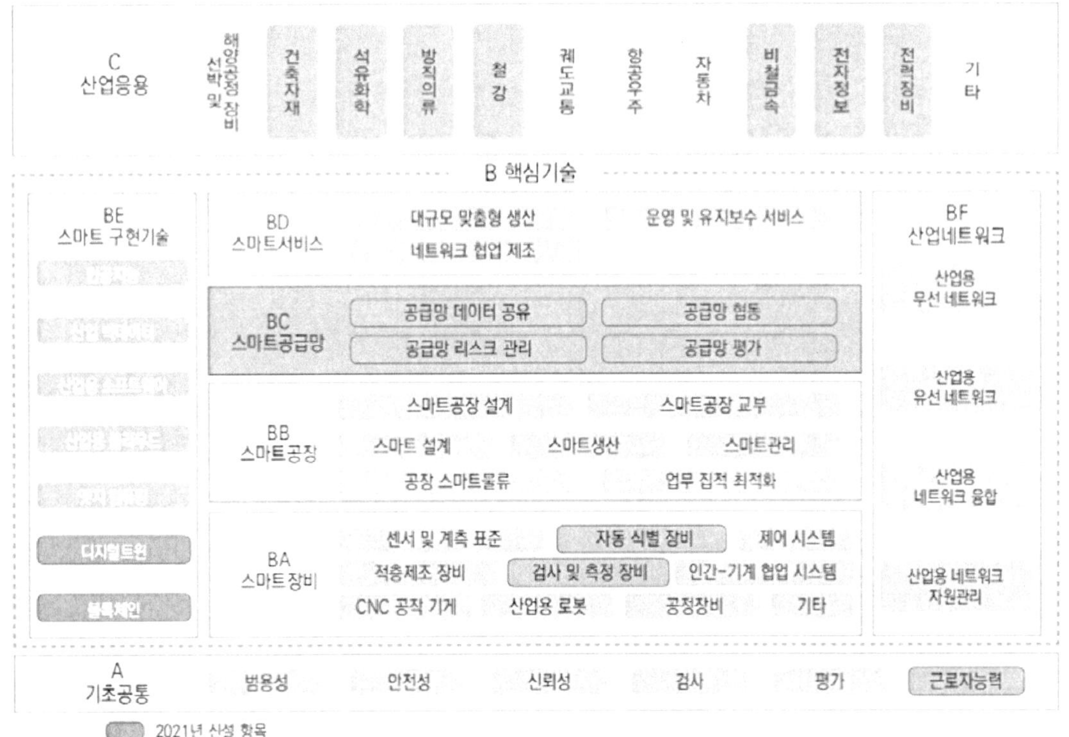

[그림 145] 중국 국가 스마트제조 표준체계 (2021)

사) 인터넷+

인터넷을 기반으로 경제·사회 등 산업 전반의 혁신 및 발전을 목표로 중국 국무원은 2015년 《"인터넷+" 추진에 관한 지도 의견》 정책을 발표하고 향후 3년 및 10년의 목표를 제시했다. 11대 중점 분야로 창업·혁신, 제조, 현대농업, 스마트에너지, 금융 등을 제시한 가운데, 제조 분야는 공업정보화부, 국가발전개혁위원회, 과학기술부가 공동으로 주관하여 시행한다. 스마트제조 분야에서의 적용 확대를 위해서는 《제조업과 인터넷의 융합 발전 심화를 위한 지도 의견》을 발표('16.5월)하고 《중국제조2025》와의 연계를 추진했다. 이후 2017년에는 인터넷 기반의 선진 제조업으로의 도약을 목표로 하는 《"인터넷+선진 제조업" 심화에 관한 산업인터넷 발전 지도 의견》을 발표했다. 특히 위험성이 확대되는 보안 이슈에 대한 대응력 강화를 위해 《산업 제어 시스템 정보 보안 실행 계획(2018-2020)》을 발표했고, 최근에는 산업인터넷 인프라 구축의 양적 질적 선진화를 위해 《산업인터넷 혁신 발전 행동 계획(2021-2023)》(工业互联网创新发展行动计划)을 발표('20.12월)했다.

나. 국내동향[100]

한국정부는 2014년부터 스마트 공장의 확산을 통해 제조업 생태계를 혁신하고, 제조업 전반으로 확산하고자 제조업 혁신 3.0 전략을 수립하고 추진하고 있다. 제조업 혁신 3.0 전략은 제조업과 IT·SW, 서비스 및 타 산업과의 융복합 및 저비용, 다품종, 유연 생산방식 확산을 주 내용으로 한다.

추진전략	세부과제
스마트 생산방식 확산	-스마트공장 보급 확산 -8대 스마트 제조기술 개발 -제조업 소프트파워 강화 -생산설비 고도화 투자 촉진
창조경제 대표 신산업 창출	-스마트 융합제품 조기 가시화 -30대 지능형 소재 부품 개발 및 사업화 -민간 R&D 및 실증 투자 촉진
지역 제조업의 스마트 혁신	-창조경제혁신센터를 통한 제조업 창업 활성화 -지역 거점 산업단지의 스마트화 -지역별 특화 스마트 신산업 육성
사업재편 촉진 및 혁신기반 조성	-기업의 자발적 사업재편 촉진 -융합신제품 규제 시스템 개선 -제조업 혁신을 뒷받침하는 선제적 인력 양성

[표 40] 제조업 혁신 3.0 전략

한편, 정부는 연속공정 자동화, 제조로봇설비 지원 및 스마트공장 구축 및 확산 추진을 통한 뿌리기업 공정혁신 촉진을 위하여 IT솔루션 제공, 생산 공정 디지털화 등 IT융합 첨단화를 지원한다. 또한 스마트공장을 위한 R&D 지원도 ICT, 기계, 표준 등 다양한 분야에서 진행되고 있으며, 과학기술정보통신부, 산업통상자원부를 중심으로 요소기술 R&D를 진행하고 있다. 기술개발로는 스마트 공장의 필요한 핵심 기능과 해당 기능을 구현하기 위한 8대 기술을 선정하여 지원할 것을 제시했는데 이에 스마트센서, CPS, 3D프린팅, 에너지절감, 사물인터넷, 클라우드, 빅데이터, 홀로그램 등이 포함된다.

스마트공장을 명시적으로 제시한 국가 연구개발 사업은 스마트공장 고도화사업, 사물인터넷 신산업육성선도사업 외 개방형 플랫폼 기반 서비스, USN 산업융합원천기술개발사업 외 사물인터넷제조융합기술개발, 사물인터넷융합기술개발사업 외 사물인터넷응용기술개발 등으로 '16년 기준 1,800억 규모를 자랑했다. 또한 현재 요소기술 R&D에 비해 제조 주기 운용 솔루션에 대한 R&D 투자는 저조한 수준이므로 향후 실시간 연계 운영이 가능한 통합 기술에 대한 지원의 전략적 제고가 필요하다.

---

100) 스마트팩토리 중소 중견기업 기술로드맵 2018-2020 중소기업청

스마트공장 핵심기술 정부 R&D 지원이력 및 현황을 살펴보면, 스마트공장 관련 정부 R&D 과제는 2011년 이후로 지속적으로 증가해왔다. 2010년~2015년 총 557개, 2,568억 원 규모의 과제가 추출되고 수행주체로는 출연연(36.7%), 중소기업(32.3%) 중심으로 지원 비중이 높고, 연구단계는 개발(53.2%)중심으로 기타, 응용, 기초 단계 순이다.

스마트공장 관련 기술 분야별 정부 R&D 지원현황을 분석한 결과, 총 예산 규모에 따라 어플리케이션 분야 39%, 플랫폼 분야 23%, 디바이스 분야 21%, 기반 분야 12%, 솔루션 분야 3%의 순으로 지원한다.

스마트공장 보급 및 확산 정책으로는, 민간과 공동으로 '민관합동 스마트공장 추진단'을 설립해 민간 역량을 중심으로 적극적인 스마트공장 보급 사업을 진행 중에 있다. 2014년도에 산업부와 중소벤처기업부의 주관으로 280개사가(산업부 133개, 중소벤처부 144개 주관)에 대한 시범 사업으로 시작했다. 상대적으로 IT·SW역량이 부족한 중소·중견기업 제조 현장의 스마트화를 기업 역량에 따라 맞춤형으로 지원 중에 있다. 구축지원 사업, 금융지원 사업, 교육지원 사업 등이 이에 해당한다.

분류	사업종류	주관그룹
민간주도형 사업	산업혁신	산업혁신중앙추진본부 스마트공장추진단
	창조경제혁신센터	창조경제혁신센터
정부주도형 사업	ICT융합스마트 공장사업	산업부 스마트공장추진단
	지방투자촉진사업	
	지역투자사업	
	생산정보디지털화사업	중소벤처기업부 중소기업기술정보진흥원

[표 41] 스마트공장 보급 및 확산 사업

한편, 2017년 4월 산업부는 '스마트 제조혁신 비전 2025'를 발표했다. 스마트 제조혁신 비전 2025는 2025년까지 스마트공장 3만 개(누적)를 보급 및 확산, 전문 인력 4만명 양성, 현재 기초수준에 머물러 있는 스마트공장 수준의 고도화를 목표로 한다. 또한 기반산업 경쟁력 강화를 위한 기반 기술 역량 확보, 보급 확산 사업을 통한 시장창출, 공급 기업의 해외시장 진출을 위한 '스마트공장 얼라이언스'를 구축하고 있다.

현재 한국은 정부의 2022년 3만개 보급·확산사업에 힘입어 중소·중견기업(중소기업 비중 98.1%, 중견기업 비중 1.9%)을 중심의 스마트공장 구축으로 시장이 활황을 맞이하고 있으나, 아직까지는 SW 위주로 보급 중이다.

　IoT와 CPS 등 스마트제조기술의 고도화를 지향하는 솔루션은 대기업을 중심으로 시범 도입이 되는 단계이며 아직 중소·중견기업을 중심으로 대중화되기에는 성공 레퍼런스가 부족한 상황인 것으로 보인다.

　애플리케이션의 경우 제조실행시스템(MES), ERP 솔루션은 삼성 SDS, LG CNS, SK C&C등 국내 SI업체들이 공급가능하나, 제품수명주기관리(PLM)는 전문 글로벌 기업에 의존하고 있으며 플랫폼의 경우에는 LG CNS는 '제조업 혁신 3.0'을 지원하는 솔루션으로 사물인터넷, 빅데이터 기반의 예측기술을 활용한 생산영역에서 에너지, 안전, 보안 서비스를 제공하는 'Smart Factory 2.0'을 개발하였고, 삼성SDS는 인공지능(AI) 기반 개발, 생산, 품질, 운영 등 제조 전 과정을 통합 처리할 수 있는 스마트팩토리 토탈 솔루션 '넥스플랜트'를 출시한 바 있다.

　장비·디바이스 기계 분야는 두산공작기계, 현대위아, 일성기계공업, 로봇 분야는 현대로보틱스, 한화테크윈, 두산로보틱스, 로보스타, 제어기(PLC) 분야는 LS산전, RS오토메이션등을 비롯한 국내 기업의 스마트 장비·디바이스 분야의 제품 개발을 추진중이나 아직 가장 고부가가치가 높은 High-end 제품 라이업이 부족하며, 세부 장비 개발에 사용되는 센서, 제어시스템은 일본 미국 등에 전량 의존하고 있는 상황으로 보인다.

07

스마트팩토리 기업

7. 스마트팩토리 기업

가. 해외기업

1) Siemens

SIEMENS

[그림 147] 지멘스

지멘스는 독일 베를린과 뮌헨에 본사를 두고 있으며 송/변전, 스마트 그리드 솔루션, 전력 에너지의 효율적인 어플리케이션에 이르기까지 전력화 가치 체인 전반과 더불어 메디칼 영상과 임상 진단 분야의 글로벌 선도기업이다. 전 세계 200여 국가에서 372,000여 명의 직원이 근무하고 있으며 전력화, 자동화, 디지털화 영역에 핵심 역량을 집중하고 있다.

특히, 에너지 효율을 높이고 자원을 아끼는 친환경 기술의 선도주자인 지멘스는 해상 풍력 터빈 분야에서 전 세계 1위이며, 복합화력발전 터빈 분야에서 시장을 선도하고 있다. 또한 발전소에서 발생된 전력을 공장이나 일반 가정 등에 수송하는 송전을 비롯해 도시 인프라, 자동화 및 산업용 소프트웨어 영역에서도 시장을 선도하며 컴퓨터 단층촬영, 자기공명영상 시스템과 같은 의료 영상 기기, 연구실용 진단 장비, 클리닉 IT 분야에서도 업계 리더라고 할 수 있다.

또한, 1950년대 국내에 진출한 지멘스는 선진 기술과 글로벌 경험을 바탕으로 국내 기업과의 상생을 위한 다양한 사업협력과 적극적인 투자, 개발 활동에 앞장서고 있으며 지난 수년간 두 자릿수 이상의 성장세를 지속적으로 기록하는 등 괄목할 만한 성과를 보이고 있다.

게다가 지멘스 암 베르크 공장은 유럽 최고의 공장으로 평가받고 있다. 본 공장의 자동화 수준은 75%에 이르며, 1000여 종류의 제품을 연간 1200만 개 생산하고 있다. 설계나 주문을 변경해도 99.7%의 제품을 24시간 내에 출시하는 시스템을 구축하고 있으며, 100만 개당 불량 수는 약 11.5개에 불과할 정도로 높은 품질을 유지하고 있다.

암 베르크 공장에는 수십 개의 컨베이어 벨트가 쉬지 않고 돌아가지만, 생산직 노동자들이 상당수가 기계 앞이 아니라 모니터 앞에 서있는 진귀한 모습을 볼 수 있다. 이는 로봇을 통한 자동화가 이뤄졌기 때문이다.

또한, 암 베르크 공장은 공장이 아니라 데이터 처리실이라고 봐도 무방할 정도로 하루에 5000만 건의 데이터를 분석하는데, 이는 연간 182억 건의 데이터가 되며 이를 분석하여 이용했기 때문에, 이와같은 공장 자동화와 품질관리가 가능했다고 할 수 있다.

[그림 148] 지멘스 암 베르크 공장

최근 LG에너지솔루션은 독일 지멘스와 손잡고 최첨단 스마트팩토리 기술을 적용한 배터리 공장을 짓는다고 발표했다. 협약에 따라 LG에너지솔루션은 미국 제너럴모터스(GM)와의 합작 법인인 얼티엄셀즈의 제2공장(테네시주)에 스마트팩토리 기술을 적용한 '제조 지능화 공장'을 구축하기로 했다. 이후 국내외 모든 사업장으로 이 기술을 확대할 계획이다. 제조 지능화 공장이 구축되면 정보통신기술(ICT)과 빅데이터를 통해 배터리 생산 기술을 고도화할 수 있다. 또 제조 과정을 효율적으로 관리해 고품질 배터리를 생산할 수 있다. 에너지 효율성도 개선돼 ESG(환경·사회·지배구조) 경영 확대에 도움이 된다.

두 회사는 디지털 트윈 로드맵을 구축하고, 배터리 기술연구소(IBT)와 연계한 교육 프로그램 개발 등에도 나서기로 했다. 디지털 트윈은 실제와 똑같이 설계한 가상 공간에서 시뮬레이션을 통해 공정의 시행착오를 줄이는 인공지능(AI) 기반 연구 시스템이다.[101]

---

101) LG엔솔, 지멘스와 '스마트팩토리' 구축, 한국경제, 2021.12.14

2) Rockwell Automation[102]

Rockwell Automation

[그림 149] 로크웰 오토메이션

로크웰 오토메이션은 산업 자동화와 정보 솔루션을 제공하여 고객이 더 생산적이고 세계가 더 지속 가능(sustainable)할 수 있도록 하는 세계적인 기업으로, 미국 위스콘신 주 밀워키에 본사를 두고 있으며, 22,500여명의 직원이 전세계 80여 개국에서 고객을 위해 일하고 있다.

로크웰 오토메이션은 공정 제어 솔루션, 기계 설비 제어 솔루션 (OEM 솔루션), 세이프티 솔루션, HMI 소프트웨어 및 MES (제조실행시스템) 솔루션, 파워 컨트롤 솔루션, 프로젝트성 시스템 솔루션, Oil & Gas 산업 솔루션을 주 사업으로 영위하고 있는 기업이다.

로크웰은 제조업체가 자체 디지털 변환을 이루어 내고 커넥티드 엔터프라이즈의 비전을 실현시킬 수 있도록 지원하기 위해 필요한 정보만 제공해주는 소프트웨어 솔루션 컨텐츠 딜리버리 시스템(Content delivery system)을 공급하고 있다.

또한 기업들이 생산실행시스템(MES)를 최적화해서 스마트 매뉴팩처링할 수 있도록 팩토리토크(FacktoryTalk) 애플리케이션 시리즈를 새롭게 선보였다. 솔루션들은 단일한 애플리케이션을 통해 장비, 작업 영역 레벨에서 시작할 수 있다.

로크웰의 분석 솔루션 팩토리토크 애널리틱스는 전체 엔터프라이즈 뿐만 아니라 생산 현장 전반까지 장치, 장비, 엔터프라이즈, 시스템의 분석 기능까지 포괄한다. 신규 솔루션에는 원격 모니터링, 장비 성능, 장치 상태 및 진단, 예방적 유지 관리 기능이 포함됐다.

이러한 기술은 스마트 공장에서 선택 사항이 아니라 필수기 때문에 로크웰은 마이크로소프트, 시스코 등과 협력을 통해 각 회사의 핵심역량을 모아 서비스를 제공하고 있다. 로크웰은 협력강조의 연장선으로 생산 현장에서 현장 직원간의 협력을 강화하기 위해 모바일 기기에서 사용하는 iOS와 안드로이드 앱 팩토리토크 팀원(FactoryTalk TeamONE)을 공개했다.

이를 통해 현장에서 스마트폰 앱을 사용하게 되면 정보공유, 실시간 생산 진단 확인, 장비 알람에 대한 대응, 장비의 문제 해결을 할 수 있게 되면서 팀의 생산성이 높아지고, 평균 고장 수리 시간(MTTR, Mean Time to Repair)도 감소하게 된다.

---

102) 로크웰오토메이션 "스마트공장 핵심은 데이터 지능화, 보안, 분석", EPNC, 2017.04.04

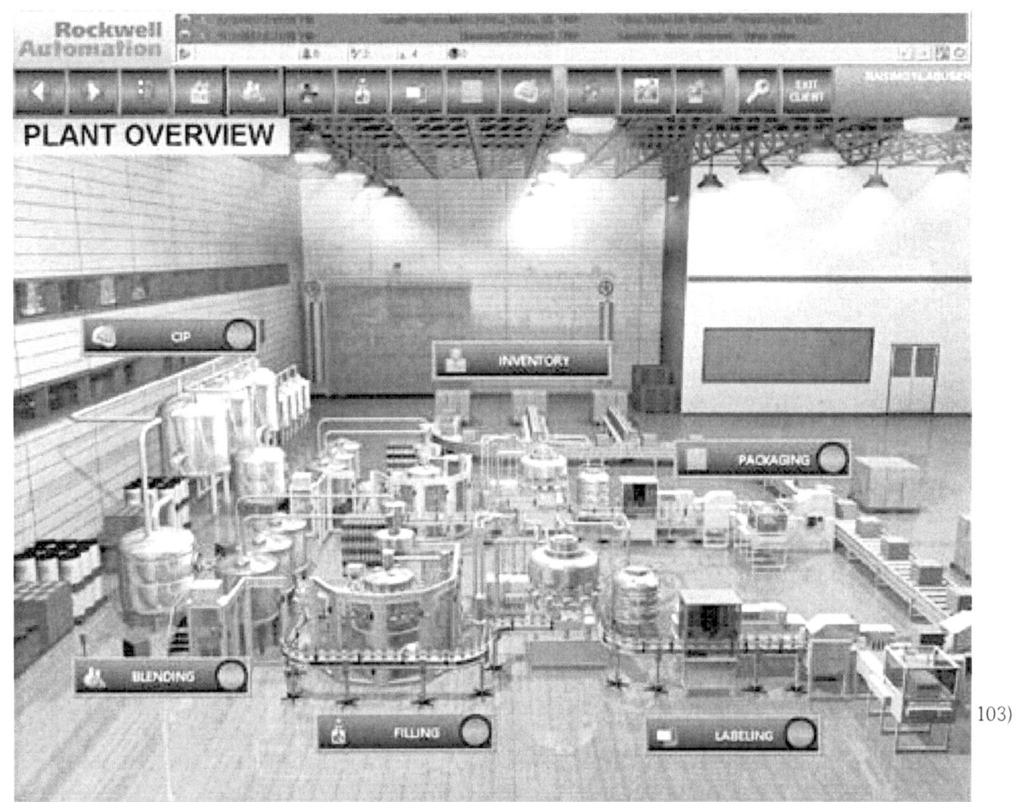

[그림 150] FactoryTalk View HMI

　최근 로크웰 오토메이션은 스마트팩토리 기술을 직접 경험할 수 있는 고객체험센터를 개소했다. 이번에 새롭게 오픈한 고객체험센터는 모터 컨트롤 센터(CCC), 지능형 컨베이어 시스템, IoT 플랫폼 관제 시스템, 분산제어시스템, 가상현실(VR)과 증강현실(AR) 애플리케이션 등 로크웰 오토메이션의 최신 스마트팩토리 기술을 직접 체험할 수 있는 5개의 전시존으로 이뤄져있다.104)

---

103) 스마트 공장을 위한 FactoryTalk® View HMI 소프트웨어 최신버전 발표, icntv
104) 로크웰오토메이션, 스마트팩토리 기술 시연 가능한 '고객체험센터CEC)' 개소, Byline Network, 2022.06.02

3) Mitsubishi Electric[105]

[그림 151] 미쓰비시 전기

미쓰비시전기는 1921년에 설립된 미쓰비시 그룹의 전기메이커로, 히타치, 도시바와 함께 일본의 종합전기회사로 손꼽히며, 미쓰비시 그룹 안에서도 중요한 회사다. 1990년대까지만 해도 여타 일본 전기회사들처럼 가전제품의 비중이 높았으나, 2000년대 초반에 사업구성을 B2B 위주로 하는 개편을 단행한 덕분에 현재도 일본 주요 전기 메이커 중 가장 높은 당기 순이익과 이익률을 자랑하며, 그 덕분에 시가총액도 소니에 이은 2위를 기록하고 있다.

미쓰비시전기 나고야제작소는 일본 내에서도 손꼽힐 정도로 '스마트팩토리'를 잘 구현한 곳이다. 미쓰비시전기는 1970년대부터 소위 공장 자동화 시스템(FA)을 개발했는데, 2003년엔 'e-F@ctory'라는 솔루션을 선보였다.

최근 빅데이터, 인공지능(AI) 기술 발전과 함께 e-F@ctory는 일본은 물론 세계를 대표하는 스마트팩토리 솔루션으로 자리 잡았다. 관계자에 따르면, 나고야제작소에 e-F@ctory를 도입하면서 품질 손실은 50% 이상 감소했으며 생산성은 30% 늘었으며, 에너지 비용 또한 30% 감소하고 가공 시간은 15% 이하로 줄었다.

미쓰비시전기의 e-F@ctory 솔루션이 가장 잘 접목된 공장은 바로 나고야제작소 E4 라인이다. E4 라인은 2013년 12월 준공해 4년도 되지 않은 신식 건물로, 총 6층으로 구성되어 있다. E4 라인에서는 PLC를 생산하는데, PLC는 산업·제조 현장에서 기계를 제어하는 전자장치로 PC에서는 CPU, 스마트폰에서는 AP로 비유할 수 있다.

또한, W3 라인에서는 미쓰비시전기 또 다른 주력 제품 모터를 생산하고 있는데, W3 라인에서는 e-F@actory 도입 후 작업 시간이 40~50% 줄었고 전력 소모도 10% 이상 감축했다.

---

105) 일본 스마트팩토리 산실 미쓰비시전기 | 100년 된 공장이 AI·로봇·IoT로 대변신, MK증권, 2017.07.07

4) GE[106]

[그림 152] GE

제너럴 일렉트릭(General Electric)은 에디슨이 1878년 설립한 전기조명회사를 모체로 성장한 세계 최대의 글로벌 인프라 기업으로, 전력, 항공, 헬스케어, 운송 등의 분야에서 사업을 하고 있다.

앨라배마주 오번(Auburn)에 위치한 GE항공의 시설에서는 30개의 3D프린터가 제트엔진에 들어가는 연료 노즐을 생산하고 있다. 3D프린터로 제작된 부품 중 최초로 미국 연방항공청의 승인을 받은 이 노즐은 상용 항공기에 장착된다.

또한, 펜실베이니아주 그로브 시티(Grove city)에 위치한 GE운송에서는 새로운 제조방식을 도입한 결과, 돌발적인 가동중지 시간을 10~20% 줄이는 성과를 기록했다. 한편, 이탈리아 피렌체에서는 기계에 부착된 센서가 생산 중단시간을 최소화하고 유지보수를 할 수 있는 일정을 판단해낸다. 심지어 교대근무를 추가하지 않고도 생산라인 전체를 새롭게 추가할 수도 있다.

이처럼, GE의 목표인 '생각하는 공장'은 현재 점점 실현되고 있다고해도 과언이 아니다. 세계 곳곳의 GE 공장에서 생각하는 공장이 실현되고 있는데, 그 가운데 몇 곳의 공장에서는 이미 디지털역량, 적층제조기술, 첨단제조기술 등이 생산성 향상에 기여하고 있다.

GE는 제조업의 기본 운영방식을 변화시키는 4가지의 생산성 요소들을 제안하고 있다.

① 린 제조방식
린 제조방식은 생산의 모든 과정에서 낭비를 줄이고 지속적으로 공정을 개선하기 위해 노력하는 것이다. 이는 토요타의 생산 시스템을 기본으로 하는 것으로, 담당자의 참여와 소비자 가치를 극대화시키는 것이 목표다.

---

106) GE의 생각하는 공장이 현실화 되고 있다, GE 리포트 코리아, 2017.01.12

② 첨단제조기술

첨단제조기술에는 레이저유도 방식의 절삭공구 로봇, 코봇(Cobot, 사람과 협업하는 로봇, 링크), 외골격(Exoskeleton) 기술, 자동화 기술 등이 있다. 레이저 기술의 경우 조명 쇼부터 미용 제모에 이르는 모든 분야에서 사용되고 있지만, 사실은 이제 막 여러 산업의 제조 공정에서 그 잠재력을 완전하게 발휘하고 있다. 그 예로, 제조 공정에 적용된 레이저 기술은 생산비용을 줄이고, 작업장을 인체공학적으로 더 발전된 공간으로 만들 수 있다.

③ 적층제조기술

흔히 3D프린팅이라고 알려진 적층제조기술은 정밀성과 더불어 전대미문의 효율성을 제공한다. 덕분에 기존에는 생산이 불가능했던 부품도 만들 수 있게 되었다. 이러한 기술 발전으로 각 나라에서는 자국의 자원을 활용하는 방향으로 눈을 돌리게 될 것이다.

④ 디지털 숙성도

소프트웨어와 하드웨어의 결합은 제품의 설계, 생산, 설치의 방식을 바꾸고 있다. 이것이 바로 산업계에서 말하는 제4차 산업혁명이다. 이제 기계에 센서를 설치하고, 데이터를 수집하고 분석하여 통찰을 얻어, 궁극적으로 생산성 향상을 추구한다.

GE는 이를 디지털 스레드(Digital Thread)라 부른다. 디지털이 가진 역량을 수평적으로는 GE의 시설에, 수직적으로는 가치사슬에 엮어 넣기 때문이다. 이 모든 것은 산업 클라우드 기반 플랫폼 프레딕스(Predix) 덕분에 가능해졌다.

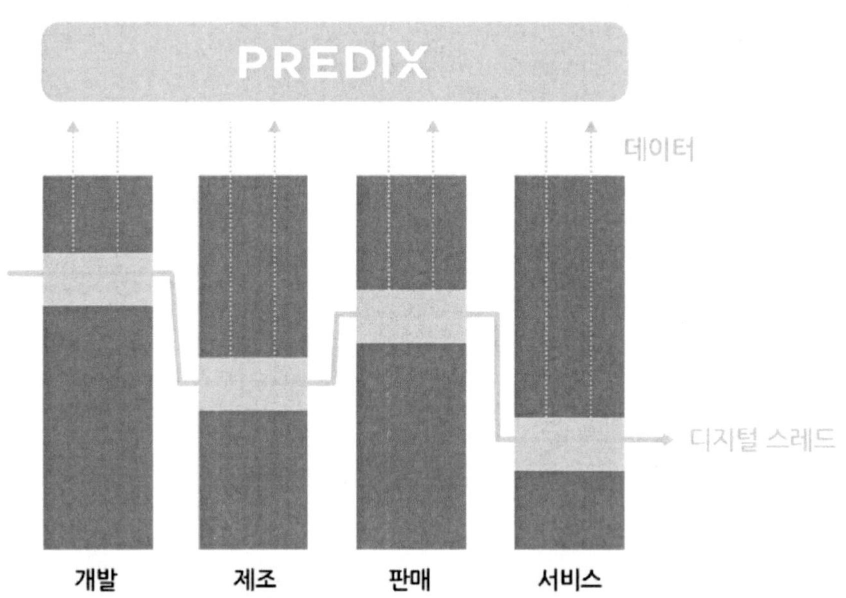

[그림 153] 디지털 스레드 개념

나. 국내기업

1) 스마트공장구축
가) 현대자동차

[그림 154] 현대자동차

현대자동차그룹은 현대자동차, 기아자동차를 주력 계열사로 두고 있는 자동차산업 중심의 대규모 기업군으로, 자동차를 넘어 철강, 글로벌 종합 엔지니어링 기업으로 거듭나고 있다.

현대자동차는 매출액 5% 이상을 R&D에 투자하는 등 글로벌 고객을 만족시킬 수 있는 세계 최고 수준의 품질과 상품성, 기술력을 확보하는데 최선을 다하고 있으며 이에 대한 성과로 2004년 4월 미국 JD-파워사의 [신차 초기품질 조사]에서 쏘나타가 중형차 부문에서 1위, 브랜드별 순위에서 도요타, 벤츠, BMW 등을 제치고 7위, 업체별 순위에서는 도요타에 이어 혼다와 공동 2위를 차지하는 등 현대자동차의 품질과 기술력은 세계인들이 인정하고 많은 사람들이 선택하는 수준에 올랐다.

또한, 현대자동차는 현지화 전략을 통해 소비자의 욕구에 부응하고 급변하는 시장 환경에 다른 기업보다 빨리 적응해 나가고 있으며, 글로벌 연구 및 생산 체계를 통한 최고의 경쟁력을 갖춰 나가고 있다.

그 결과, 2016년 257조 5,277억원에 달하는 매출액을 달성했으며, 당기 순이익은 14조 2,047억원을 기록했다.

현대자동차는 한국, 중국, 인도에 총 27개의 생산공장을 소유하고 있으며, 러시아, 슬로바키아, 체코에 4개의 생산공장을, 미국, 브라질, 멕시코에 4개의 생산 공장을 소유하고 있어 총 10개국에 35개의 생산공장을 소유하고 있다.

또한, 한국, 인도, 일본, 중국, 유럽, 미국 총 6개국에 13개의 R&D센터를 가지고 있으며, 전세계 32개국에 총 62개의 판매법인, 지역본부, 사무소를 가지고 있는 자타공인 세계적인 기업이라고 할 수 있다.

최근 현대자동차는 스마트태그를 개발하며 스마트 팩토리 구현으로 한걸음씩 다가가고 있다.

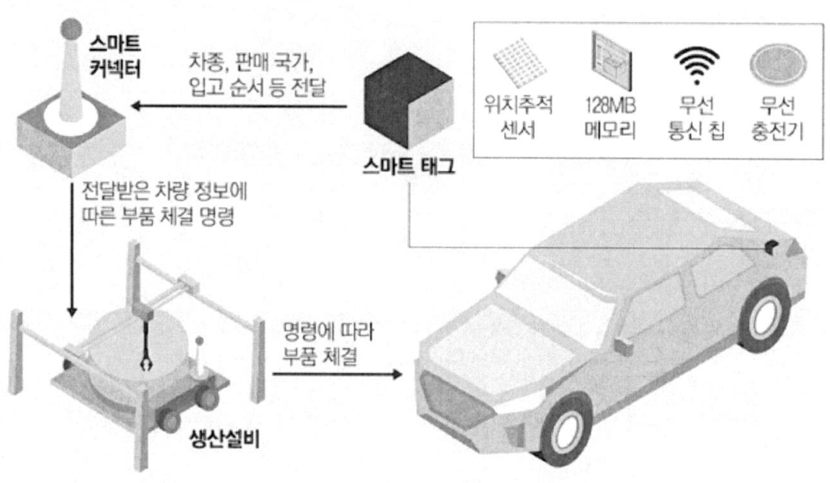

[그림 155] 현대기아차 스마트 태그 작동 원리

2017년 현대자동차는 생산라인에 세계 최초로 '스마트 태그(Smart Tag)'를 부착해 공정과정을 실시간 제어할 수 있게 되었다. 현대자동차의 스마트 태그는 생산 중인 차량에 부착돼 각종 설비를 실시간 무선통신을 통해 자동 제어하는 기술로, 현재 이 기술을 국내 일부 공장에 도입해 시험 중이며, 결과가 좋으면 향후 전 세계 34개 공장으로 확대 적용할 예정이다.

스마트 태그는 고용량 메모리, 무선통신 칩, 위치추적 센서 등으로 구성되며 자석이 내장돼 있어 차량 좌측 상단에 간편하게 탈부착할 수 있다.

① 무선통신 칩
스마트 태그의 핵심 부품으로 무선통신 칩은 공장 내에서만 통용되는 주파수 영역대를 활용해 메모리에 저장된 차량 생산 정보를 공장 내 설비와 주고받는다.

② 고용량 메모리
고용량 메모리는 한 대의 자동차가 제작될 때 필요로 하는 모든 정보를 저장할 수 있다.

③ 위치추적 센서
위치추적 센서는 생산 중인 차량의 위치와 움직임을 송출한다.

스마트 태그의 작동방법을 살펴보면 다음과 같다. 먼저, 스마트 태그가 차종과 사양 등 해당 자동차를 생산하는 데 필요한 정보를 스마트 커넥터(Smart Connector)로 보내면 스마트 커넥터는 이를 생산 설비에 보낸다. 생산 설비는 수신한 정보에 따라 자동차 조립·체결 등 각종 작업을 진행한다. 작업이 끝나면 모든 작업 내역은 스마트 태그에 저장되고 저장된 차량별 생산 이력은 중앙 서버로 전송된다.

현재 글로벌 자동차 업체들은 '혼류 생산체계'를 채택하고 있다. 혼류 생산체계는 한 개의 공장 라인에서 여러 차종을 한꺼번에 생산하는 시스템으로, 차종 분류가 정확히 이뤄지지 않으면 불량이 생길 가능성이 높다. 이에 차량이 각 공정에 진입할 때마다 각종 센서와 바코드 스캐너 등을 사용해 차종과 사양을 분류해왔으며, 작업자는 사양표시 용지를 통해 조립해야 할 부품 정보를 확인했다.

하지만, 이러한 과정에 스마트 태그를 도입하면 스마트 태그가 차종과 사양을 설비와 체결 공구 등에 무선통신으로 알려주기 때문에 사람이 눈으로 차종과 사양을 확인할 필요가 없어진다. 또한 관계자의 말에 따르면, 스마트 태그는 스마트 태그 외에 각종 초음파 센서, 바코드 스캐너 등 부가적인 장비도 필요하지 않아 비용 절감 효과가 크고, 데이터가 실시간으로 수집되는 까닭에 작은 오류도 즉각 시정할 수 있어 불량률 제로(0)가 가능해진다. 또한, 스마트 태그를 이용하면, 자재 비용도 절약된다. 부동액 주입 공정으로 차량이 들어오는 경우 '차종 : 쏘렌토' '순서 : 1285번' '판매국 :러시아' 등의 정보가 스마트 태그에서 공정 입구의 스마트 커넥터로 실시간으로 전달된다. 부동액 주입기는 이를 통해 극한지인 러시아 기준의 부동액 농도와 주입량을 정확히 맞출 수 있다. 기존에 극한지 기준으로 부동액 주입량을 통일하며 발생했던 비용 낭비가 줄어들어 결과적으로 자재비용을 절약할 수 있다. 게다가 스마트 태그를 신공장에 적용하는 비용은 기존 정보 분류 시스템 대비 60% 수준이기 때문에 기존 공장에 적용할 경우 신차 생산 계획을 2회만 추가해도 투자 비용을 회수할 수 있을 뿐만 아니라, 아울러 주문생산 체계나 자율생산 체계를 앞당길 수 있는 스마트 팩토리 기반 기술로서도 가치가 크다는 평가를 받고 있다.[107]

현대차·기아는 최근 인공지능(AI)과 로봇 기술 등 혁신적인 자동화 방식을 적용한 스마트팩토리 브랜드를 '이포레스트(E-FOREST)'로 확정지었다. 이포레스트는 현대차·기아가 생산하는 완성차뿐만 아니라 목적기반모빌리티(PBV)와 같은 미래차 생산까지 담당하는 생산 거점으로 구축될 예정이다.

스마트팩토리 브랜드인 이포레스트는 이런 브랜드 명칭에 담긴 다양한 의미를 실현하기 위해 오토 플렉스(Auto-Flex), 인텔리전트(Intelligent), 휴머니티(Humanity) 등 세 가지 가치를 지향한다.

① 오토 플렉스

요즘 소비자들은 공장에서 동일하게 생산된 제품보다 개개인의 취향이나 라이프스타일에 맞춘 제품을 선호한다. 자동차 산업 역시 이런 흐름에 맞춰 디자인부터 색상, 첨단 기능 등 고객이 제품 구매 시 선택할 수 있는 부분이 점차 다양해지고 있다.

오토 플렉스는 이런 개개인의 요구에 대응하기 위해 혁신적이고 고도화된 자동화 생산방식을 도입하는 것을 뜻한다. 한 공간 내에서 다양한 자동차를 신속하고 효율적으로 생산해 낼 수 있도록 시스템을 구축한다는 얘기다. 별도의 생산 설비 교체 없이도 여러 종류의 자동차를 하나의 공장에서 생산하는 것이 가능해지는 것이다. 하나의 플랫폼을 활용해 목적에 따라 다른 공간 구성과 기능을 넣어야 하는 PBV 생산과도 맥락이 맞닿아 있다.

---

107) [단독] 현대기아차, 스마트공장 시대 열었다, 박창영, 매일경제, 2017.06.15

② 인텔리전트

이포레스트는 미래 ICT를 활용해 공장 운영의 자율적인 시스템을 구축한다. 제품의 품질관리, 생산 설비, 물류 등 공장 내 모든 시스템 데이터는 물론 외부의 정보까지 수집하고 분석해 빅데이터화한다. 이후 AI가 이를 기반으로 공장을 운영한다.

③ 휴머니티

사람과 로봇의 조화, 사람을 먼저 생각하는 기술을 의미한다. 사람에게 위험 또는 유해한 작업 환경에 자동화 시스템을 도입하거나, 작업자의 업무를 돕는 협업 로봇 또는 작업자의 건강을 고려해 설계된 웨어러블 로봇 도입 등은 휴머니티를 추구하는 기술의 좋은 예다.

현대차·기아는 생산라인에서 위를 보고 일하는 근로자를 보조하는 웨어러블 로봇인 벡스(VEX)와 무릎관절 보조 로봇인 첵스(CEX) 등을 선보여 사람과 로봇이 공존하는 작업환경에 대한 미래 비전을 제시하고 있다.

이포레스트는 2022년 말 완공 예정인 스마트팩토리 현대자동차그룹 싱가포르 글로벌 혁신센터(HMGICS)에 적용된다. HMGICS의 목적인 미래 모빌리티 가치사슬(밸류체인) 혁신의 중심은 고객이다. 현대차그룹 고객은 스마트폰 등을 통해 온라인으로 자동차를 간단히 계약할 수 있고, HMGICS는 주문형 생산 기술로 고객이 주문한 사양에 맞춰 즉시 차를 생산한다.[108]

---

108) 현대차·기아, AI·로봇 기술 적용한 스마트팩토리…'이포레스트' 연말 첫선, 한국경제, 2022.04.18

나) LS산전

[그림 156] LS 산전

LS산전은 1974년 7월 럭키포장으로 설립되어 금성산전(1987년), LG산전(1995년)을 거쳐, 지난 2005년 LS산전으로 사명을 변경하였다. LS산전은 전력공급과 계통보호에 사용되는 전력기기 및 시스템, 생산자동화와 에너지최적화를 실현하는 산업자동화, 스마트그리드로 대표되는 그린비즈니스 사업을 통해 국가 기간산업 전력망, 산업자동화 구축에 중추적인 역할을 담당해 오고 있다.

LS산전의 주력 사업 분야는 전력과 자동화 부문으로, 전력사업은 발전소에서 만들어진 전력을 수용가까지 공급하고 전력계통을 보호하는 전력기기 제품을 생산하며, 초고압 전력시스템사업도 영위하고 있다. 주요 제품으로는 중·저압기기, 고압기기, 계량기, 계전기, 초고압개폐기, 배전반, 진단시스템 등이 있다.

산업자동화 사업은 생산 현장의 모터 등을 제어해 효율을 극대화하고, 각종 전기와 신호체계를 설계하고 운영할 때 에너지 효율을 높이는 기술 및 제품이다. 주요 제품으로는 산업용 PLC, 인버터, SERVO(서보), HMI 등이 있다.

이와 함께 LS산전은 스마트그리드, 태양광, HVDC(초고압직류송전), ESS(에너지저장장치) 등 그린 비즈니스를 핵심 미래 성장동력으로 육성해 세계 스마트에너지산업 분야를 선도하고 있다.

국내에는 안양 본사와 연구소를 비롯해 청주, 천안, 부산에 4개 사업장을 보유하고 있으며 해외에는 중국, 베트남 등 3개 생산거점과 미국 시카고, 일본 도쿄, 네덜란드 암스테르담 등 세계 각국 20여개 법인과 지사를 보유하고 해외 사업영역을 빠르게 확대해 나가고 있다.

LS산전은 이미 2015년 스마트 에너지의 미래를 열어간다는 의미의 `Futuring Smart Energy(퓨처링 스마트 에너지)`를 새로운 미션으로 선포하고, 융합과 연결로 대표되는 4차 산업혁명 트렌드에 맞춰 이 분야 사업 확대에 나섰다.

　LS산전은 기존 전력과 자동화 분야 독보적인 기술력에 정보통신기술(ICT) 융·복합을 통한 스마트화를 적극 추진하고 있다. LS산전은 일찌감치 전력과 정보기술(IT) 융합을 통한 스마트그리드 기술 개발에 매진해왔으며, 최근 제조업 경쟁력 강화 정책 확산 기류와 더불어 자동화에 사물인터넷(IoT) 기술을 접목한 스마트공장 솔루션을 상용화해 4차 산업혁명을 선도하고 있다.

[그림 157] LS산전 청주 1사업장 G동

　LS산전 청주 1사업장 G동은 스마트 생산 라인이 구축돼 있어 부품 공급부터 조립, 시험, 포장 등 전 라인에 걸쳐 자동화 시스템이 구축된 이른바 제조업 혁신의 핵심으로 꼽히는 '스마트공장'이라고 할 수 있다. G동은 LS산전 주력 제품인 저압차단기와 개폐기를 생산하는 공장으로 저압차단기를 생산하는 G동 1층에 들어서면 생산 라인이 쉴 새 없이 움직이며 연간 2600만대 산업용 차단기를 생산하고 있으며, 자재는 정확히 1.5일분으로 유지되도록 설계되어있다.

　각 공정에는 LS산전을 대표하는 자동화 기기인 PLC(Programmable Logic Controller)가 어김없이 설치돼 있다. 각 공정의 PLC는 상위 PC를 통해 제조실행시스템인 MES(Manufacturing Execution System· 생산관리시스템)와 연계돼 있으며, MES 허브(Hub)는 각 공장과 상위 시스템 간 네트워크를 구성하는 통신중계 역할을 수행한다. LS산전 스마트공장은 수요예측시스템(APS)이 적용된 유연생산시스템으로 운영된다. APS는 주문부터 생산계획, 자재 발주까지 자동 생산관리가 가능한 유연생산방식으로, 생산 라인에 적용돼 조립, 검사, 포장 등 전 공정의 자동화를 구현하고 있다. 이를 위해 LS산전은 2011년부터 약 4년간 200억원 이상을 투자해 단계적으로 스마트공장을 구축해왔다. 그 결과, LS산전은 ICT와 자동화 기술을 접목해 다품종 대량생산은 물론 맞춤형 소량다품종 생산도 가능한 시스템을 완벽하게 구축했다.

---

109) 출처: 인더스트리뉴스

　LS산전은 스마트공장을 구축해 생산성 측면에서는 설비 대기 시간이 절반으로 줄었고 생산성은 60% 이상 향상됐다. 또한, 저압기기 라인은 38개 품목의 1일 생산량이 기존 7500대 수준에서 2만대로 확대돼 생산효율이 대폭 개선됐고, 에너지 사용량 역시 60% 이상 절감됐으며, 불량률도 글로벌 스마트공장 수준인 6PPM(백만분율)으로 급감했다. 게다가, 필요한 작업자 수도 라인당 절반으로 줄어 신규 사업 라인에 재배치하는 등 경영 효율성에도 크게 기여하고 있다.[110]

　최근 LS일렉트릭의 청주 스마트 공장은 최근 세계경제포럼(WEF·다보스포럼)으로부터 '세계등대공장(Lighthouse Factory)'에 선정됐다. 등대공장이란 제조업 미래를 밝히는 혁신 공장이라는 의미로, 세계경제포럼이 2018년부터 매년 두 차례 글로벌 컨설팅펌 맥킨지와 공동 선정한다. 청주 LS일렉트릭 공장은 포스코 이후 국내 두 번째 등대공장 사례로 사물인터넷(IoT), AI, 클라우드 등을 적극 활용해 새로운 제조업의 성과 모델을 만들어 내는 공장이라는 것을 세계적으로 인증받은 셈이다.[111]

---

110) LS산전 최첨단 스마트팩토리, 에너지新산업 '퀀텀점프' 이끈다, 매일경제, 2018.05.18
111) 제조업 혁신 청주 스마트공장 최근 '세계등대공장'으로 선정, 조선일보, 2021.10.28

다) 포스코

POSCO

[그림 158] 포스코

포스코는 기초소재인 철강재를 자급자족하기위해 1968년 설립한 철강사로, 40여년 동안 국가경제 발전에 일익을 담당해온 대한민국의 대표적인 기업이다. 단일 사업장 조강생산량으로서는 세계 최대 규모인 포항과 광양제철소를 중심으로 글로벌 네트워크를 구축해 나가고 있는 포스코는 중국, 멕시코,베트남, 말레이시아, 미얀마 등에 생산 거점을 구축하고 인도네시아와 인도에서 일관 제철소 건설을 추진하고 있다.

또한 50여개의 해외 가공 센터를 운영하고 있으며, 대우인터내셔널 인수를 통해 미개척 시장으로의 철강판매망 채널을 확대해 가고 있다.

아울러 포스코는 세계 제철 역사를 바꾼 친환경 파이넥스 제철공법, 쇳물에서 바로 강판을 제조하는 스트립 캐스팅 기술, 철판과 철판을 이어 붙여 연속 압연하는 열연속 압연기술 등 독창적 기술과 경쟁력을 바탕으로 세계로부터 최강의 철강사로 인정받고 있다.

포스코는 철강을 기반으로 E&C, 에너지, IT 부문과 신소재 및 화학 사업분야를 차세대 핵심 사업으로 집중 육성하여 글로벌 종합소재 메이커로 도약하기 위해 다양한 노력을 기울이고 있다.

최근 포스코는 자동차강판 등 고부가가치 제품의 국내외 생산기반 구축을 통해 일반 제품 대비 영업이익률이 높은 고부가가치 제품의 판매비중 확대에 노력을 기울이고 있다. 그 결과, 2015년 말 기준 WP제품 비중은 38.4%로 증가하였다.

또한, 과감한 저수익 비핵심사업의 구조조정으로 재무구조 개선 노력을 지속하고 있다. 2015년에는 포레카, 뉴알텍 등 매각/청산, POSCO-Investment와 POSCO-Asia 합병 등을 통해 34개 계열사에 대한 구조조정을 완료하였고 포스코건설 및 Sandfire 지분매각 등 12건에 대한 자산 구조조정을 실행하였다. 이를 통해 5천억원 차입금 감소를 포함한 총 2.1조원의 재무 개선 성과를 거두었다.

포스코는 신성장 사업에서 FINEX, CEM, 리튬추출 등 포스코 고유 기술을 기반으로 한 미래 성장사업을 추진하고 있다. 2015년에는 POIST, FINEX, CEM 등 총 13건의 기술수출 등이 협의 중에 있다. 특히 자체 개발한 CEM기술에 대해서는 독일 SMS그룹과 기술라이선스 및 공동마케팅 협약을 체결하는 등의 성과를 이루었다. 리튬 추출기술에 대한 기술 검증을 완료하였으며, 2016년에는 상업화를 추진할 계획이다.

이러한 신성상 산업중에는 스마트팩토리 또한 포함되어있으며, 현재 스마트 팩토리 구현을 위해 다양한 연구를 진행하고 있다.

① 스마트 고로

경북 포항의 포스코 포항제철소 제2고로는 하루 6000t의 쇳물을 만들어내는 100m 높이의 고로로, 고로로 들어가는 철광석의 모습이 실시간으로 녹화된 후, 머신비전 기능을 이용해 철광석의 이미지를 데이터화하고, 이들의 모양을 분석해 품질을 확인하는 스마트 고로다.

이전에는 직원이 철광석을 직접 삽으로 떠서 샘플링한 뒤 체로 쳐서 철광석의 입도 비율을 확인했지만, 현재는 이미지 분석을 통해 전체 분량의 40%에 해당하는 표본으로 평균 품질을 확인하고 있으며, 그 정확도가 90% 이상이다.

포스코는 약 30년간의 자동화 과정을 거쳐 전 세계 제철소 중 가장 자동화율이 높은 공장으로 변신했다. 이를 위해, 2016년부터는 데이터를 수집한 뒤 인공지능(AI)을 통해 분석하는 스마트고로를 구축하기 시작했다.

대표적 스마트 고로인, 포항제철소의 제2고로에서는 원료뿐만 아니라 결과물인 쇳물 온도도 실시간으로 확인할 수 있다. 과거에는 직원이 2시간마다 용광로에 접촉식 온도계를 넣어 쇳물 온도를 직접 확인했지만 스마트화가 이뤄진 뒤에는 고로에 붙어 있는 30개의 고화질 카메라와 수백 개의 사물인터넷(IoT) 센서, 2파장 온도계가 내부 온도를 실시간으로 측정해 알려준다. 원료 상태(철광석 입도)와 결과물(쇳물 온도) 정보가 데이터로 쌓이자 딥러닝을 통해 온도 변화를 예측하고, 미리 제어하는 것도 가능해졌다.[112]

AI가 사람이 하던 '분석 기능'을 수행하면서 근로자들이 설 자리를 잃은 것은 아닐까하는 우려와 달리 포스코는 오히려 스마트 팩토리를 구축하는 과정에서 일자리를 증가시켰고, 이 결과 직접 철광석을 샘플링해 품질을 확인하고, 쇳물의 온도를 재는 '단순 노동'은 줄어든 반면 AI를 해석하고, 이를 철강산업에 적용할 인력이 더 많이 고용되고 있다.

② 스마트 공정관리

포스코는 지난해 스마트 솔루션 카운슬을 만들었는데, 이는 미래의 항구적인 경쟁력 우위 확보와 획기적인 원가 절감을 위해 철강을 비롯한 건설, 에너지 등 그룹 주력사업과 정보통신기술(ICT)을 융합해 한국 제조업 스마트화의 선도적 기업으로 자리매김하기 위한 포석이라고 할 수 있다.

이에 따라 광양제철소 후판공장은 조업·품질·설비를 모두 아우르는 데이터 통합 인프라를 구축하고 각종 이상징후를 사전 감지하거나 예측해 선제적으로 대응할 수 있는 데이터 선행분석 체계를 구축함으로써 일괄 생산 공정의 스마트화를 추진 중이다. 포항제철소 2열연 공장도 레이저 센서와 AI를 활용한 스마트화 기술을 구현하고 있다.

---

112) '쇳물 공장'서 스마트 팩토리로 변신… 포스코, 일자리는 되레 늘어, 한국경제, 2018.06.07

올해 초에는 제철소, 기술연구원, 성균관대 시스템경영공학과(이종석 교수)와 산학연 공동으로 '인공지능 기반 도금량 제어자동화 솔루션' 개발에 성공했다.

철강 업체로는 세계 최초로 생산공정 과정에 AI를 도입한 포스코는 자동차강판 생산의 핵심기술인 용융아연도금(CGL)을 AI를 통해 정밀하게 제어함으로써 도금량 편차를 획기적으로 줄일 수 있게 됐다. 또한 판매, 수주, 출하에 이르는 전체 공정 관리 과정에 스마트 솔루션을 적용해 신규 수익을 창출하고 글로벌 비즈니스 경쟁력을 향상시켜 나가기로 했다.

스마트 공정관리는 자동화, 스마트화, 스마트 솔루션이라는 콘셉트 아래 빅데이터, AI 등의 신기법을 적용해 공정관리를 고도화하고 생산·출하 관리를 최적화해 제품 재고를 감축하고 고객이 원하는 시기에 제품을 공급하는 것을 목표로 한다.

이를 위해 포스코는 제품별 수요 예측에서 주문 처리, 생산 관리, 제품 출하에 이르기까지 산업별, 고객사별로 다양한 주문과 출하 정보를 빅데이터 기법으로 분석해 질적으로 고도화된 주문·생산·설계·출하 모델을 개발한다는 계획이다.

포스코 관계자는 스마트 공정관리 구현을 통해 재고 감축, 실수율 향상, 물류비 절감 등의 효과를 거둘 것으로 기대하고 있으며, 연간 300억원 이상의 수익 창출이 가능할 것으로 전망된다고 말했다. 113)

③ 스마트 CCTV114)

제철소 CCTV의 83%가 조업 상황을 원격으로 모니터링하고 고열, 고위험 조업을 지원하기 위해 운영되고 있다. 하지만 조업자 한 명이 50여개가 넘는 많은 화면을 직접 보고 판단해야 하고, CCTV의 90%가 저화질 아날로그 방식이라 조업 이상 상황을 모니터링 하는 데는 한계가 있었고, 일부 도입된 Smart CCTV도 고열, 분진, 진동이 많이 발생하는 제철소 조업 현장에 적합하지 않아 인식률이 낮다는 문제점이 있었다.

그룹 차원의 Smartization을 추진하고 있는 포스코는 이런 이슈를 해결하기 위해 제철소 환경에 특화된 영상분석 기술을 접목한 포스코 Smart CCTV 개발을 추진하게 되었고, 문자, 형상, 모션, 열·화상, Zone 인식 기술에 철강 도메인만의 특성을 인공지능으로 학습시켜 조업, 설비, 물류, 품질, 안전관리의 스마트화를 이루기 위해 연구를 진행하고 있다.

Smart CCTV가 구현되면 조업 개시 전 설비, 원료, 작업자 상태, 이상 유무 등을 작업자가 육안으로 일일이 점검하던 과정을 영상으로 자동 확인, 해석함으로써 작업 대기 시간을 줄이게 되고 크레인, 래들 등 이송설비 작업 시에는 설비 번호를 영상에서 자동으로 인식하고 추적해 최적의 작업 대상을 선택함으로 설비 효율화를 높이는 동시에, 품질에 영향을 미치는 원료, 소재 및 용기 온도 등과 같은 인자들의 이상 상태를 자동으로 분석하거나 소재 및 제품 형상, 규격을 영상으로 자동 분석하는 전수 품질 검사도 가능하다.

---

113) 포스코, 철강업계 AI 첫 도입…스마트 인더스트리 구축, 매일경제, 2017.03.24
114) 제철소 현장을 더욱 스마트하게 본다, Smart CCTV, Posco ICT 블로그, 2018.07.24

안전의 측면에서는 작업자의 불안전한 행동이나 위험 지역 침입을 자동으로 실시간 탐지하고 경고해 예방 조치로 연계하며, 또한 화재 취약 지역에는 열화상 등 다중 영상장치를 활용해 화재를 사전에 감지, 예방할 수도 있다.

포스코는 포스코 Smart CCTV를 구현하기 위해 영상인식 아키텍처 설계, H/W 인프라 도입, 영상분석 S/W 컴포넌트 개발, 표준모델을 구축 등을 수행했고, 이를 통해 PosFrame 기반의 Smart CCTV 플랫폼이 구현되었다. 이는, 아날로그, 디지털, 열화상 등 모든 종류의 CCTV가 접속할 수 있는 미들웨어, 영상학습이 가능한 Tool/Language 환경, Rule Based 영상인식 컴포넌트, 딥러닝/머신러닝 알고리즘 등이 구현된 플랫폼이다.

포스코는 Smart CCTV 플랫폼 개발과 더불어 기존 아날로그 CCTV의 스마트화와 신규 고화질 Smart CCTV를 구축하는 Two Track 전략을 추진했는데, 우선 광양 3도금공장, 포항 2후판공장을 시범공장으로 선정하고, 기존 아날로그 CCTV의 화질을 개선해 디지털 변환 과정을 거쳐 사후분석을 위한 영상 저장 및 인식이 가능하도록 했다. 또한 CCTV의 조업 활용도가 높은 광양 2제강공장을 Smart CCTV 모델 플랜트로 선정, 고화질의 Smart CCTV를 신규 설치하고 영상인식기술 유형별로 13개 과제를 선정해 기능 테스트 및 현장 적용 검증을 진행했다.

현재, Smart CCTV 1단계 구축을 완료한 포스코ICT는 딥러닝 알고리즘을 추가로 확보하고 영상 인식률을 98%까지 개선해 Smart CCTV 플랫폼을 고도화하고 MES, PLC, PosFrame 등 과의 연계를 통해 적용가치를 더욱 향상시킬 계획이다.

포스코는 '포스트 코로나' 시대에 대비하기 위해 빅데이터, 인공지능(AI) 기술 등을 토대로 한 디지털 기술 혁신에 박차를 가하고 있다.

포스코는 세계 최초로 철강연속공정의 특성을 반영한 스마트팩토리 플랫폼인 포스프레임 (PosFrame)을 자체 개발했다. 철강업체로는 세계 최초로 생산공정 과정에 인공지능을 도입해 AI 제철소로 탈바꿈하고 있다는 설명이다. 포스프레임은 주문투입 단계부터 제품 출하까지 여러 공정에서 발생하는 서로 다른 특성의 데이터들을 수집, 저장하고 관리하는 플랫폼이다.

포스코의 스마트팩토리는 지난 50년간 축적된 현장 경험과 노하우에 사물인터넷(IoT), 빅데이터, AI 기술을 접목해 최적의 생산현장을 구현하고 있다. 이를 통해 최고 품질의 제품을 가장 경제적으로 생산 공급하겠다는 계획이다.[115]

최근 포스코는 스마트팩토리 시스템에 디지털트윈(Digital Twin) 기술을 융합한다고 밝혔다. 디지털트윈은 현실 속 사물의 쌍둥이를 가상의 공간에 만들어 다양한 상황을 시뮬레이션함으로써 결과를 미리 예측하는 기술이다. 이는 제조 현장에 적용되어 새로운 기술이나 설비를 실제 공장에 도입하기 전 디지털트윈에서 미리 테스트 해봄으로써 비용과 시간 등 효율성을 획기적으로 개선할 수 있는 장점이 있다.

---

115) 포스코, 생산 공정에 AI 세계 첫 도입/ 한국경제

포스코ICT는 현재 운영중인 스마트팩토리 시스템에 3D 시뮬레이션, 시각화, 제어 인터페이스 기술들을 접목함으로써 조업, 설비, 품질, 안전, 환경관리 영역에서 최적의 의사결정을 지원하는 자율생산 운전체계를 구현할 계획이다.

조업 분야에서는 디지털트윈 환경에서 지원하는 시뮬레이션을 통해 가장 효율적인 설비의 최적 운전조건을 결정할 수 있게 된다.

품질 분야에서는 조업조건 변경에 따른 품질 영향도를 사전에 시뮬레이션하여 품질 개선에 필요한 시간과 비용을 절감할 수 있게 된다. 설비관리를 위해서는 3D 모델링을 통한 사전 정비작업(분해/조립)을 수행해 작업시간을 단축할 수 있으며, 설비이상감지 모델과 연계해 예지정비 체계를 구현할 수 있다.

또한, 현장 작업자의 위치를 시각화 및 시뮬레이션하여 위험요인을 사전에 차단함으로써 안전한 현장을 구현하고, 공정별 에너지 사용량과 탄소 발생량을 시뮬레이션함으로써 탄소 절감을 위한 최적의 시나리오를 도출할 수 있다.

포스코ICT는 이와 같은 디지털트윈 기반의 스마트팩토리를 포스코 제철소를 대상으로 우선적으로 적용하고, 자사의 스마트팩토리가 적용된 대외 생산현장으로 확대 적용을 추진해나갈 계획이다.[116]

---

116) 포스코ICT, 디지털트윈으로 스마트팩토리 차별화, ZDNet Korea, 2022.07.05

라) 신성이엔지

신성이엔지는 2016년 7월부터 클린에너지 기반의 스마트 팩토리 구축에 총력을 기울여 공정 자동화율 45% 달성과 실시간 공정 데이터 수집이 가능한 MES를 구축, 운영하고 있다. 특히, 에너지 절감 및 기후변화에 대한 전 지구적인 정책에 적극 참여하고자 스마트 팩토리와 연동하는 지능형 마이크로그리드 운영 솔루션을 개발, 적용하고 있다.

신성이엔지는 사람에 의한 변동을 최소화하고 ICT 기술로 통합된 고객 맞춤 지능형 생산 운영시스템 구축을 목표로 스마트 팩토리를 구축했다. 신성이엔지는 국내 최초로 태양광발전 시스템과 ESS를 접목해 신재생에너지를 통한 전력 생산과 스마트 팩토리 구축을 통해 생산성, 효율성을 높여 두 마리의 토끼를 동시에 잡았다. 아울러 공장 내부에는 AGV(물류이송로봇)가 물류 이송을 담당하고 제조로봇이 제품을 생산하는 모든 과정을 모니터링 하는 시스템을 갖췄다.

태양광의 총 발전량은 용인 공장 지붕 및 외부에 총 630kW 규모로 그 중 350kW는 한국전력 매전으로, 나머지 280kW는 공장 운영에 사용된다. ESS는 1MW급으로 태양광발전으로 생산된 전기를 충전하고 전력이 필요할 때 설정된 값에 따라 각각의 곳으로 보내진다. 관계자에 따르면, 현재 신성이엔지는 630kW 태양광발전으로 생산된 전기의 매전으로 연간 1억원의 수익이 발생하고 있으며, 앞으로 약 200kW의 추가 설치로 자체 생산전력을 70%까지 올리겠다는 계획을 갖고 있다.

클린룸의 고효율 청정시스템 핵심 부품인 FFU(Fan Filter Unit)를 생산하는 신성이엔지는 스마트 팩토리의 핵심적 시스템인 MES가 구축됨에 따라 실시간으로 생산실적 및 설비 상태를 모니터링하면서 유실 발생시 관련 팀원들이 즉시 대응 및 조치로 관리적 실수를 30% 이상 줄일 수 있었다. 또한, 라인 증설 없이 애로 공정개선 및 조립/포장 자동화를 실시해 10명 이상의 직원들을 자동화 설비의 운영자로 직무 전환하고 이에 따른 생산성 향상 효과로 생산능력(CAPA)이 스마트 팩토리 구축 후 1일 300대에서 600대 생산으로 100% 향상됐다. 생산성이 향상됨에 따라 제조가공비 또한 15% 절감된 효과를 보였다.

기존에는 조립 부품의 운반 인력이 2인1조로 작업자 이동에 의한 편성에 대한 애로가 있었으나 AGV에 의한 부품 공급으로 바뀌면서 조립라인 호출 신호에 따른 자재를 자동으로 공급할 수 있게 돼 업무 효율을 높였다. 부품 조립 역시 수동 작업으로 이뤄지던 것을 조립 및 공정간 이동까지 자동화했다. 포장 부문도 4인 1조의 수동 작업에서 다관절 로봇을 도입해 자동으로 포장과 적재를 할 수 있도록 했다.117)

2021년 신성이엔지 용인공장은 중소벤처기업부로부터 'K-스마트등대공장'으로 선정됐다. K-스마트등대공장은 세계경제포럼(WEF)이 대기업 위주로 선정하는 '글로벌 등대공장'을 벤치마킹 한 중소·중견기업 중심 선도형 스마트공장이다. 스마트공장을 도입한 이후 신성이엔지의 연간 생산량이 210% 늘었고 불량률은 97% 줄었다. 118)

---

117) 국내 최초 태양광, ESS 접목한 스마트 팩토리, FA저널, 2017.09.29
118) [르포] 국내 최초 클린에너지 스마트공장 '신성이엔지 용인공장' 가보니, 아시아경제, 2022.05.03

2) 생산자동화 관련 기업
가) 레인보우 로보틱스

[그림 159] 레인보우 로보틱스

㈜레인보우로보틱스는 2011년 2월 KAIST 휴머노이드 로봇 연구센터(HUBO Lab) 연구원들이 함께 창업한 로봇회사이다. 본사는 대전시 유성구 연구단지내에 위치하며, 미국에 지사를 두고 있다. 약 38명이 근무하고 있으며 연구개발 인력은 28명이다. 레인보우로보틱스가 유명해진 이유는 세계재난로봇대회인 DRC에서 팀 카이스트 일원으로 우승을 차지하였기 때문이다.

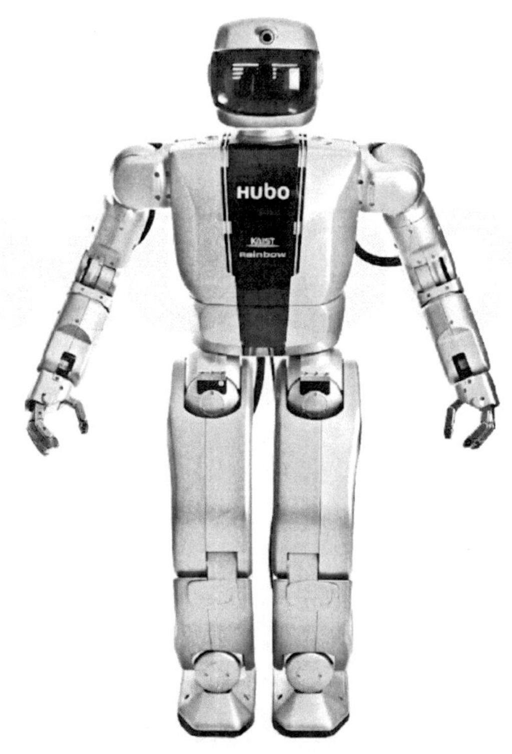

[그림 160] 휴보-2 로봇

  주요 제품으로는 휴머노이드 로봇 휴보(HUBO)를 비롯해 천문 마운트 시스템, 서비스 로봇으로 미디어 서비스 로봇 제이(JAY), 의료 레이저 로봇 토닝 시스템, 칵테일 로봇 및 바리스타 로봇 등이 있다. 또한, 스마트팩토리와 관련해서는 협동로봇을 자체 개발하여 신제품으로 출시하였다. 감속기를 제외한 주요 핵심 로봇 부품을 자체 개발해 원가 경쟁력을 높였으며, 도입 단계이지만 시장에서의 반응도 좋은 편이다.

  6축 혹은 7축으로 구성된 RCR은 제어기, 구동기, 센서 등 핵심 부품을 모두 레인보우 로보틱스 자체 기술로 개발 및 생산하여 제품 가격을 획기적으로 낮추어 공급할 수 있다. 로봇 전문가가 아니어도 협동 로봇을 쉽게 운용할 수 있도록 사용자 인터페이스를 제공하고 있다. 또한 로봇 전문가를 위한 별도의 입력 장치 및 스크립트 기반의 운용 소프트웨어를 제공한다.

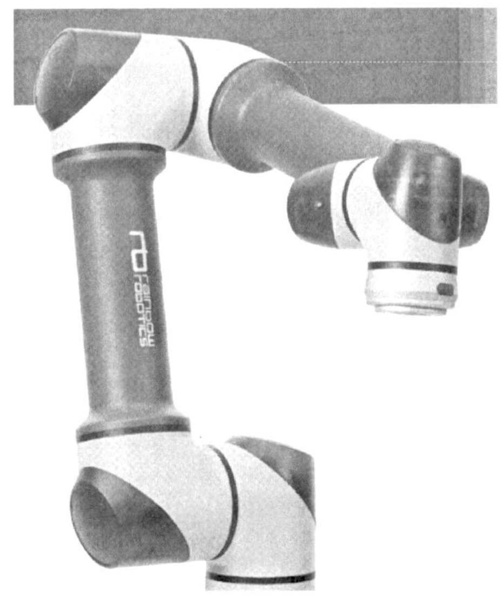

[그림 161] 협동로봇 RB시리즈

  레인보우로보틱스의 '협동로봇 RB시리즈'는 기존 생산라인의 작업 플로우를 방해하지 않고 작업자와 함께 협력하여 원하는 작업들을 안전하게 수행할 수 있는 협업로봇이다. 또한 누구나 어렵지 않게 로봇을 운용할 수 있으며 단순반복 작업, 위험한 생산라인 등 다양한 작업 환경에 적용할 수 있다는 장점이 있다. 따라서 레인보우로보틱스의 협동로봇 시리즈는 스마트팩토리 생산자동화 구축에 효율적으로 쓰일 수 있다.

이를 위해 레인보우로보틱스는 대전 연구단지 내 본사 맞은편에 있는 별도 자체 공장에서 협동로봇 생산을 시작해 본격 판매에 들어갔다. 한편, 협동로봇 생산과 관련해 레인보우로보틱스의 대표는 "전에는 휴보와 천문 마운트 두가지 아이템이 회사 매출의 대부분을 차지하고 있었다. 그러나 휴보가 회사 입장에서 보면 상징적인 제품이어도 큰 시장을 가지고 있는 것은 아니기 때문에 2016년부터 우리가 무엇을 해서 회사를 좀 더 키울수 있을까 고민하면서 아이템들을 발굴하다 두세가지 정도를 선정했다. 그 중의 하나가 협동로봇이고, 두 번째가 의료용 로봇, 세 번째가 모바일 플랫폼 사업이었다"라고 덧붙였다.119)

---

119) ㈜레인보우로보틱스/로봇신문

나) 비젠트로[120)]

[그림 162] 비젠트로

비젠트로는 중소·중견기업용 ERP, MES, BI, Portal 솔루션을 전문으로 공급하는 대표적인 혁신형 기업으로, 2011년 삼성SDS에서 분사 후 고객 맞춤형 서비스 기반의 구축형 (On-Premises) 및 클라우드형(Cloud Service) 자체 솔루션을 보유하고 있다.

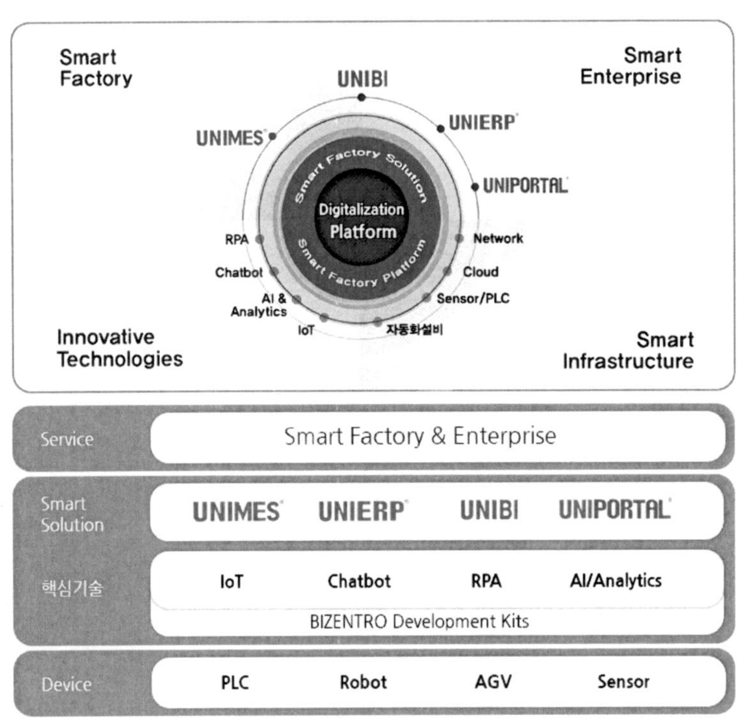

[그림 163] 비젠트로 솔루션

비젠트로의 스마트팩토리 플랫폼은 기업의 Business 프로세스와 제조 공정 및 설비 운영상의 문제점을 정확히 파악하고 해법을 제시함으로써 기업의 Digital Transformation 실현과 제품의 품질 및 설비운영에 크게 도움을 줄 수 있는 자동화, 지능화된 제조기업에 맞게 최적화 되어있다.

---

120) 비젠트로 공식홈페이지

비젠트로는 최근 'UNIPORTAL'을 중심으로 자사 서비스들을 연결하면서 고객의 사용 편의성을 높이고 있다. 'UNIPORTAL'은 산재돼 있는 업무 시스템들의 정보를 통합 제공하는 포털 솔루션이다. 조직 내에서 원활한 협업을 돕는 그룹웨어 기능을 갖추고 있는 것은 물론, ERP나 MES, BI, HR 등 다른 시스템에서 생성되는 정보들을 단일한 인터페이스 내에서 확인할 수 있다. 'UNIPORTAL' 중심의 SSO(Single Sign-On) 기능을 활용하면 다양한 업무 시스템을 이용할 때도 보다 편리한 접근이 가능하다.

비젠트로 관계자는 "기존의 'UNIPORTAL'은 그룹웨어 목적에 집중돼 있었지만, 최근 다양한 제품들을 잇는 통로 역할을 수행할 수 있도록 기능을 강화하면서 자사 제품 라인업의 연결성이 한층 개선됐다"며, "향후에는 타 시스템으로 이동하지 않고도 'UNIPORTAL' 상에서 모든 업무를 수행할 수 있도록 지속적으로 업데이트해나갈 계획"이라고 설명했다.

또한 스마트공장에서 필수적인 IoT 센서 기반의 데이터 수집과 분석에도 우수한 제품과 기술력을 갖추고 있다. IoT 센서를 활용해 실시간으로 수집한 제조설비의 데이터들을 모드버스(MODBUS)를 포함한 다양한 통신 프로토콜을 경유해 서버로 전달하면, 이를 MES 솔루션 'UNIMES'나 AI 기반의 통합분석 솔루션 'UNIAnalytics' 등으로 재차 전달해 원하는 분석이나 시각화가 가능하다.

특히 비젠트로는 폭넓은 제품 라인업을 바탕으로 스마트공장 구현을 위한 전 과정을 지원할 수 있다는 점이 특징이다. 일반적인 제품들은 한 가지 기능에 특화돼 있어 다양한 제품들을 도입하고 연결하는 과정에서 IT 관리자의 피로감이 발생하지만, 비젠트로는 대다수 제품들을 단일한 플랫폼 상에서 제공하기에 손쉽게 여러 서비스들을 연결하고 확장할 수 있다. 아울러 운영 단계에서 여러 제품 화면을 오가지 않고도 단일한 대시보드에서 원하는 업무 프로세스에 접근할 수 있는 것도 장점이다.[121]

---

121) 비젠트로, '스마트공장·자동화 산업전'서 스마트팩토리 해결책 제시, 비젠트로 홈페이지

정부와 삼성전자가 손잡고 나선 '소재·부품·장비 상생형 스마트공장 지원사업'에 반도체라인 부품과 정밀 감속기를 생산하는 ㈜에스비비테크, 섬유펜촉 등 문구류 부품을 만드는 플라맥스 ㈜, 필기구 제조업체 ㈜엠텍이 대상기업으로 선정되었다는 소식이 전해졌다. 이번에 선정된 에스비비테크, 엠텍, 플라맥스와 이후에 스마트공장 구축 지원사업에 선정될 중소기업들은 스마트공장 구축 수준에 따라 최대 6000만원에서 1억원까지 지원받을 수 있다.

[그림 164] 에스비비테크

특히 이번에 소재·부품·장비 분야 스마트 공장 지원 사업 1호 기업으로 선정된 에스비비테크는 일본에서 생산·공급되는 '하모닉 감속기'를 국내기술로 양산에 성공한 기업으로 유명하다. 한편, 중기부, 중기중앙회, 삼성전자는 2022년까지 삼성전자와의 거래 여부와 상관없이 중소기업 2500개를 대상으로 스마트공장 구축을 지원키로 했다. 중기부와 삼성전자는 매년 100억원씩 총 1000억원을 조성한다. 이와 별도로 삼성전자는 국내외 판로개척 지원, 글로벌 홍보, 교육 프로그램 운영 등을 위해 100억원의 재원을 추가로 출연한다. 삼성전자는 2015년부터 2017년까지 3년 동안 1086개의 중소기업을 대상으로 스마트공장 구축 사업을 지원해 왔다.
122)

---

122) 에스비비테크·플라맥스·엠텍, 상생형 스마트공장 선정/국민일보

라) KTR·경기TP

[그림 165] KTR

한국화학융합시험연구원(KTR)과 경기테크노파크가 스마트 공장 보급과 확산을 위해 협력한다는 소식을 전했다. 이를 위해 KTR과 경기테크노파크는 스마트공장 구축 중소기업을 대상으로 품질관리 및 기술지원 등을 제공하기 위한 업무협약을 체결했다고 밝혔다.

경기테크노파크는 2019년부터 '스마트공장 보급 및 확산 사업'을 본격 추진하고 있으며, 하반기 이후 화장품 중소기업에 특화된 스마트공장 보급 및 확산사업에 집중하고 있다.

KTR는 국내 대표 시험·인증·기술컨설팅 기관으로 의료기기·헬스케어, 화학·환경, 전기·전자 등 전 산업 분야에 걸친 시험·인증 및 기술지원 서비스를 제공해 기업을 돕고 있으며, 연간 2만8천여개 기업에 30만여 건의 시험인증 서비스를 제공 중이라고 알려졌다. 협약에 따라 KTR는 스마트공장을 도입한 경기도 내 화장품 제조기업을 포함한 중소기업을 대상으로 시험비용 할인과 교육 및 연구활동 지원 등 다양한 서비스를 제공하기로 했다.[123]

---

123) KTR, 경기TP와 스마트공장 보급·확산 손잡아/ZDNet Korea

08

스마트팩토리 최근이슈

8. 스마트 팩토리 최근이슈
가. 미라콤아이앤씨, 삼양식품 밀양공장에 스마트팩토리 시스템 구축

[그림 167] 삼양식품 밀양공장 종합운영실

미라콤아이앤씨는 삼양식품 밀양공장 면류 생산라인 전반에 자사의 IT시스템 '넥스플랜트 MES플러스(Nexplant MESplus)'와 '스마트 해썹(Smart HACCP)'을 적용했다고 밝혔다. '해썹'은 식품이 원재료의 생산단계에서 제조, 가공, 보존, 조리 및 유통단계를 거쳐 최종 소비자에게 도달하기까지 모든 과정에서 위해 물질이 섞여 오염되는 것을 사전에 방지하기 위한 위생 관리 시스템이다.

이번 스마트팩토리 시스템 구축을 통해 밀양공장은 제면라인(봉지면, 용기면, 건면)과 스프(배합/믹스), 포장 등에 대해 레시피 관리, 칭량(秤量)자동화, 품질 및 KPI 분석, 해썹 관리, 운전데이터 수집 자동화, 공정검사효율 자동 산출, 점검일지 자동 작성 등이 가능해졌다.

미라콤아이앤씨는 제조 이력 추적, 작업지시 관리, 실시간 통합 모니터링 체계를 지원하는 스마트팩토리 시스템을 구축해 삼양식품 밀양공장의 생산성이 향상되고 식품 업종에서 가장 중요한 요소인 불량 추적과 원인 분석을 실시간으로 확인할 수 있게 됐다면서, 해외로 수출되는 다양한 제품들에 대해서도 국내와 동일한 추적성을 적용할 수 있다고 설명했다.

한편 삼양식품 밀양공장은 탄소 배출량, 태양광 발전량, 전력, 용수, 스팀 사용량 등의 친환경 정보의 통합 관리가 가능한 초대형 친환경 식품 스마트팩토리다. 연면적 7만303㎡(약 2만여 평) 지상 5층, 지하 1층, 연간 6억개 라면을 생산할 수 있는 규모로 총 2,400억 원이 투입됐다.[124]

---

124) 미라콤아이앤씨, 삼양식품 밀양공장에 스마트팩토리 시스템 구축, 아이티데일리, 2022.08.08

나. 스마트공장 예산 대폭 삭감 위기

 중소·중견기업 제조 경쟁력 강화에 활용된 '스마트공장 구축사업' 예산이 대폭 삭감될 위기에 놓였다. 스마트공장 구축을 원하는 중소기업의 수요가 높고 효과도 확인됐지만 예산 삭감이 추진, 중기 경쟁력 약화가 우려된다. 관련 부처에 따르면 기획재정부는 중기부가 신청한 2023년도 스마트제조 혁신사업 예산 2900억원 가운데 2000억원 삭감을 추진하고 있다.

 스마트제조 혁신사업은 중소·중견기업의 스마트공장 구축을 지원하는 것으로, 기초 , 고도화1, 고도화2로 나눠 단계별로 지원한다. 기재부는 2023년도 예산 가운데 2000억원 삭감을 통보한 것으로 파악됐다. 수차례 조정 회의에도 삭감 방침을 고수하고 있다. 예산이 삭감되면 사업은 크게 위축될 것으로 전망된다. 70% 정도의 예산이 사라지는 데다 3단계 사업 가운데 기초와 고도화2가 중단되고 고도화1 사업만 남는다.

 스마트공장 구축사업은 지난 2014년 박근혜 정부에서 2만개 구축을 목표로 시작했고, 2018년 문재인 정부에서 1만개 상향해 2022년까지 3만개를 달성하는 것이 목표다. 이는 10인 이상 중소기업 6만7000개 가운데 절반에 해당하는 규모다. 스마트공장으로 전환해야 할 중소기업이 아직 많이 남아 있다는 뜻인 데다 실제 중기 수요도 많다. 2022년 상반기 사업에 총 3935개 기업이 신청했고, 이 가운데 999개 기업을 선정해서 4대 1 경쟁률을 기록했다. 구축효과도 적지 않았다. 스마트제조혁신단에 따르면 스마트공장을 도입한 중소기업은 품질(43.5%)과 생산성(30%)이 개선됐고, 매출(7.7%)과 고용(3%)도 향상됐다. 반면에 산업재해(-18.3%)와 원가(-15.9%)는 절감하는 성과를 냈다.

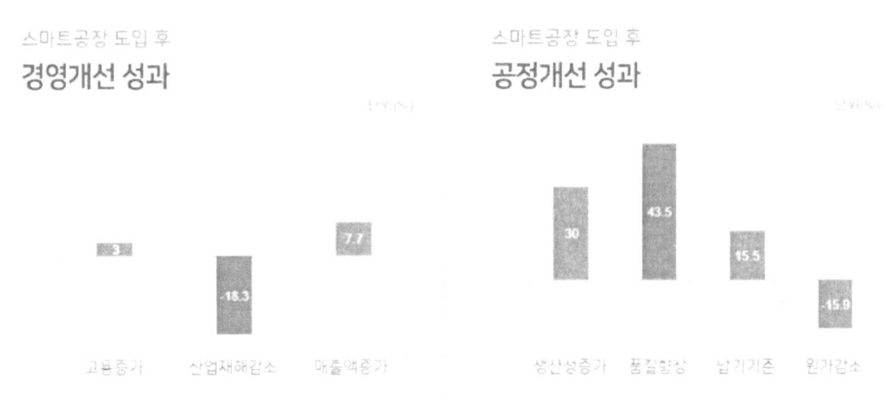

[그림 168] 스마트공장 도입 효과

 중소 제조기업은 정부 지원 없이 스스로 스마트공장을 도입하기가 쉽지 않다. 2020년까지 사업에 참여한 기업 2만 5000여개사 가운데 64%가 50인 미만 소기업이다. 또 중기 외 솔루션과 자동화 설비를 공급하는 기업에도 연쇄 타격을 줄 수 있다. 이미 스마트팩토리협의회가 기재부와 중기부에 건의문을 내기도 했다.[125]

---

125) 스마트공장 예산 대폭 삭감 위기…중기 제조경쟁력 약화 우려, 전자신문, 2022.08.23

다. 아이티공간, 사람 목소리 이용 스마트팩토리 추진

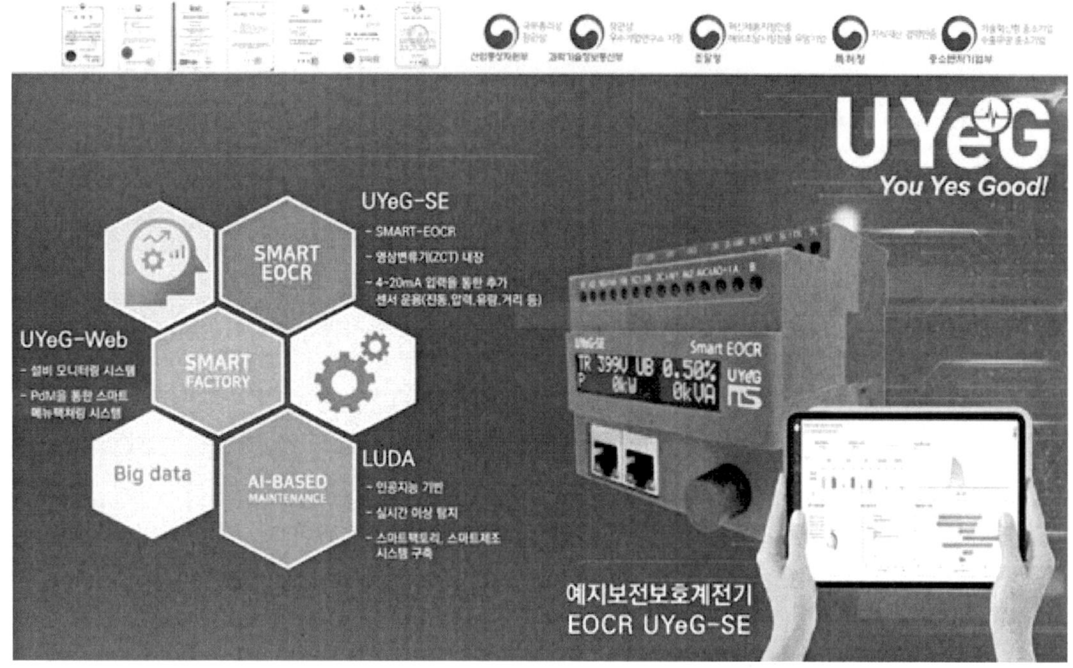

[그림 169] 예지보전 솔루션 유예지(UYeG:당신도 예지할 수 있다)

출처 : 전기신문(https://www.electimes.com)

울산의 강소기업 아이티공간(대표 이영규)이 사람 목소리를 활용한 스마트팩토리 구축에 나선다. 아이티공간은 음성에 기초한 어린이의 감정 컨디션 검출방법, 음성에 기초한 어린이의 감정 컨디션 검출 시스템, 제품의 실시간 품질 검사법, 제품의 실시간 품질 검사방법 등 4건의 특허를 동시에 등록했다고 밝혔다.

10여 년 전 아이티공간의 주력은 전류의 흐름을 분석해 공장에서 발생하는 사고를 미연에 방지하기 위한 예지보전사업이었다. 전류의 흐름은 당시 예지보전 업계의 주류였던 소음, 진동, 습도, 온도 방식 등에 비하면 비용 및 기술적인 측면 등에서 진일보했다는 평가를 받았다. 이후 산업현장에서 발생하는 양질의 매시브 데이터의 축적으로 안전은 물론 품질 분야까지 확장해 스마트팩토리 시장에 진출했다.

이후 아이티공간은 전류의 흐름 이외에 정보통신기술(ICT) 및 인공지능(AI)을 활용해 스마트팩토리 시장으로 사업영역을 확장 중이다.[126]

---

126) 아이티공간, 사람 목소리 이용 스마트팩토리 추진, 전기신문, 2022.09.06

라. 이안, 디지털 트윈 기반 사업형 메타버스 구현

이안은 산업통상자원부가 지원하는 스마트팩토리 테스트베드에 선정되어 MR(혼합현실) 기술을 구현했다고 밝혔다. 스마트팩토리 테스트베드는 경북 구미 스마트그린산단의 구미 국가 산단 대개조 사업의 일환으로 40억원의 국비를 투입해 금오공대 공동실험실습관에 구축했다. 생산 현장의 실시간 데이터 수집과 인공지능(AI) 빅데이터 분석을 통해 MES(생산관리프로그램), MR(혼합현실), RTLS(실시간 위치정보 관리시스템), AWS(클라우드서버), 모션캡쳐시스템 등 최첨단 ICT 및 제조혁신 기술이 적용됐다.

이안은 기존 AR, VR 기술보다 한 단계 높은 MR 기술 구현을 통해 생산 설비를 가상으로 설치 및 관리해 가장 최적화된 생산라인 구축을 가능케 해 스마트팩토리 핵심 기술로 높은 관심을 받고 있다. 컨텐츠 기획 및 시나리오 설계 컨설팅부터 3D 모델링, 디지털 트윈 구축, AR(매뉴얼)/VR(교육,예지보전)/MR(현장 지원) 및 PC(실시간 모니터링 및 관제) 시나리오 개발 및 컨텐츠 제작, 교육 등을 진행하면서 타사 대비 고도화된 기술력을 입증한 것으로 알려졌다

이안은 독자적인 기술력을 바탕으로 디지털트윈, 산업용 메타버스 솔루션을 제공하고 있다. 다년간의 디지털 트윈 구축 노하우를 통해 반도체 공장 증설을 가속화시키고, 해당 기술을 디스플레이, 바이오, 이차전지 등 타 첨단 산업으로 확장시킬 계획을 갖고 있다. 생산 환경의 효율성을 극대화시키기 위해 인터렉티브 시뮬레이션 기술을 활용하는 등 실무 적용 가능한 산업용 메타버스 구축을 진행 중에 있다. 최근, 글로벌 디스플레이 패널 전문기업에 생산 설비 관련 VR 컨텐츠 제작에도 나선바 있다.[127]

---

127) 이안, 스마트팩토리 테스트베드에 MR(혼합현실) 기술이 적용된 디지털 트윈 기반 사업형 메타버스 구현…첨단 제조환경 구축, 한국법률경제신문, 2022.08.25

09

결론

9. 결론

누구나 한번쯤 '4차 혁명'이라는 말을 들어본 지금 이 시기에, 스마트 팩토리가 큰 관심을 얻는 이유는 무엇일까? 많은 기업에서 스마트 팩토리를 구현하고자 하는 이유는 바로 '생산성 향상'과 '효율성 제고'라고 해도 과언이 아닐 것이다. 그렇다면 왜 지금에서야 생산성과 효율성에 많은 기업들이 관심을 가지게 된 것일까, 그것에 대한 답은 바로 저성장 혹은 제로 성장 시대에서 찾을 수 있다.

현재 전 세계 경제는 오랜 저성장의 그늘에서 벗어나지 못하고 있으며 더 나아가 점차 제로 성장, 마이너스 성장을 할 가능성이 높아지고 있다. 즉, 이윤을 우선으로 추구하는 기업들에게는 과거에 비해 어떻게 하면 자원과 자본을 효율적으로 사용할 수 있을지가 가장 큰 화두가 된 것이다. 이를 해결하기 위해 많은 기업들은 로봇과 IoT에 집중하기 시작했고, 이를 바탕으로 제 4차 산업혁명이 대두되었으며, 스마트팩토리가 많은 관심을 끌게 되었다.

하지만, 스마트 팩토리가 모든 기업에서 이러한 상황을 해결할 정답인 것은 아니다. 스마트 팩토리를 구현하는 과정에는 두 가지 큰 제약이 있다. 그 중 하나는 비용적인 측면이고 다른 하나는 비전적인 측면이다.

먼저, 비용적인 측면에서 스마트팩토리의 문제점을 살펴보도록 하자.

스마트팩토리는 다양한 기계와 센서, IoT등과 같이 기초 설비를 필요로 하기 때문에 초기 구축을 위한 비용이 소요된다. 이에 따라 많은 기업들이 구축비용에 대한 부담으로 인해 선뜻 스마트 팩토리 도입을 주저하고 있는 것으로 집계되었다.

다음으로 비전적인 측면을 살펴보도록 하자. 대기업이나 중견기업들은 대부분 최소 5년, 10년 후의 비전을 가지고 기업을 경영한다. 하지만, 중소기업들은 1년 후도 담보할 수 있을지 없을지 한치 앞도 모르는 상황에서 회사를 운영하는 것이 현실이다. 앞서 살펴본 비용적인 측면에 대한 어려움도 여기에서 발생한다고 할 수 있다. 즉, 한치앞도 장담할 수 없는 상황에서 회사를 운영하기에 선뜻 스마트팩토리에 투자를 하거나 공장을 스마트팩토리로 전환한다는 결정을 하기 힘들다.

하지만, 이러한 다양한 어려움에도 불구하고 스마트팩토리는 4차 산업혁명에서 필수라고 할 수 있을 만큼 중요하다는 것은 의심할 여지가 없는데, 그 이유는 경제 피라미드에서 가장 큰 버팀목이라고 할 수 있는 제조업이 붕괴될 위험에 직면한 지금, 스마트팩토리는 제조업을 다시 정상 궤도에 올려 놓을 수 있는 기술이기 때문이다.[128]

따라서 정부 또한 중소기업들의 스마트팩토리 구축을 지원하기 위해 여러 가지 지원사업들을 진행하고 있다. 이는 '신규구축 및 고도화', '시범공장 구축', '노동친화형 시범공장 구축', '로봇활용 제조혁신지원', '스마트 마이스터' 등의 분야로 나뉘어진다.

---

128) 4차 산업혁명에서 스마트 팩토리가 중요한 이유, FA저널, 2018.02.12

　스마트공장 구축을 위한 생산자동화 관련 기업들도 늘고 있는 추세다. 대표적으로 레인보우 로보틱스, 비젠트로, 위더스테크 등의 기업들이 있으며 울랄라랩은 '스마트팩토리 전용 클라우드 데이터 센터'를 구축한다는 소식을 전했다.

　삼성전자도 중소기업들의 스마트팩토리 구축을 지원하고 있다. 이에 반도체라인 부품과 정밀 감속기를 생산하는 ㈜에스비비테크, 섬유펜촉 등 문구류 부품을 만드는 플라맥스㈜, 필기구 제조업체 ㈜엠텍이 대상기업으로 선정되었다는 소식도 전해졌다.

　스마트팩토리 구축이 비용적인 측면이나, 비전적인 측면에서 중소기업들에게는 다소 부담이 되는 프로젝트인 것은 사실이지만 정부와 대기업에서 여러 가지 방면으로 지원하고 있는 사례가 늘어남에 따라 향후 스마트팩토리 사업은 더욱 활성화될 전망으로 보인다.

　하지만, 최근 중소·중견기업 제조 경쟁력 강화에 활용된 '스마트공장 구축사업' 예산이 대폭 삭감될 위기에 놓였다. 중소 제조기업은 정부 지원 없이 스스로 스마트공장을 도입하기가 쉽지 않다. 2020년까지 사업에 참여한 기업 2만 5000여개사 가운데 64%가 50인 미만 소기업이다. 또 중기 외 솔루션과 자동화 설비를 공급하는 기업에도 연쇄 타격을 줄 수 있다. 따라서 정책적인 목표와 함께 지원사업을 강화해야한다.

10. 참고사이트

[1] 스마트팩토리 중소,중견기업 기술로드맵 2017-2019, 중소기업청
[2] 4차 산업혁명 시대, 좋은 일자리 만들기, 포스코, 2017.08.31
[3] 안전보건, 안전보건공단, 2017.04
[4] 제조용 로봇 기술 및 시장동향, 연구성과실용화진흥원, 2017.03
[5] 로보틱스-산업용 로봇, Korea Start Scale Up day, 삼성증권, 2022
[6] 융합 Weekly Tip, 협동로봇 산업 동향, 융합연구정책센터, 2018.04.16
[7] 협동 로봇 : 중소기업 스마트 제조의 시작점, 한국무역협회, 2021
[8] 기계학습, 오일석, 한빛아카데미
[9] 머신러닝 서비스시장 전망, 김경민, KOTRA, 2018.03.10
[10] AI First, AI Everywhere로 전개되는 인공지능, 정보통신기술진흥센터
[11] 인공지능(AI) 개요 및 기술 동향, 금융보안원, 2016.08.26
[12] 인공지능 기술 동향 및 발전 방향, 조영임, 정보통신기술진흥센터, 2016.07
[13] 인공지능 기술과 산업의 가능성, 석왕헌, 이광희, ETRI, 2015.10.30
[14] Nitish Srivastava, Georey Hinton et al., Dropout: A Simple Way to Prevent Neural Networks from Overfitting, Journal of Machine Learning Research 15(2014), p.1930, 2014.6.14.
[15] 인공지능 신뢰성을 높이는 Trustworthy AI, 딜로이드 안진회계법인, 2022.02
[16] 사물인터넷(Internet of Things) 산업 동향, 금융보안원, 2016.10.20
[17] 지표로 보는 이슈, 사물인터넷, 국회입법조사처, 2017.10.12
[18] 유망시장 Issue Report 스마트센서, 연구개발특구진흥재단, 2021.08
[19] 센서산업과 주요 유망센서 시장 및 기술동향, ETRI, 2015.05.15
[20] IoT 시대에 주목받는 스마트 센서 유망분야 시장전망과 개발동향, CHO Alliance, 2015
[21] 센서산업 고도화를 위한 첨단센서 육성사업 기획보고서, 지식경제부, 2012
[22] 스마트디바이스용센서, KISTEP 기술동향브리프, 한국과학기술기획평가원, 2021
[23] Trillion 센서 시대, 스마트 센서 시장의 3대 트렌드는? POSRI 이슈리포트, 2018.1.11
[24] 품목별 ICT 시장동향 3D 프린팅, 정보통신산업진흥원, 2022
[25] 5G가 만들 새로운 세상, DNA 플러스 2019, 한국정보화진흥원
[26] 반도체산업 중장기 전망, 이슈보고서, 한국수출입은행, 2021.04
[27] 5G 시대의 실감미디어 콘텐츠 유통환경 및 제작기술 변화, 정보통신산업진흥원, 2019.08
[28] 5G와 스마트 제조, 홍승호, 한양대학교
[29] 5G 기술·산업 현황 및 향후 비전, KPC4IR, KAIST, 2020
[30] 스마트팩토리 중소,중견기업 기술로드맵 2017-2019, 중소기업청
[31] 스마트팩토리 산업의 이해와 투자전망, KITIA, 2020
[32] 2021년 2월 스마트팩토리 국내외 동향 리포트, 스마트제조혁신협회, 2021
[33] 글로벌 스마트팩토리시장, 2022년까지 매년 9.3%성장/ 뿌리산업
[34] 스마트팩토리 솔루션, 한국 IR협의회, 2021.07.02
[35] 산업용 IoT 시장, 연구개발특구진흥재단, 2021.10
[36] 인공지능산업 현황 및 주요국 육성 정책, 한국수출입은행, 2021.10.14

[37] 머신 비전 시장, 연구개발특구진흥재단, 2021.10
[38] 산업용 로봇 시장, 연구개발특구진흥재단, 2021.10
[39] 주요국 스마트제조혁신 정책 비교와 한국에의 시사점, 중소기업벤처부, 2022
[40] 스마트팩토리 중소 중견기업 기술로드맵 2018-2020 중소기업청

초판 1쇄 인쇄 2018년 11월 19일
초판 1쇄 발행 2018년 11월 26일
개정판 발행 2020년 1월 20일
개정2판 발행 2021년 4월 26일
개정3판 발행 2022년 9월 26일

편저 비피기술거래 비피제이기술거래
펴낸곳 비티타임즈
발행자번호 959406
주소 전북 전주시 서신동 780-2 3층
대표전화 063 277 3557
팩스 063 277 3558
이메일 bpj3558@naver.com
ISBN 979-11-6345-384-0 (93550)

이 도서의 국립중앙도서관 출판예정도서목록(CIP)은 서지정보유통지원시스템홈페이지
(http://seoji.nl.go.kr)와국가자료공동목록시스템 (http://www.nl.go.kr/kolisnet)에서 이용하실 수 있습
니다.